Schon die erste Begegnung mit dem leidenschaftlichen Tüftler Carl Benz verändert das Leben von Bertha Ringer. Sie verlässt ihr behütetes gutbürgerliches Elternhaus, um sich auf das Abenteuer einer Existenzgründung einzulassen. Aus Liebe zu Carl, der zum Mann ihres Lebens wird, opfert sie ihr gesamtes Vermögen, damit er seine Visionen verwirklichen kann. Dann erlebt sie Scheitern, Verzweiflung, bittere Not – am Ende aber den Siegeszug des Automobils rund um die Welt.

Die Biographie von Bertha Benz ist eine faszinierende deutsche Geschichte, die in den Revolutionsjahren des 19. Jahrhunderts beginnt, von den Errungenschaften der Industrialisierung und der Beschleunigung des Lebens erzählt und im Zweiten Weltkrieg tragisch endet. Aber mehr noch ist es die Geschichte einer Liebe, in der Träume stärker sind als die Realität.

Angela Elis, geboren und aufgewachsen in Leipzig, ist als Fernsehmoderatorin des Wissenschafts- und Zukunftsmagazins nano auf 3sat und verschiedener Sendungen von ARD und ZDF bekannt. Sie studierte Theologie, Kunstgeschichte und Psychoanalyse und lebt mit ihrer Familie in Freiberg.

ANGELA ELIS

Mein Traum ist länger als die Nacht

*Wie Bertha Benz ihren Mann
zu Weltruhm fuhr*

Mit 40 Abbildungen

Deutscher Taschenbuch Verlag

Ausführliche Informationen über
unsere Autoren und Bücher
finden Sie auf unserer Website
www.dtv.de

Ungekürzte Ausgabe 2011
3. Auflage 2013
Deutscher Taschenbuch Verlag GmbH & Co. KG,
München
Lizenzausgabe mit freundlicher Genehmigung des Hoffmann und Campe Verlags
© 2010 Hoffmann und Campe Verlag, Hamburg
Das Werk ist urheberrechtlich geschützt.
Sämtliche, auch auszugsweise Verwertungen bleiben vorbehalten.
Umschlagkonzept: Balk & Brumshagen
Umschlaggestaltung: unter Verwendung eines Entwurfs
von Katja Maasböl und Fotos von Mercedes-Benz Classic
Satz: Pinkuin Satz und Datenrechnik, Berlin
Gesetzt aus der Berling 10,25/13 p und der Lauren Script
Druck und Bindung: Druckerei C. H. Beck, Nördlingen
Gedruckt auf säurefreiem, chlorfrei gebleichtem Papier
Printed in Germany · ISBN 978-3-423-34670-2

Für
Lilly-Elise
und
Leonardo-Elias

Inhalt

11   Liebe oder lieber nicht?
*Berthas erste Begegnung mit dem Maschinen-
träumer Carl Benz*

43   Mama, mit der Zündung klappt's
Viele gescheiterte Versuche und ein erster Erfolg

75   Leider wieder nur ein Mädchen
Was Worte bewirken

101   Bei Gott und allen Wunderwerken der Technik
*Das Vermächtnis des Vaters und der Weg zur
Freiheit*

129   Was ist schwerer: erfinden oder durchsetzen?
*Geldprotze und Wohltäter – Bertha Benz gelingt ein
genialer Schachzug*

159   »Bockige Bertha, beweg dich!«
*Die alltäglichen Abenteuer mit dem fauchenden
Ungetüm*

179   »Wir müssen es heimlich machen!«
Bertha Benz wagt die erste Fernfahrt der Welt

209 Ab welcher Geschwindigkeit platzt der Mensch?
     Ausgerechnet Carl Benz wird vom Fortschritt
     überholt

255 Erfinden ist schöner als erfunden haben
     Im alten Europa gehen die Lichter aus

299 Von der Tragik des Ruhms
     Die Autokönigin und die Nazis

339 Nachwort
343 Zeittafel
349 Literatur
351 Bildnachweis

Mein Traum ist länger
als die Nacht

Liebe oder lieber nicht?

*Berthas erste Begegnung mit dem
Maschinenträumer Carl Benz*

Sie hatte schlecht geträumt. Sehr schlecht sogar. So schlecht wie lange nicht. In ihrem Traum jammerte der schwarz-weiße Hund. Er wirkte einsam, war auch allein, versuchte ein heiseres Bellen. Es klang kümmerlich. Sie sah seine gestutzten Ohren, die haarlosen Stellen am Bauch und das gläserne Auge, genau so, wie es in der Anzeige unter »Entlaufener Hund« zu lesen gewesen war.

Noch einmal nimmt Bertha jetzt die Zeitung von gestern in die Hand, liest wieder und wieder den seltsamen Text. »Der Finder möge Nachricht geben«, heißt es am Ende. Eigenartig, denkt sie. Ein Hund mit Glasauge und gestutzten Ohren. Im nächsten Moment fällt ihr Blick auf eine andere Anzeige, auf die für einen »Ausflug mit Musik«. Ach ja, sie muss ihren Vater noch bitten, dass er sie dort anmeldet. Diesmal will sie unbedingt dabei sein. Schnell läuft Bertha runter ins Esszimmer. Sie hofft, ihn zu erwischen, bevor er das Haus verlässt.

Auch Carl Benz erblickt im *Pforzheimer Beobachter* vom 20. Juni die Anzeige von der Fahrt ins Kloster Maulbronn. Kurzerhand fasst er den Entschluss, mitzufahren. Dringend braucht er etwas Abwechslung, freut sich darauf, den Kopf durchlüften zu lassen. Endlich einen Tag in der Natur. Er kann es kaum erwarten.

Eine Woche später, am 27. Juni 1869, ist es so weit. Der gesellige Verein »Eintracht« versammelt sich zur Ausfahrt – ein sonniger Frühsommertag und der Tag, an dem Bertha Ringer mit dem jungen Maschinenliebhaber Carl Benz zusammentreffen wird. Ein schicksalsträchtiger Augenblick. Sie ist zwanzig Jahre alt. Er fünf Jahre älter und mit Frauen aufgrund seiner Leidenschaft für Werkbank, Schrauben und Bohrer nahezu unerfahren. Nur selten gönnt er sich eine Arbeitspause, noch viel seltener eine Vergnügungsfahrt. Selbst am Tag des Ausflugs bleibt er bis zur letzten Sekunde in seiner Werkstatt. Mit dem Eifer eines Liebhabers hantiert er dort. Ja, er ist so vertieft in seine Arbeit, dass er um ein Haar die Begegnung seines Lebens verpasst hätte. »Verdammt!« Er flucht, als er auf seine Taschenuhr schaut. »Ich muss mich beeilen!« Zügig wischt er sich die verdreckten Hände an der Putzwolle ab. Wie so oft ist er reichlich spät. Erneut haben ihn seine Experimente und alles, was noch nicht funktionierte, die Zeit vergessen lassen. Er nehme sich zu viel auf einmal vor, glaubt er plötzlich den tadelnden Ton seiner Mutter zu hören. Ständig überschätze er, was in einer einzigen Stunde zu schaffen sei. Wann er endlich vernünftig werde. Druck schädige die Nerven.

Bloß gut, dass sie ihn gegenwärtig nicht sehen kann. Hastig und seine Geldbörse vergessend, stolpert Carl Benz aus der Tür. Dann eilt er flotten Fußes den steilen Weg zur Poststation hinauf, wo die Kutschen stehen sollen. Seine Arme baumeln schlaksig am Körper, sein Gang ist gockelhaft. Schnell kommt er ins Schwitzen, weil die Sonne an diesem Morgen schon kräftig scheint. Und als er nach wenigen Minuten die letzte Straße vor dem Treffpunkt erreicht, hat er kaum noch Puste. Noch ehe er die Pferde erblicken kann, hört er aufgeregtes Wiehern. Und noch ehe er die Fuhrwerke sieht, riecht er den Duft der Tiere. Eine Mischung aus

Hafer, Heu und feuchten Exkrementen. Pferdeschweiß. Tief atmet Carl Benz die Melange aus frischer Morgenluft und Ausdünstungen ein. Er kennt diesen Geruch. Aus Kindheitstagen. Ein wohliges Gefühl steigt in ihm auf.

Der Zufall will es, dass Bertha und Carl an diesem Sonntagvormittag in derselben Kutsche zusammenfinden. Sie wartet bereits ungeduldig mit ihrer Mutter auf der Rückbank ihres Gespanns, es möge endlich losgehen, da wird für den jungen Herrn, der leider erst einige Minuten nach der vereinbarten Zeit auftaucht, noch ein freier Platz gesucht. »Hier, hier!«, ruft daraufhin Berthas Mutter, Auguste Friederike Ringer, mit ihrer stattlichen Figur und dem breiten Hut eine imponierende Erscheinung. Nach dieser energischen Aufforderung steigt Carl Benz, der sich sonst niemals getraut hätte, eine Entschuldigung für seine Verspätung stammelnd und etwas verunsichert in den Wagen ein. Seinen Rücken aufrecht haltend, setzt er sich auf die vordere Kante seiner Bank, direkt Bertha gegenüber, was dazu führt, dass beide nicht umhinkönnen, sich in die Augen zu schauen. Ihre Blicke finden und ergründen sich. Unweigerlich halten sie den Atem an.

Carl Benz erkennt sofort, dass Bertha so gar nichts mit der Welt gemein hat, in der er aufgewachsen ist und sich bewegt. Modern und vornehm ist sie angezogen, trägt ein feines helles Kleid mit Schleifen, Spitzen und Rüschen bis zum Kinn. Sein Anzug dagegen wirkt alt und unzeitgemäß, ist aus grobem Stoff gefertigt, etwas zu klein auch und an manchen Stellen deutlich abgetragen. Er hat ihn von seinem verstorbenen Vater geerbt und will ihn, solange es geht, auftragen. Aber das ist nicht der einzige Grund für seine unpassende Bekleidung. In Wahrheit schert er sich keinen Deut darum, wie er aussieht und was er anzieht. Seitdem seine Mutter nicht mehr für ihn sorgt und auf sein Äußeres

Bertha Ringer und Carl Benz lernten sich im Juni 1869 bei einem Ausflug kennen.

achtet, ist ihm gleichgültig, wie er herumläuft. Nicht einmal die dunklen Flecken, die Öl und Schmutz beim Arbeiten in der Werkstatt auf seinen Hosenbeinen hinterlassen haben, bemerkt er. Ebenso wenig nimmt er wahr, dass seine Finger noch ganz schwarz gefärbt sind von den Schmiereresten, was Bertha auf Anhieb ins Auge sticht. – So also erscheint Carl Benz der jungen Mademoiselle. Das ist ihr erster Eindruck von ihm.

Und was prägt sich bei ihm im Kopf ein? Ein wohlgeformtes Gesicht, ernste und klar blickende Augen, schön geformte, weiche Lippen. Er erblickt ein Mädchen, das von den Lasten des Lebens bislang wohl weitestgehend verschont geblieben ist. Zarte Hände hat Bertha Ringer und eine makellose Haut, dazu auffallend dichte, dunkelbraune und gelockte Haare. Nicht jeder würde sie als hübsch bezeichnen. Aber für ihn, in seiner Wahrnehmung, ist sie bezaubernd. Und doch, für alle ersichtlich stammt sie aus solchen Verhältnissen, wie sie ihm der liebe Gott von Geburt an vorenthalten hat und zu denen er in der Regel auch jetzt noch keinen Zutritt bekommt. Heute ist offenbar sein Glückstag.

Als nun der Kutscher recht arg auf die Pferde einzupeitschen beginnt, damit diese gegen die Verspätung anrennen, stöhnt Berthas Mutter auf, weil sie eine Tierliebhaberin ist. »Ist es nicht ein viel angenehmerer Anblick, wenn diese athletischen Tiere auf ihren Koppeln stehen und dort ihre Kräfte austoben?«, klagt sie und unterstreicht das Ganze mit einem tüchtigen, gut hörbarem Seufzer. In diesem Augenblick gelingt es Carl, sich von den tiefgründigen und durchaus skeptischen Blicken seines Gegenübers loszureißen, denn es drängt ihn, dazu etwas zu sagen: »Recht haben Sie, Madame«, entgegnet er, von den Aussagen hocherfreut, »und mit Verlaub, genau dies wird nach meiner Überzeugung in ein paar Jahren ganz sicher möglich sein. Dann werden wir keinerlei Bedarf mehr an Pferden für Kutschen haben, und wir werden auch keine Kutscher mehr brauchen, um zu verreisen.« All das äußert er, ohne auch nur eine Erwiderung abzuwarten, und Bertha, die ihn die ganze Zeit mustert, registriert ein Funkeln in seinen Augen. Die sonst vorherrschende Langeweile verfliegt aus ihrem Gemüt, schlagartig fühlt sie sich hellwach.

Carl bleibt das nicht verborgen, was im Vergleich zu seiner sonstigen Gleichgültigkeit gegenüber dem weiblichen Geschlecht erstaunlich ist. Und da er besser über Technik als über Gefühle reden kann, erzählt er munter weiter über Antriebskräfte und Fahrgestelle, schnaufende Dampfmaschinen und knarrende Räder – kurz: Vehikel, die dem Menschen als fahrbarer Untersatz dienen können und bei denen keine Zugtiere mehr nötig sind, um voranzukommen. Ein wenig später entwirft er das Bild von einer Art Lokomotive, die allerdings nicht mehr an Schienen gebunden sein würde, sondern frei beweglich über Straßen und Felder führe.

Die beiden Damen, die von solcherlei Sachen noch nie etwas vernommen haben, hören verblüfft und aufmerksam zu, teils gebannt, teils irritiert, teils zweifelnd. Und so vergeht die Fahrt mit der Schilderung von allerlei Möglichkeiten, die den Krafteinsatz von Mensch oder Tier überflüssig machen. Am Ende spricht Carl nicht mehr, er schwärmt, und es fällt ihm spürbar schwer, einen Punkt zu machen.

Bertha errötet, während sie ihm lauscht, ja ihn sogar anhimmelt, was ihre Mutter, die ihre Kinder nicht mit flüchtigen Blicken betrachtet, beunruhigt registriert. In ihren Kreisen gehört es nicht zum guten Ton, allzu voreilig heftiges Interesse anzuzeigen. Und Auguste Friederike Ringer weiß, dass ihre Tochter sehr temperamentvoll und für den Moment erstaunlich schweigsam ist. Deshalb räuspert sie sich, nestelt an ihrer Brosche herum, hüstelt dann aus Verlegenheit, greift nervös nach ihrem Taschentuch und betupft damit ihre Nase. Doch letztendlich gewinnt die weibliche Neugier die Oberhand, man trifft ja nicht alle Tage auf jemanden, der so phantasiereich ist und solch urkomische Visionen für die Zukunft hat. Mutter Ringer beschließt, ohne weiter darüber nachzudenken, Carl Benz zum gemeinsamen Picknick einzuladen, worüber ihre Tochter offensichtlich nicht unglücklich ist.

Bislang hat Bertha nur wenig Begeisterung für Männer gezeigt, die sie heiraten wollten, reagierte schnippisch auf alle Anfragen. An ihrer Stelle, sozusagen ersatzweise, hält dafür ihr Herr Papa, Karl Friedrich Ringer, seit einiger Zeit Ausschau nach einer guten Partie, nach einem Bräutigam, der zu seiner Bertha passen könnte. Der in wenigen Tagen schon Achtundsechzigjährige ist ein würdevoller Mann. Wohlbeleibt. Eine Autorität, der niemand gern widerspricht. Ihm schwebt jemand aus dem Baugewerbe vor, hat er es doch selbst als Zimmermannsmeister und Spekulant zu beachtlichem Reichtum gebracht, weil er die Gunst der Stunde zu nutzen verstand, billig bauen und teuer verkaufen konnte. Aber von einer Zweckehe will Bertha nichts wissen, selbst wenn dies in ihren Kreisen die Regel ist. Fängt ihr Vater eine Unterhaltung zu diesem Thema an, schenkt sie ihm lediglich ein Lächeln, das ihn entwaffnet und dem er nichts entgegenzusetzen hat. So sehr liebe ich mein Töchterchen, denkt Vater Ringer dann, von sich selbst gerührt. Seine Frau allerdings weiß es besser; die Wahrheit ist, dass Bertha ihn seit geraumer Zeit um den Finger wickeln kann. Das ändert sich schlagartig, als Patriarch Ringer von Berthas Vorliebe für den nahezu mittellosen Benz erfährt.

Berthas Mutter, Auguste Friederike Ringer geb. Kollmar und ihr Vater, Karl Friedrich Ringer.

Doch das Feuer ist entfacht und nicht mehr zu löschen, was sich während des gemeinsamen Picknicks auf der Wiese so deutlich zeigt, dass die in der Nähe sitzenden Mitgereisten beginnen, die Nase zu rümpfen und die Hälse langzumachen – wobei Auguste Friederike Ringer unwillkürlich an eine Schar neugieriger Gänse denken muss. Um die Aufmerksamkeit der Reisegesellschaft wieder von Bertha auf sich zu lenken, nimmt Mutter Ringer schleunigst den von Carl Benz gesponnenen Faden noch einmal auf und erklärt, für die Umsitzenden gut hörbar: Die Befreiung der Pferde von Geschirr und Peitsche sei ja eine wunderbare Sache. Dann könnten die Tiere endlich wieder frei und in ihrem natürlichen Elemente sein, so wie Gott es ursprünglich im Paradies vorgesehen habe. Aber die Fortbewegung mit solchen Maschinen, wie der studierte Herr Benz es beschrieben habe, müsse doch eine sehr künstliche und demzufolge widernatürliche Angelegenheit sein, nicht wahr?

Wohl wahr, gibt Carl Benz zurück, aber man dürfe doch bitte nicht vernachlässigen, dass Gott den Menschen nun einmal als Geschöpf mit Mängeln erschaffen habe, sodass dieses Mangelwesen auf Ergänzung angewiesen sei, um seine Unvollkommenheiten auszugleichen. Dabei betont er die Worte »Mangelwesen« und »Ergänzung« und legt bewusst eine kurze, bedeutungsschwere Pause ein, um dann mit frischem Klang fortzufahren: Weil der Mensch nun einmal auf Ergänzung angewiesen sei, gebe es für den Mann – *exempli causa* – die Frau, und dies, so Carl Benz heute außergewöhnlich vergnügt, leuchte wohl jedem ein, so weit stehe das Ganze sicher nicht in Frage. Jede vollzogene Ehe belege dieses Prinzip der Natur, das seit Anbeginn der Schöpfung herrsche, erklärt er mit frechem Blick auf Bertha.

Bertha Ringer jedoch, die bis dahin noch kein Wort gesprochen, aber begierig zugehört hat, verschluckt sich vor Schreck. Dann muss sie, als sie in die verdutzten und etwas dümmlich dreinschauenden Gesichter der mitgereisten Vereinsmitglieder blickt, schallend lachen. Überhaupt scheint sie von den Ausführungen des jungen Mannes äußerst amüsiert zu sein. Grund genug für Carl, damit fortzufahren. Dabei wird er wieder ernster und doziert: »Das Prinzip der Ergänzung existiert schon so lange, wie sich der Mensch erinnern kann. Nicht nur zwischen Mann und Frau. Bereits in der Urzeit haben die Jäger für ihren Beutefang Lanzen, Pfeile und Bogen gebraucht, um die Grenzen, die ihnen der eigene Körper setzte, überwinden zu können. Ob nun Werkzeuge oder Fortbewegungsgestelle – all das ist eine Ergänzung für den Menschen, man kann auch sagen, eine Art ›Organersatz‹ für das, was ihm von Natur aus nicht gegeben ist.«

Und das Lustige sei, so Carl jetzt fast übermütig, auch die Fahrzeuge würden mit dem Menschen mitwachsen. Heute seien es Kutschen, morgen der pferdelose Wagen und übermorgen vermutlich ein Bewegungsapparat, den man sich derzeit selbst mit kühnster Phantasie nicht vorstellen könne. Nichts würde nämlich einfach so vom Himmel fallen. Gott habe dem Menschen Verstand gegeben, also müsse er sich Gedanken machen, wie er vorwärtskomme. Und das Denken gehe immer weiter, immer weiter – höre niemals auf. Nur wer ignorant sei, würde es deshalb als Spinnerei abtun, dass man in einiger Zeit wahrscheinlich sogar die Sterne erobern könne und Gottes Reich da oben bereisen, und zwar ohne dass der Teufel oder die Engel mit im Spiel seien. »Auch wenn das nicht jeder gern hört«, konstatiert Tüftler Carl mit sichtbarer Euphorie, »so ist es nun mal.« Dann schaut er die beiden Damen prüfend an, weil er weiß, dass seine Worte eigentlich Gotteslästerung sind.

Einen leisen Schrei des Entsetzens stößt Auguste Friederike Ringer bei diesen Gedanken aus. Bertha steht der Mund offen. Doch Carl Benz redet unbeirrt weiter: »Man darf sich nichts vormachen, auch wenn die meisten Menschen eher zur Kleinmütigkeit verurteilt sind; es ist kein Hirngespinst, dass so eine Maschine den Menschen übertreffen, ja ihm überlegen sein kann. Vielleicht wird man in Zukunft sogar künstliche Geschöpfe schaffen, die erledigen, was der

Mensch bisher tat, und dabei sind es trotzdem nur Maschinen oder Apparate.« Ob sie allerdings den Menschen überflüssig machten, wisse er nicht zu sagen. Sicher sei nur, dass sie ihn ersetzen könnten, genauso wie seiner Überzeugung nach der Straßenwagen künftig die Pferde ablösen werde.

Weil die beiden Ringers an dieser Stelle doch recht ungläubig schauen, schränkt der junge Ingenieur seine Behauptungen nach einer kurzen Denkpause geringfügig ein: Für ihn, zugegeben, für ihn sei das alles eine faszinierende Sache, aber für gewisse Träger von Bedenken oder Männer mit kleinem Geist und schwachen Nerven, für die könne die Überlegenheit der Maschinen eine Beleidigung sein. Dennoch dürfe diese künstliche Stärke und Intelligenz nicht zwangsläufig als widernatürlich wahrgenommen werden. Nein, ganz im Gegenteil, hier gelte es, manches Urteil wieder vom Kopf auf die Füße zu stellen, denn Mensch und Technik, dies sei ihm nach all seinen Überlegungen klargeworden, müssten beileibe kein Gegensatz, sondern sollten vielmehr ein Miteinander, ja eine harmonische Ergänzung sein. Man dürfe es möglicherweise so sehen, beendet Carl seinen lebhaften Vortrag: »Gott, der Schöpfer, hat dem Mangelwesen Mensch, nachdem er vom Baum der Erkenntnis gegessen hatte, zum Trost und als Ausgleich für den Rauswurf aus dem Paradies den Willen zum Nachdenken und die Lust am Erfinden mit auf seinen beschwerlichen Lebensweg gegeben. Mit genau diesen Fähigkeiten entließ er Adam und Eva einst aus dem göttlichen Garten, auf dass sie sich fortan die Erde untertan machten. In diesem Sinne darf man getrost an die Technik und sogar den Fortschritt als einen Teil der Schöpfung glauben«, verkündet er verwegen, spricht ein ironisches »Amen« und beginnt von den ausgeteilten Broten zu essen.

Das ist ein bisschen viel für die im Denken bisher wenig

geforderten Damen; wobei Bertha, die im Unterschied zu ihrer Mutter eine Höhere Töchterschule besuchen durfte, den Gedanken von Carl Benz leichter folgen konnte, sie sogar reizvoll findet. Sie ist froh, endlich dem alltäglichen Geplapper der Familie oder der Freundinnen entkommen zu sein, und genießt es, ihren Geist anregen zu lassen. Ihre Mutter aber fühlt sich strapaziert, schnäuzt fortwährend und hilflos in ihr Taschentuch und zieht es letzten Endes vor, das Picknick zu verlassen, um mit der mitgereisten Gesellschaft, von der dieser oder jener schon misstrauisch zu ihnen herübergeäugt hat, noch ein wenig in dem nahe gelegenen Weinberg spazieren zu gehen.

Auguste Friederike Ringer braucht dringend Beruhigung für ihre aufgebrachten Nerven. Es ist ihr ein Bedürfnis, nun wieder das gewöhnliche Gespräch zu pflegen und Konversation zu betreiben über das Wetter, die Kinder und lästige Krankheiten. Dabei kann sie mitreden, ja den Ton angeben. Und bei den Mitgereisten ist sie willkommen zur Plauderei. Neugierde muss gestillt werden, da sich zwischen ihrer Tochter und dem jungen Mann etwas zu entwickeln scheint.

Bertha denkt derweil nach über das, was sie gerade gehört hat. Und merkwürdigerweise verschlägt es ihr die Sprache, obwohl sie ansonsten dafür bekannt ist, lebhaft und nie um ein Wort verlegen zu sein. Das ist neu. Sie fühlt sich verunsichert von dieser sie auf einmal überfallenden Schüchternheit. Um nicht weiter den eindringlichen Blicken und Gesprächserwartungen von Carl Benz ausgeliefert zu sein, entschuldigt sie sich, ein Bedürfnis vortäuschend, fordert den Kutscher zum Einpacken des Picknicks auf und verdrückt sich hinter die nahen Klostermauern. Ja, ihr gefällt der Gedanke, mit einem eigenen Wagen, dem keine Tiere mehr vorgespannt sein müssten, unterwegs und unabhängig zu sein. Unabhängig von Futterstationen und Pferdewechseln, unabhängig von vorher durch Schienen festgelegte Fahrbahnen. Die Möglichkeit, mit einem »Lenkrad«, so hatte das der junge Benz genannt, die Fahrtrichtung selbst bestimmen und verändern zu können, die damit verbundene Freiheit – diese Vorstellung zieht Bertha magisch an. Weg von der Enge ihrer Heimatstadt, hin zu Wagnis und Risiko. Ist das nicht großartig?

Schon jetzt waren etliche begeistert von der neuen Beweglichkeit durch die Eisenbahn. Die schaffte auf einmal Verbindungen von Ort zu Ort und stellte Zusammenhänge her, wo vorher keine bestanden hatten. Das war reichlich Veränderung. Man musste es realistisch sehen, nicht jeder wollte noch mehr. Welche Gründe könnte es also geben, sich auf noch größere Abenteuer einzulassen? Und was war das für ein Mann? Wie würde es sein, ihn öfter in der Nähe zu haben und seine närrischen Gedanken mit ihm zu teilen? – Sich auf Abenteuer einlassen, närrische Gedanken miteinander teilen, geht es Bertha wieder und wieder durch den Kopf – ja, ihr gefallen nicht nur die Ideen, ihr gefällt dieser Mann. Kaum hat sie das gedacht, merkt sie, dass Carl ihr mit einigem Abstand gefolgt ist. Sie überlegt, dann entscheidet sie, stehen zu bleiben und zu warten. Die mitgereiste Gesellschaft ist außer Sichtweite, wandert in die entgegengesetzte Richtung den Weg in die Weinberge hinauf. Also eröffnet Bertha Carl den Vorschlag, mit ihr gemeinsam durch die Klosteranlage zu spazieren.

Dann beginnt sie, ihn auszufragen, ob man mit Hilfe dieses von selbst fahrenden Wagens tatsächlich in die Lage versetzt würde, die Gebundenheit an einen Ort und alles, was damit zusammenhinge, zu verlassen? Carl versteht nicht ganz, was Bertha damit meint. Ihm wird nur bewusst, dass er hier durch den Zufall des Zuspätkommens jemanden kennengelernt hat, eine Frau, die bereit und intellektuell in der

Lage ist, seinen Ausführungen zu folgen. Aber es ist ihm nicht möglich, die Dimensionen, die Bertha bewegen, also die Flucht aus der sie umgebenden Enge ihrer Familie und Heimatstadt, in diesem Moment zu erfassen. Deshalb antwortet er eher abstrakt, spricht über eine neue Definition von Raum und Zeit. Besinnt sich dann auf die Lehre von der Evolution, die ein Engländer namens Charles Darwin erst unlängst veröffentlicht hat, und erklärt Bertha, die Entfaltung der Arten habe immer etwas Neues hervorgebracht. Er halte es deshalb für wahrscheinlich, dass dem Menschen, nachdem er auf zwei Beinen zu laufen gelernt habe, nunmehr, sozusagen als nächstem Schritt seiner Weiterentwicklung, das Fahrenlernen beschieden sei.

Damit endet dieser Nachmittag. Ein Nachmittag, an dem Carl Benz zum ersten Mal vor einem wildfremden Menschen voller Begeisterung seine Visionen vom selbstfahrenden Wagen ausgebreitet hat. Dass es ausgerechnet – und für seine Zeit ungewöhnlich – eine Frau ist, der er seine geheimsten Wünsche an die Technik offenbarte, diese eigentliche Sensation beschäftigt ihn nicht. Professoren, die propagierten, Frauenhirne seien zu klein für große Gedanken, hat er nie Aufmerksamkeit geschenkt. Auch die vorgebrachten Beweise für diese von Männern erstellte Theorie interessierten ihn nicht, selbst wenn sie besagten, das weibliche Gehirn wiege weniger als das männliche und sei deshalb nicht für Intellektuelles geeignet; oder wenn die professoralen Hüter über Wissenschaft und Weisheit tönten, zu viel Nachdenken beeinträchtige die Gebärfähigkeit, auf keinen Fall solle man daher eine Frau mit mehr als Küche und Kindern belasten, ging dies an Carl vorbei. Er wusste es besser, seine Mutter lieferte seit seiner Kindheit den Gegenbeweis. Sie war es, die ihm zuhörte, wenn er von seinen Experimenten erzählte, und sie war es, die ihn stets ermunterte, mit seinen

Versuchen fortzufahren. Warum sollte es jetzt, nachdem er ohne sie nach Pforzheim gezogen ist, nicht Bertha sein, die zuerst erfährt, was ihm im Kopf herumschwirrt? Jetzt, wo er gezwungenermaßen auf eigenen Füßen stehen muss, weil seine Mutter es auf ihre alten Tage vorgezogen hat, sich in die Obhut ihrer Schwester zu begeben?

Mit solchen Überlegungen und angenehmen Gefühlen steigt Carl Benz am Ende dieses Tages wieder in die Kutsche der Ringers ein, gut gelaunt, aber auch ermüdet vom Reden. Genauso fühlt sich Bertha. Gesprochen wird auf dem Heimweg nicht mehr viel. Mutter Ringer döst vor sich hin, Bertha und Carl hängen ihren Träumen nach und schauen sich ab und an in die Augen. Das ist reizvoll genug. Zauberhaft.

»Wer seinem eigenen Zeitgefühl folgt, den beglückt das Leben«, haucht Carl beim Abschied in Berthas Ohr. Sie bemerkt seinen forschen Blick und antwortet aufgeregt: »Bis zum nächsten Mal.« Dann kokettiert sie: »Aber sollten Sie ihr Zuspätkommen gemeint haben, mein Herr, das war hoffentlich eine Ausnahme. Ich für meine Person bevorzuge es, weder zu früh noch zu spät zu sein.« Die von Gestalt kleine, vom Charakter her aber energische Bertha hat sich, ohne dass sie es selbst so nennen mochte, in ihn verliebt. Verliebtheit, das schien ihr eher etwas für die spitzzüngigen Tuscheleien in den Damenkränzchen zu sein, die sie langweilten. Sie zog es vor, sich über Wesentliches oder gar nicht zu unterhalten.

Welch wunderbarer Zufall, dass die Wohnung der Familie Ringer nicht weit entfernt vom Arbeitsplatz des Maschinenträumers liegt. Es bedarf also keiner großen Umstände, wenn Bertha ihm hin und wieder über den Weg laufen will. Bald treffen sie sich jeden Tag. Beide lieben es, den lauschigen Weg an dem Flüsschen Enz entlangzugehen und dann durch die Stadt hinauf bis zur Schlosskirche. Bei jedem

Spaziergang erzählt Carl eine neue Geschichte, erschließt Bertha ein neues Detail aus seiner Welt und erweitert so die ihre. Erst gestern hat er ihr die Bedeutung der Einritzungen auf den roten Steinen der Kirchenwand erklärt. Es sind verschieden große geometrische Abbildungen, die »Mönch« und »Nonne« heißen. Nur ein Kenner weiß, dass dies die Maße für die Dachziegel sind, für den Ober- und den Unterziegel. Werden neue gebraucht, kann jeder die Zeichnung als Muster benutzen, ohne dafür aufs Kirchendach steigen zu müssen. »Mönch oben, Nonne unten«, wiederholt Bertha die Erklärung von Carl heiter. Und er zieht daraufhin sein Taschenmesser aus dem Hosensack, lächelt und ritzt voller Übermut ihre Initialen in den weichen roten Stein. Er staunt – so etwas Albernes hat er noch nie getan.

Doch da ist mehr als Verliebtheit. Bertha und Carl spüren nicht nur ein vorübergehendes Prickeln, das aufhören wird. Beiden scheint ihre Begegnung von Anfang an über eine vernarrte Liebelei hinauszuweisen. Es treibt sie nicht nur zueinander, es verbindet sie etwas. Etwas, was man nicht ausdrücken, aber fühlen kann. Die andere Hälfte? Das passende Gegenstück? Nur so viel ist sicher: Wenn sie zusammen sind, sind sie rund.

Vorerst aber müssen Hindernisse bewältigt werden. Berthas Vater reagiert auf das ihm auffallende Interesse seiner Tochter an diesem Herrn Carl Benz patriarchalisch abweisend. Dass sie ihn wie bisher um den Finger wickeln kann, damit ist es erst einmal vorbei: »Ein Mann, der den Kopf voller verrückter Ideen hat, aber keinen Taler in der Tasche, das kann keine blühende Zukunft sein.« Als Kind aus wohlhabendem Hause sei sie, das müsse sie zugeben, an gewisse Annehmlichkeiten gewöhnt; man denke nur an die vielen Kleider oder an die Fürsorglichkeit der von ihm bezahlten Hausdame, deren Bestreben es von morgens bis abends sei, ihr das Leben behaglich zu machen. »Ist aber die Verliebtheit erloschen, passé, Vergangenheit«, sagt er nun mit mahnender Stimme, sei es, und das wisse er als erfahrener Ehemann ganz genau, gerade diese bequeme Gemütlichkeit, die das gemeinsame Leben noch angenehm mache und helfe, den Ehealltag und alles andere zu ertragen. Diese Bequemlichkeit aber müsse man sich leisten können.

Wenn ihn seine Tochter Bertha nach solchen Ausführungen nur mit einem in sich gekehrten Blick ansieht, ansonsten schweigend den väterlichen Vortrag über sich ergehen lässt oder lediglich mit einem stillen Lächeln reagiert, platzt dem korpulenten Mann, seit von diesem Herrn Benz die Rede ist, von Zeit zu Zeit der Kragen. Das kommt selten vor, aber wenn ihn seine Gefühle übermannen, haut er mit der Faust auf den Tisch oder schlägt die Türen laut hinter sich zu, um die Bedeutung seiner Worte mit einem Wutausbruch zu unterstreichen. Schließlich sei immer noch er der Herr im Haus, und seine Tochter, falls sie denn vorhatte, seine Obhut zu verlassen, sollte wenigstens gut aufgehoben sein. Dafür zu sorgen, betrachte er als seine väterliche Pflicht und Aufgabe.

Die Zweifel an der ungleichen Verbindung zwischen Bertha und Carl sind nicht unbegründet und das väterliche Urteil in dieser Angelegenheit in der Tat nicht von der Gier nach Geld oder Wohlstand geleitet. Karl Friedrich Ringer fühlt sich verantwortlich. Er liebt seine Tochter, will das Beste für sie. Aber es nützt nichts. Er muss einsehen, dass er gegen ihre Gefühle für den jungen Benz machtlos ist, und er muss erkennen, dass er sie von ihren Träumen offenbar nicht abhalten kann.

Als sich Bertha sicher sein kann, ihren Vater endlich überzeugt zu haben, und sie die Verlobung plant, quält Carl unvermittelt eine immer stärker anwachsende Unsicherheit.

Ungute Gefühle martern ihn. Bedrückt schlurft er durch die Straßen. Dass Bertha so vergnügt ist, so freudvoll, zuweilen sogar ausgelassen, belastet ihn mehr und mehr. Er kann diese Gefühle plötzlich nicht mehr mit ihr teilen. Ihre Unbeschwertheit wird ihm auf einmal schwer. Ihre Heiterkeit nagt an ihm. Ihre Unbekümmertheit bekümmert ihn. Erst begreift er es nicht, hat nur so eine dumpfe Ahnung. Dann will er es nicht wahrhaben, will sich nicht eingestehen, dass Bertha möglicherweise nicht die Richtige für ihn ist. Eines Nachts bricht alles aus ihm heraus, und er setzt sich an seinen Schreibtisch und entwirft ein paar wirre Zeilen. Danach nimmt er ein neues Blatt. Er schreibt und schreibt. Am Ende skizziert er einen Brief für Bertha:

Pforzheim, am 1. September 1869

Mein hochverehrtes Fräulein Bertha,
natürlich bin ich entzückt davon, wenn Sie, wie Sie sich ausdrücken, eine gewisse Begeisterung für mich empfinden. Und obwohl ich wahrlich kein Mann romantischer Worte bin, eher ein Mann der Technik, berührt dies mein Herz – jenes Teil meiner Körpermaschine, das nicht sehr oft auf sich aufmerksam macht.
Dennoch, ich muss Sie eindringlich warnen. Warnen vor weiteren Wünschen inniger Zweisamkeit mit mir. Mit diesem Brief bitte ich Sie, davon abzusehen und Ihre edlen Gefühle für einen anderen zu bewahren, der diese sicher weit mehr verdient als ich. Denn ich fühle mich, mehr als allem anderen, meinen Ideen verpflichtet und finde meine eigentliche Befriedigung darin, diesen von morgens bis abends nachzugehen. Meine ganze Leidenschaft ist auf Erfindungen gerichtet, die uns Menschen voranbringen können. Sosehr

mich Ihre Gegenwart erfreut, meine Sehnsucht, unser schlichtes Dasein mit technischen Meisterleistungen verändern zu können, ist die größere. Ich habe Grund, davon auszugehen, dass dies in meinem Leben nie anders sein wird.

Vergebliche Versuche, Rückschläge oder Irrtümer, die für jeden Menschen in meiner Umgebung Anlass wären, aufzuhören, ja zu verzweifeln, können mich nicht davon abhalten, immer wieder von vorne anzufangen, es wieder und wieder zu probieren. Selbst wenn am Ende nicht das Gelingen, sondern nur ein Scheitern stünde, es ist mein Weg, den ich gehen muss und den zu gehen ich bereit bin. Ich bezweifle, dass es mir gelingen könnte, diesen Funken auch bei Ihnen zu entfachen.

Sosehr ich mir dies auch wünschen würde.

Ihr ergebener Carl Benz

Nachdem er das alles aufgeschrieben hat, fühlt sich Carl traurig, aber befreit. Er fällt in einen tiefen Schlaf, zum ersten Mal seit Tagen. Bertha ist derweil gänzlich ahnungslos, weiß noch nichts von dem, was ihn belastet. Nie hat sie sich Gedanken darüber gemacht, dass sie für ihn, in seinen verzweiflungsvollen Stunden, ein Teil der Welt ist, mit der er nichts anfangen kann. Diese pausbäckige Zufriedenheit, die das gerade erst erwachende Großbürgertum zur Schau stellt und zu dem sie gehört, bleibt ihm fremd. Und umgekehrt erlebt Carl, dass er solchen Zeitgenossen oft unbeholfen erscheint, meistens zerstreut, irgendwie abweisend, was Bertha bislang ausgeblendet hat. Dabei war schon so manch einer aus ihren Kreisen in Verbindung mit seiner gesellschaftlichen Tollpatschigkeit zu dem Schluss gekommen, Carl Benz sei ein geradezu seltsamer Kerl. Aber auch das übergeht Bertha. Und Carl? Der hatte sich frühzeitig seine eigene Welt geschaffen, um sich abzugrenzen; suchte sich, wie andere aus ihrer Zeit Gefallene, ein Zuhause, das ihm keiner streitig machen konnte; fand seinen Platz in schmutzigen Werkstätten und stinkenden Versuchslaboren. Die sind ihm vertraut. Dort vergisst er die Zeit und was draußen passiert und seine Sorgen.

Als der Sommer seinen Höhepunkt schon überschritten hat, die Tage kürzer und kühler werden und der herbstliche Regen einsetzt, ist Bertha gerade dabei, ihre Aussteuer zu sortieren. Auf einmal hört sie ein Klopfen an der Tür. Dann bringt die Hausdame einen Brief, den der Postbote für sie abgab. Bertha strahlt: Der erste Brief von Carl. Sie hält ihn fest in ihren Händen. Begeistert und zärtlich küsst sie den Umschlag. Dann dreht sie sich beschwingt in ihrem Zimmer, Carls Brief innig an ihr Herz gedrückt. »Was wird er wohl geschrieben haben?«, spricht sie fast singend vor sich hin. »Wird es eine Erklärung seiner Liebe sein? Wie wird er sich ausdrücken, wo er doch so ganz der Technik und Maschinenwelt verhaftet ist?« Bertha legt den Brief auf den kleinen Beistelltisch. Noch einmal schaut sie versonnen den Umschlag an, mit den elegant geschwungenen Buchstaben. Carl hat ihren Namen mit Sorgfalt geschrieben, mit gleichmäßiger, ausgewogener Schrift. Einen Moment noch wird sie seinen Brief ungeöffnet liegenlassen. Die Vorfreude auskosten. Doch dann kann sie es nicht mehr aushalten und liest, was er geschrieben hat.

Aus Lesen wird Anstarren. Bertha starrt den Brief vor sich an. Ihr Gesicht verhärtet sichtbar, sie wird blass. Was? … Was?, rattert es in ihrem Kopf. Er ist von ihr entzückt … sein Herz berührt … Eine Körpermaschine? … Das Herz eine Maschine? … Er fordert sie auf, ihre edlen Gefühle für einen anderen zu bewahren … Gefühle … bewahren? … Er fühlt sich mehr als allem anderen seinen Ideen verpflichtet … Pflicht … seine ganze Leidenschaft … vergebliche Versuche … Rückschlagsmaschinen? … Immer wieder von vorn anfangen … Scheitern? … Was sind das für Töne? Bertha weiß es nicht. An dieser Stelle ist sie ohne Erfahrung. Noch. Aber fürs Erste sind diese Sätze genug, um als Frischentflammte empört zu sein. Am meisten erregt Bertha der Schlusssatz des Briefes, der sie mitten in ihrer Seele trifft und den sie nie mehr vergessen wird: »Ich bezweifle, dass es mir gelingen könnte, diesen Funken auch bei Ihnen zu entfachen.«

Wieder traut ihr jemand etwas nicht zu. Diese Situation gab es schon einmal in ihrem Leben. Auch damals war es ein einziger Satz, der sie in ihren Grundfesten erschüttert hatte, und die Erinnerung daran schmerzt. Erneut empfindet sie sich als unnütz und wertlos, und das kränkt Bertha. Unten im Garten lärmt fröhlich der Rest der Familie Ringer. Das Hausmädchen hat ihnen gerade Erfrischungen gebracht. Als Bertha das Treiben ein paar Minuten zuvor von ihrem Fenster aus beobachtet hat, war sie entschlossen, nach der Lektüre des Briefes zu ihnen hinaus ins Freie zu eilen. Jetzt wankt sie zu ihrem Bett, will niemanden mehr sehen und grübelt über die Zeilen von Carl.

Warum hat er nicht wahrgenommen, wie sehr sie sich für seine Maschinenwelt begeistert? Und für seine Vision vom selbstfahrenden Wagen? War es ihm vollkommen entgangen, wie sie sich wieder und wieder an seine Seite träumte? Nicht, wie sonst üblich, bei opulenten Bällen des Pforzheimer Gesellschaftsvereins oder im Karlsruher Hoftheater sitzend. Nein, sie sah sich, so ungewöhnlich es auch war, neben ihm am Zeichenbrett stehend, ja in ihren Tagträumen hatte sie es sogar genossen, gemeinsam mit Carl am Schraubstock zu hämmern und zu feilen. War er blind dafür? Erkannte er in ihr nur eine verzogene Bürgerstochter? Eine engstirnige Frau, die sich für nichts weiter als die Führung eines Haushalts erwärmen ließ oder die neueste Mode? Nein, sie ist nicht nur gekränkt und beleidigt, sie ist verletzt. Verletzt, weil Carl ihr offensichtlich so wenig zutraut. Und mindestens genauso schlimm ist, dass sie sich damit unmöglich ihren Eltern anvertrauen kann. Die sind ohnehin voreingenommen gegen ihre Verbindung mit dem verrückten Utopisten. Sie muss also ganz allein eine Entscheidung treffen. Zum ersten Mal. Eine, die für ihr Leben so folgenreich sein wird wie keine je zuvor.

Drei Tage zieht sich Bertha in ihr Bett zurück und antwortet auf alle besorgten Nachfragen, der Bauch tue ihr weh, sie sei unpässlich, sie brauche vor allem Ruhe, Wärme und Schlaf. Den ersten Tag verbringt sie damit, sich vorzustellen, wie es künftig ohne ihren Carl sein würde. Was würde sie vermissen? Noch weinte sie, ja, aber in wenigen Tagen schon könnte sie sicher hart gegen sich und ihn sein. Nie wieder würde sie nach ihm fragen. Es ist zwar nicht zu leugnen – bislang hatte sie kein anderer Mann so fasziniert wie dieser junge Ingenieur. Aber irgendwann, es war wohl wirklich nur eine Frage der Zeit, irgendwann würde sie jemanden treffen, der vermutlich viel aufregender war als er, und dazu wahrscheinlich auch noch wohlhabend. Mit diesen Gedanken schläft Bertha trotz aller Trauer und Verletztheit am Abend ein.

Doch kaum wieder aufgewacht, sticht ihr am nächsten Morgen die Sehnsucht scharf ins Herz, und eine sofortige Trennung, ein Nimmerwiedersehen erscheint ihr undenkbar. Wäre es sinnvoll, sich für ein paar Wochen zurückzuziehen und auf einen nächsten Brief zu warten, in dem Carl ihr mitteilen würde, wie leid ihm alles täte, wie er plötzlich Zweifel, ja sogar Angst bekommen habe und wie froh er wäre, endlich wieder in ihrer Nähe zu sein? Mit solchen Überlegungen vergeht der zweite Tag.

Auch am dritten Tag brütet Bertha weiter. Ihr Kopf rast von den vielen Gedanken, die blitzartig und ungeordnet kommen. Ihre Augen sind leer geweint. Aber trotz all des Nachdenkens fühlt sie sich nicht in der Lage, eine Entscheidung zu treffen. Sie ist verzweifelt.

In der folgenden Nacht hat Bertha einen Traum, der, das weiß sie aus Erfahrung, im Unterschied zu anderen wirren Träumen von Bedeutung ist, weil sie ihn in bunten Farben träumt: Sie trug ein lockeres Sommerkleid, bestickt mit rotem Mohn, blauen Kornblumen und weiß-gelben Kamillen, das bei weitem nicht so einengend war wie ihre geschnürten Korsagen. So stieg sie, von Carl gestützt, auf einen wunderschönen grünen und – das war das Neue und Ungewohnte – pferdelosen Wagen. Dann setzte sich Carl, der einen luftigen hellen Anzug trug, neben sie und forderte sie auf, loszufahren. Loszufahren? Selbst im Traum verwunderte sie das. Und tatsächlich, wie von Geisterhand bewegt fuhren sie den Weg von Pforzheim zum Kloster Maulbronn, wie an dem Tag, als sie sich zum ersten Mal begegnet waren. Dann hörte sie Carl fragen: »Verstehst du jetzt, warum ich von meinen Ideen nicht lassen und nicht mit Konstruieren aufhören kann, bis es gelingt, so einen Wagen zu fahren?« Berauscht von einem neuen Gefühl von Freiheit und Unabhängigkeit, wacht Bertha auf und versenkt sich immer wieder in die einzelnen Bilder ihres Traums. Dann beschließt sie, Carl sofort zu schreiben.

Mit Worten, denen man die Hast der Niederschrift ansah, teilt sie ihm mit, dass sie seine Bedenken nachvollziehen könne und dass sie wisse, aus welchem Holz er sei; und wie umsichtig sie es fände, dass er sich um ihre Zukunft und die Frage, ob sie mit ihm glücklich werden könne, Gedanken mache. Nun aber sei es genug der Bedenken, weil er den Funken der Begeisterung für seine Maschinenwelt in ihr entzündet habe. Das Feuer brenne längst. Sie schreibt, sie wolle auf keinen Fall mehr so weiterleben wie bisher, denn seitdem sie ihn kenne, öde sie an, was ihr gestern noch wichtig war. Das Entscheidende aber sei, sie habe einen Traum von ihm und sich und von dem Wagen ohne Pferde gehabt. Und *dieser* Traum, das spüre sie sehr genau, sei länger als die Nacht. Damit sei alles gesagt, ab jetzt solle er ihr einfach vertrauen, und das sei wirklich das Wichtigste, das Vertrauen, und dann möge er bitte nicht länger zögern und die Verlobung mit ihr planen. Er solle es für durchaus wahrscheinlich halten, dass auch sie, Bertha, ähnlich wie bislang seine Mutter in der Lage sei, ihm eine treue und aufmunternde Mitstreiterin zu sein. Und der Wagen, der sei ab jetzt ihre gemeinsame Aufgabe.

Diese Resolutheit saß. Es dauert keine drei Tage, da bittet Carl Benz seinen Schwiegervater in spe um ein Gespräch in dessen Haus, und alle wissen, warum. Er möchte ordnungsgemäß um Berthas Hand anhalten.

Letzten Endes fasst sich Karl Friedrich Ringer tatsächlich ein Herz und lädt den jungen Mann mit den schwarzen schulterlangen Haaren für einen der folgenden Sonntage zum gemeinsamen Essen ein – obwohl Carl Benz, anders als es seine Pläne für die Zukunft seiner Tochter vorgesehen haben, minderbegütert ist. Bertha hat es geschafft, ihn mit ihrer Beharrlichkeit weichzuklopfen. Zuvor aber hatte Vater Ringer heimlich Erkundigungen eingeholt und erfahren, dass dieser Herr Benz doch nicht so ein Luftikus war, wie es anfangs schien. Man erzählte, nach dem Studium habe er eine akademische Laufbahn ausgeschlagen und sich auf eigenen Wunsch hin bei verschiedenen Unternehmen im Maschinen- und Brückenbau anstellen lassen. Freiwillig habe er es vorgezogen, von Tagesanbruch bis in die dunkle Nacht neben einfachen Arbeitern an nur spärlich beleuchteten Werkbänken zu stehen und sich die Finger schmutzig zu machen. Das alles, damit er von der Pike auf lernen könne, denn nur so, das sei wohl seine Meinung, könne zuverlässige Wertarbeit entstehen.

Und obwohl dieser Benz nachweislich gebildet war und dies in der Regel für eine kleine Karriere in der akademischen Gesellschaft ausgereicht hätte, musste er in den vergangenen Jahren noch beachtliche handwerkliche Fähigkeiten erworben haben. Der Mann, den seine Tochter unbedingt begehrte, war allen Aussagen zufolge strebsam, sparsam, fleißig und, einmal angefangen, zäh bei der Sache. Auch sein sittliches Verhalten gab keinerlei Anlass zur Klage. – Das alles hörte Berthas Vater, ein bodenständiger Handwerker, natürlich gern. Und wenn dieser Carl Benz eben partout nichts Handfestes wie Haus oder Hof vorzuweisen hat, vielleicht ließe sich aus ihm ja doch noch etwas Vernünftiges machen? Nicht umsonst hieß es doch: »In Pforze an der Enz macht man Fabrikante aus lauter Baure Schwänz' …« Außerdem, und das hält Karl Friedrich Ringer für ein sehr gutes Zeichen, gibt es schon jetzt einige Gemeinsamkeiten: Seine Mutter wurde – wie auch Carl Benz – in Mühlburg bei Karlsruhe geboren. Er und Carl, sie beide, tragen den gleichen Vornamen »Karl Friedrich« – auch wenn Benz im Alltag auf den Doppelnamen verzichtet und sich lieber mit C anstatt K schreibt. Und noch etwas haben sie gemeinsam: Sie beide haben früh ihren Vater verloren. Wenn er es recht bedenkt, ist er inzwischen fast ein wenig neugierig auf diesen jungen Kerl.

Am dritten Sonntag im Oktober ist es so weit. Carl Benz wird in das stattliche Haus der Ringers eingeladen, kurz nachdem ein Erdbeben die Stadt erschüttert und die Bürger in Angst und Schrecken versetzt hat. Im Rahmen seiner Möglichkeiten macht er sich fein, putzt sich heraus und trifft, siehe da, ein paar Minuten vor der vereinbarten Zeit ein. Von Berthas Vater bei deftigem Braten mit Spätzle und gutem Wein nach seinen künftigen Vorhaben gefragt, beginnt Carl über Wien zu reden, denn dort würden unter Umständen neue Aufgaben auf ihn warten. Dass es in Wahrheit Bertha war, die ihm den Floh mit Wien ins Ohr gesetzt hat, verschweigt er lieber. Stattdessen erzählt Carl, er sei als Führungskraft im Konstruktionsbereich gefragt, was auch nicht ganz falsch ist, und müsse also künftig nicht mehr abarbeiten, was andere sich ausgedacht hätten, sondern könne endlich seine eigenen Gedanken aufs Zeichenbrett übertragen. Nach all den praktischen Erfahrungen, die er in den vergangenen Jahren gesammelt habe, sei er reif für solche Herausforderungen, betont er.

Genau in dem Moment, als Bertha befürchtet, dass sich Carl nun verlieren könnte in Abhandlungen über Konstruktionsaufgaben, Entwürfe, Bleistifthärten, Zirkel und Kreise, Lineal und Linien, springt sie ungestüm von ihrem Platze auf, sodass ihr Stuhl, von dem Schwung erfasst, zum Kippen kommt. Gelächter in der Tischgemeinschaft. Der kleine siebenjährige Julius Oskar, das jüngste Geschwisterkind, gackert als Erster los. Daraufhin stimmen alle anderen Schwestern und Brüder als munterer Chor mit hohen und tiefen Salven in das Gelächter ein. Schließlich beginnen auch die Bäuche von Auguste Friederike Ringer und ihrem Mann Karl Friedrich zu wackeln, wobei sein rundes Gesicht dazu noch ein breites Grinsen zeigt.

Wien, man müsse es sich vorstellen, Wien. Diese beschwingte Walzerstadt, in der das Leben von Melodie und Rausch durchdrungen sei, steigt Bertha in das von ihr unterbrochene Gespräch ein, um ihrem Carl keine Chance zu lassen, mit seinem Monolog fortzufahren. Wien sei schon jetzt auf dem Weg zu einer die Welt verändernden Millionenstadt, es sei dabei, sein altes Provinzkleid abzustreifen. Das beschauliche Pforzheim mit seinen gerade mal zwanzigtausend Einwohnern könne da auf keinen Fall mithalten. Erst neulich habe sie es gelesen, die Stadt an der Donau sei inzwischen durchaus mit Paris oder der Riesenmetropole London zu vergleichen. Ein pulsierendes Gemisch aus verschiedenen Völkern lebe da. Pforzheim sei dagegen ein Nest und selbst Karlsruhe nur eine verschlafene Beamtenstadt. Das alles könne Carl bezeugen, weil er schon einmal nach Wien gereist sei, nach dem gewonnenen Krieg gegen Österreich, vor drei Jahren, im September 1866, von seinem ersten selbstverdienten Geld. Damals wollte er als junger Techniker Erfahrungen sammeln, den Fortschritt bestaunen, egal ob den des englischen Ingenieurs, des italienischen Baumeisters oder böhmischen Handwerkers.

Dann stürzt Bertha los, um die Beilage einer Zeitung aus ihrem Zimmer herbeizuschaffen, die sie von einer der traurigen Händlergestalten auf der Straße gekauft hat, die neuerdings mit ihren teilweise schändlichen Blättern herumstanden, deren Inhalt, wie es hieß, das Schamgefühl verderbe. Es ist noch gar nicht so lange her, da gab es Zeitungen vornehmlich in Gastwirtschaften oder in speziellen Lesekränzchen. Doch mit der Lockerung der Zensur und der aufblühenden Pressefreiheit ist auch die Lesefreude der Bürger erwacht. Der Abonnentenverkauf an Privatpersonen hat sich durchgesetzt, wobei es meist mehrere Familien sind, die ein Abonnement miteinander teilen. Der erste Empfänger muss dann zunächst die Blätter vorsichtig aufschneiden und in die richtige Reihenfolge heften. Der Letzte sammelt alle Ausgaben und hebt sie sorgfältig auf.

Hat die neueste Zeitung bei allen die Runde gemacht, lässt sich fabelhaft darüber streiten. So ist es auch bei den Ringers Brauch. – Bertha jedoch kauft augenscheinlich nur für sich, weiß demzufolge mehr als ihre Familie, erwirbt ihren Lesestoff heimlich. Außerdem hat sie aufmerksam auf jedes Wort geachtet, wenn Carl ihr von seinem ersten Wienbesuch berichtete.

Die Musik von Mozart, der gewaltige Stephansdom, das Kaffeehaus Central mit der köstlichen Sachertorte – zu allem hat Bertha etwas zu erzählen, auch wenn sie selbst noch nie aus Pforzheim rausgekommen ist. Jetzt traut sie sich sogar, vor der Tischgemeinschaft das aufstrebende Berlin mit der Stadt an der Donau zu vergleichen. In Wien, habe sie gelesen, schlage das Herz, während Berlin eine Kopfgeburt sei. Hier herrsche Lebenslust und Heiterkeit, dort Disziplin und Nüchternheit. Wien sei der Sonntag, während man in Berlin den Werktag erleben könne. Und sie sei sicher, Wien, nur Wien wäre so recht nach ihrem Geschmack, ereifert sich Bertha am Esstisch und ist von dem Plan, demnächst in dieser Stadt zu leben, Feuer und Flamme. Einigermaßen verdutzt stellen Mutter und Vater Ringer fest, dass ihre Tochter nicht nur Gefallen an diesem Mann gefunden hat, sie scheint überhaupt keinen Wert mehr darauf zu legen, weiter in ihrer beschaulichen Heimatstadt Pforzheim zu bleiben.

Als Carl Benz das leichte Entsetzen bei den Ringer-Eltern bemerkt, setzt wiederum er mit seinen Erklärungen für ihre Zukunftspläne ein: Ihn reizten an Wien weniger Mozart und die Sachertorte, ihn interessiere vor allem die technische Seite. Wenn Wien in vier Jahren die Weltausstellung 1873 präsentiere, würde es zum Mittelpunkt der Welt, ja zum Zentrum der menschlichen Tätigkeit und würde, daran bestünde kein Zweifel, einen unvorstellbaren Entwicklungsschub machen. Mehrere zehntausend Aussteller würden erwartet, aus über dreißig Ländern lägen schon Anmeldungen vor. Industrie, Landwirtschaft und Kultur wollten zeigen, was sie leisten können. Nicht Eroberungswillen und Krieg würden dann dominieren, sondern die völkerverbindende Sprache der Arbeit. Das, so Carl Benz, sei ganz nach seinem Geschmack.

Mit diesen spektakulären Aussichten versucht der junge Techniker, zumindest Vater Ringer für die riskante Unternehmung zu erwärmen, und erklärt weiter: Viele spannende Überlegungen stünden im Raum. Auch viele Fragen: Wie viele Brücken würden derzeit neu gebaut? Wie würde man für den Transport der explosionsartig wachsenden Bevölkerung sorgen? Ganz zu schweigen von den vielen Millionen Besuchern, die in die Stadt strömten. Wie also würde die Eisenbahn erweitert? Und welche Entwicklung hatte die »Bim« in der letzten Zeit gemacht, diese Lok für die Straße, die er, Carl, schon bei seinem ersten Besuch in Wien gesehen habe und die alle Einwohner, die es bezahlen konnten, von einem Ende des Ortes zum anderen kutschierte? Es seien Fragen über Fragen, auf die man keine schnellen Antworten fände, erörtert Carl der versammelten Runde. Um sich über den Stand der Technik zu informieren, müsse man Geduld haben und gleichzeitig wachsam sein, ob und wann dazu etwas in der Zeitung stünde oder ob jemand jemanden kennen würde, der erst jüngst vor Ort gewesen war. Solche Boten mit den neuesten Nachrichten könnten dann Bertha und er für die Familie sein.

Carl Benz schaut jetzt lieber nicht in die Gesichter der anderen, sondern nimmt noch einen Schluck vom Wein und setzt mit neuem Enthusiasmus fort: Die Veränderungen, die Wien in den letzten Jahren durchgemacht habe, seien rasant. Die alte Stadtmauer sei abgetragen, stattdessen lege man ständig neue Straßen an. Die würden gesäumt von monumentalen Häusern, die keinen kleinstädtischen Charakter mehr hätten. Außerdem würde die ganze Stadt für die Weltausstellung umgebaut, für diese gigantische Leistungsschau des Fortschritts, die das Wissen der Welt zusammenführe. Da wollten Bertha und er unbedingt dabei sein. Bereits von der letzten Weltausstellung 1867 in Paris hätten sie Großartiges gehört, sagt jetzt Bertha und zeigt die alten Zeitungsartikel, die sie dazu gesammelt hat. Fast zeitgleich verkünden beide: Die nächste Weltausstellung hautnah zu erleben, das müsse einfach phantastisch sein. Wieder lachen alle.

Dann berichtet Carl davon, was er neulich noch gelesen hat: Der Kaiser von Österreich, Franz Joseph I., sei bestrebt, alles noch größer und noch gewaltiger zu gestalten als bisher. Er habe den festen Willen geäußert, das ehemalige kaiserliche Jagdrevier als Ausstellungsfläche nutzbar zu machen. Und für die Donau lasse er ein neues Flussbett graben, um die jahrhundertealte Überschwemmungsgefahr für die Stadt und das Pratergelände zu bannen. Endlich solle Wien auch ein eigenes Wahrzeichen bekommen, ein Meisterwerk der Ingenieurskunst, eine riesige Rotunde, die – ja, es klinge unvorstellbar – rund fünfundzwanzigtausend Menschen fassen könne. Die Stadtväter hegten den Ehrgeiz, dieses Bauwerk solle künftig der mächtigste Kuppelbau der Erde sein und mit seinen Ausmaßen den gewaltigen Petersdom in Rom übertreffen. Wie seinerzeit bei der Weltausstellung in London der Kristallpalast, ergänzt Bertha aufgeregt, der erstaunlicherweise nur aus Glas und Eisen konstruiert worden war und dennoch nicht zusammenkrachte, so könnte auch diese Rotunde für Erstaunen bei den Besuchern aus aller Welt sorgen. Und da schon in Paris vor drei Jahren der Platz für die Aussteller in der großen Halle nicht mehr ausgereicht habe, sei vorgesehen, dass sich für den kommenden Jahrmarkt der Neuigkeiten nunmehr jedes Land seinen eigenen Pavillon bauen solle. Im Wettstreit um die imposanteste Lösung würden Vorschläge vom orientalischen Felsengrab bis hin zur gigantischen Pyramide eingereicht. Auch ein japanischer Bonsaigarten sei in Planung. Kurz: Faszinierendes, wie man es noch nie gesehen habe.

So viel ist sicher, jetzt, da die Ausstellung der Welt nicht in London oder Paris stattfindet, sondern zum ersten Mal im deutschsprachigen Raum, wollen Bertha und Carl unbedingt vor Ort sein. So verkünden sie es der Tischgesellschaft, nachdem das Mittagessen abgeräumt worden ist und noch vor dem Dessert, womit Familie Ringer ganz nebenbei erfährt, dass sich Bertha und Carl längst entschlossen haben, künftig gemeinsam durchs Leben zu gehen, sobald sich Carl eine auskömmliche Position in der Stadt an der Donau gesichert haben würde. »Nun ja, Reisen bildet«, sagt Vater Ringer abschließend ein wenig wehmütig, aber seinen Segen gebend.

Doch wenig später versiegt die Euphorie, und der Aufbruch gerät ins Stocken, was an diesem Sonntagnachmittag allerdings für niemanden absehbar ist. Am 12. März 1870 verliert Carl Benz den Menschen, der ihm bislang am nächsten gestanden hat, seine von ihm über alles geliebte Mutter. Sie stirbt im Alter von nur achtundfünfzig Jahren. Ihr Magen war oft krank, letztlich aber erlag sie wohl einer Art Lebensmüdigkeit, verursacht durch vielfache Verausgabung und eine daraus folgende Schwächung. All die Jahre ihres Lebens hatte Josefine Benz nach dem viel zu frühen Tod ihres Mannes ihren einzigen Nachkommen unablässig unterstützt. Völlig uneigennützig, könnte man meinen. Ganz sicher aber unter Aufbietung großer Opfer. Sie hatte ihren Sohn gefördert, wo sie nur konnte, danach getrachtet, ihn vorwärtszubringen. Eine Laufbahn als Beamter, das war ihr Traum für ihn. Es kam anders. Doch Carl schien glücklich zu sein als Maschinenbauingenieur und in den letzten Monaten vor ihrem Tod noch glücklicher. Erstmals sprach ihr Junge von einer anderen Frau. Jetzt konnte sie loslassen. Was in ihren Kräften stand, hatte sie getan.

Carl Benz ist am Boden zerstört, als er seine Mutter auf dem Totenbett sieht. Wenige Stunden zu spät war er eingetroffen, sie hatte ihre Augen bereits für immer geschlossen. So muss er von ihr Abschied nehmen, ohne dass noch ein letztes Wort möglich gewesen wäre. Und alles, was er ihr gern noch gesagt hätte, trägt er fortan als Unausgesprochenes mit sich herum. Es ist keine schwere Last – er hat seine Mutter verehrt, und böse Worte gab es zwischen ihnen nicht –, aber eine bedrückende. Ihn quält das sich immer wieder aufdrängende Gedankenspiel: Wäre es nicht besser gewesen, wenn …

Nur einen Trost findet Carl in den Tagen nach der Beerdigung – Bertha. Sie umfängt ihn mit Zärtlichkeit, ohne aufdringlich zu sein. Hält Carl, wenn ihn die innere Last dessen, was vielleicht besser gewesen wäre, zum Schwanken bringt.

Nur kurze Zeit später bricht im Juli 1870 der deutschfranzösische Krieg aus. Eine neue Aufregung, die Carls Pläne abermals zunichtemacht. Er muss zwar nicht zum Militär, weil er als einziger Sohn aus dem Hause Johann Georg Benz übrig geblieben ist, aber ans Reisen ist in Kriegszeiten nicht mehr zu denken, zu unsicher die Lage. Außerdem wird er für den Brückenbau gebraucht.

Erst im Frühsommer 1871, der Friedensschluss mit Frankreich ist endlich erreicht, kann der junge Ingenieur doch noch nach Wien aufbrechen. Und dann passiert etwas, was damals ebenfalls keiner am Mittagstisch im Hause der

Ringers für möglich gehalten hätte – aus der so überzeugend vorgetragenen Unternehmung wird alsbald eine Enttäuschung. Carl Benz nämlich brauchte keine große Bühne. Ihm hätte als Welt eine Experimentierhöhle gereicht.

Mama, mit der Zündung klappt's

Viele gescheiterte Versuche
und ein erster Erfolg

Schon nach wenigen Tagen in Wien wirkt Carl Benz müde und blass. Lasch und mau läuft er durch die Straßen. Sein Gang, sonst stolz und gockelhaft, drückt Verlorenheit aus. Eintönig und fade schmecken seine Tage. Er erleidet sie mehr, als dass er sie erlebt. Überall, wo er hingeht, vermisst er etwas. Keiner kann es ihm recht machen. Traurig blicken seine Augen, in seinem Gesicht zeichnen sich tiefe Falten ab. Was an seinem neuen Arbeitsplatz von ihm verlangt wird, fordert ihn nicht. Er beherrscht es seit langem. Dafür hätte er nicht bis an die Donau reisen müssen. Und was er sich in seinen Träumen ausgemalt hat, als er noch ein angesehener Ingenieur in Berthas Heimatstadt war, findet er jetzt nicht. Das große Rendezvous der Welt, von dem sie ihm unentwegt vorgeschwärmt hatte, kann er hier an keiner Ecke entdecken. Stattdessen fühlt er sich alleingelassen.

So miserabel, wie er sich empfindet, so miserabel erlebt er nun auch die Stadt. Anstelle von aufstrebendem Wohlstand und blühender Moderne erspäht er Armut und Rückständigkeit. Er sieht das Elend der einfachen Leute, die so wie er nach Wien gezogen sind, weil sie sich Großes davon versprochen hatten. Aber nun hausen sie, enttäuscht und aller Hoffnungen beraubt, in winzigen, dunklen Kellerwohnungen und müssen sogar für ein paar Kronen die verlausten Betten mit lumpigen Fremden teilen. Überall erblickt Carl erschütternde Not und stößt auf das Scheitern derer, die nicht mithalten können. Die eben noch in seinen Vorstellungen lockende Weltstadt, in der jede neue Straße und jede neue Brücke wunderbare Reize besaß, präsentiert sich für ihn nur noch als riesige, laute und unerträgliche Baustelle.

Sein Appetit auf die Großstadt? Vergangen. Seine Lust am Entdecken? Erlahmt. Das Fernweh, das ihn einst packte? Nicht mehr vorhanden.

»Wien – Wien, das bedeutet Glückseligkeit!«, hatte ihm Bertha voller Begeisterung beim Abschied am Zug hinterhergerufen. Doch auf ihn wirkt die Stadt jetzt abgestanden, ausgeleiert und fremd. Selbst die technischen Neuerungen, denen er auf Schritt und Tritt begegnet, berühren ihn nicht mehr. Nein, Carl Benz ist nicht krank. Er wurde nur, kaum angekommen, von Heimweh erfasst. Von Heimweh nach Bertha, die weit weg auf gute Nachrichten über ihre gemeinsame Zukunft wartet. Sie fehlt ihm. Und das bemerkt er schneller, als ihm lieb ist. Doch woher hätte er auch wissen sollen, dass ihn eine solche Tristesse befallen kann? Bis vor kurzem kannte er derartige Gefühle nicht.

Mit einem Bleistiftstummel kritzelt er im Wirtshaus »Goldene Lerche« kleine Fahrzeuge auf ein vergilbtes Papier, das er unweit von seinem Suppenteller gefunden hat. Vehikel, mit denen man sich zügig an den Ort seiner Träume bewegen könnte. Dann schreibt er: »Lebte Bertha hier, würde die Zeit nicht sang- und klanglos verstreichen … Jeder Tag hätte seine eigene Musik … Bertha würde ihn klingen lassen …« Danach bestellt er sich einen neuen Wein, und nachdem er auch dieses Glas geleert hat, gehen ihm die Gedanken noch leichter von der Hand: »Ohne sie verspüre ich keinen Anlass, mich zu freuen; finde keinen Grund, Scherze zu machen, so wie ich es kann, wenn sie bei mir ist.« Carl setzt den Stift ab und überlegt einen Moment, dann notiert er auf dem letzten freien Flecken seines Blatts: »Kommen jetzt Worte über meine Lippen, weil ich angesprochen werde, hören sie sich nichtssagend an.« Langsam hebt er den Kopf und stiert ins Leere. »Wien ...«, so Carl weiter, und sein Gesicht verändert sich dabei, »Wien zeigt seine dreckige, hässliche und furchteinflößende Fratze. Es ist eine morbide Kreatur, Zerstörung, hat keine Anziehungskräfte mehr.«

Noch einmal liest er, was er da aufgeschrieben hat, und zerknüllt dann hastig den Zettel. Wem hätte er seine Zeilen auch schicken sollen? Wer will hören, dass ihm dieser Ort unheimlich geworden ist, an dem er mehr ausharrt, als dass er ihn erobert? Carl spürt sein Versagen, was ihn noch armseliger macht. Er weiß nicht, was er jetzt tun soll. Vom Wein benebelt, läuft er zum imposanten Hauptpostgebäude, kauft eine Karte und schickt sie Bertha: »Grüße aus Wien. Hier ist alles anders! Heute Regen ...« Das schreibt er, obwohl den ganzen Tag eine wärmende Aprilsonne strahlt, leuchtend hell auf das junge Frühlingsgrün.

Je erbärmlicher Carl Benz zumute wird, desto mehr sehnt er sich nach Bertha – und nach ihrer Familie, bei der er gerade erst, nach dem viel zu frühen Tod seiner Mutter, Anschluss und eine zweite Heimat gefunden hat. Es spricht nicht von Stärke, das weiß er, aber es ist nicht zu ändern, das Heimweh übermannt ihn. Nach vier Wochen fährt er zurück nach Pforzheim.

Zu Bertha traut er sich erst einmal nicht. Er hat keine Ahnung, wie er ihr erklären soll, dass er mit seinen Vorhaben und ihren ersten gemeinsamen Plänen gescheitert ist. Als sie durch ihren Bruder von seiner vorzeitigen Rückkehr erfährt, will sie es zunächst gar nicht wahrhaben, es scheint ihr ein schlechter Scherz zu sein. Doch Carl ist tatsächlich wie ein

Häufchen Elend aus Wien zurückgekehrt, und erneut überkommt Bertha die Ahnung, dass es mit diesem Mann nicht leicht werden wird.

Keine zwei Jahre ist es her, da erhielt sie seinen Abschiedsbrief, kurz nachdem sie sich einander angenähert hatten. Ein Brief, der voller Liebe und zugleich voller Wehmut war. Es war ihr unverständlich geblieben, wie ein Mensch in einem Atemzug Gefühle, die zum anderen hindrängen, und Worte, die den anderen wegstoßen, zusammenbringen kann. Sie hat sich darüber hinweggesetzt, sich weiteres Nachdenken dazu verweigert. Wie viel angenehmer fühlte sich die Hoffnung an und das Glück, der Liebe begegnet zu sein. Das wollte sie auf keinen Fall wieder hergeben, und überhaupt war sie nicht die Frau, die einmal getroffene Entscheidungen bereitwillig rückgängig machte. So überging sie die warnenden Gefühle und beschloss, lieber an ihrem Traum von einer gemeinsamen Zukunft festzuhalten. Alles umwälzen, das konnte sie später immer noch. Für den Moment sollte sicher sein, was sie sich einst geschworen hatte: »Mein Traum ist länger als die Nacht.« Also hieß es, selbst bei stürmischem Wetter standzuhalten. Nur Träume verändern die Welt und die Herzen, besann sich Bertha, egal wie dunkel die Nacht auch sein mag.

Dann lachte sie etwas zu schrill auf und ließ sich nicht weiter deprimieren. Stattdessen genoss sie, sich selbst ermunternd, den sonnigen Tag; pflückte die schönsten Blumen im Garten, erfreute sich an deren Geruch und betrachtete die kräftigen Farben. Das half. Nur kurze Zeit später verkündete Bertha, dann würde das Ziel für ihre Unternehmungen eben nicht Wien, sondern Mannheim sein. Lag dort nicht sowieso die Zukunft? Und wenn sie es recht betrachtete – war Wien, von dem sie gestern noch geschwärmt hatte, nicht ohnehin schon wieder Vergangenheit?

Nachdem Carl Benz 1871 in Wien nicht Fuß fassen konnte, versuchen beide gemeinsam, sich in Mannheim eine Existenz aufzubauen.

Erst wenige Wochen zuvor hatte Bismarck das Kunststück vollbracht, die Deutschen nach jahrelangem und zähem Ringen, ständigen Zwistigkeiten und Kriegen zu einem Reich zu vereinen. Preußen wirkte jetzt stark, ja unschlagbar. Unter seiner Führung wurde nicht nur der Krieg von 1866 gegen die Österreicher gewonnen, auch der deutsch-französische Krieg endete mit einem grandiosen Sieg. Ein Erfolg, mit Blut und Eisen errungen, der fast alle Skeptiker der ersten deutschen Vereinigung mundtot machte. Die Deutschen waren beseelt von dem Gefühl ihrer Überlegenheit. Nun waren sie ein Volk, die Grenzen gefallen, Währung und Maßeinheiten vereinheitlicht und die Habsburger mit ihrem Herrscherhaus in Wien von dieser Reichsgründung ausgeschlossen.

So waren wohl auch die Zeiten vorbei, da sich die Süddeutschen an der Österreichisch-Ungarischen Monarchie orientierten. Jetzt hieß es, beschloss Bertha, den Blick von Wien nach Berlin zu richten. Berlin, das sie vor kurzem noch als »Kopfgeburt« verunglimpft hatte, war wohl doch, wie London und Paris, eine beachtenswerte, aufblühende Weltstadt; zumal der jüngste Sieg gegen Frankreich frisches Geld ins Land brachte. Berauscht waren die Deutschen plötzlich. Berauscht davon, wie grandios sie in der Schlacht von Sedan die Franzosen bezwungen hatten. Frech belagerte danach der deutsche Adel, zusammen mit allem, was Rang und Namen hatté, das Schloss von Versailles. Ausgerechnet dort riefen sie den König von Preußen zum neuen Deutschen Kaiser aus. Eine unverzeihliche Demütigung für den ärgsten Feind und Verlierer, der von diesem Moment an wohl nur noch einen Wunsch hatte: es den Deutschen irgendwann heimzuzahlen. Jetzt aber musste erst einmal zähneknirschend in Frankfurt am Main der Friedensvertrag unterschrieben werden.

Ausgerechnet ein Pforzheimer Schmuckfabrikant fertigte eigens dafür eine goldene Feder an, die er mit zahlreichen Diamanten besetzte. Tagelang berichteten die Zeitungen davon, was Bertha selbstverständlich las. Überhaupt fiel ihr auf, dass sich die Badener bei der Kaiserkrönung und dem Friedensschluss eifrig hervortaten. Es war *ihr* Großherzog, der die Aufgabe übernommen hatte, den Kaiser – seinen Schwiegervater – als Erster hochleben zu lassen. Und Bismarck unterschrieb in facto mit der goldenen Feder aus ihrer Heimatstadt die Friedensverträge. Vorher schon hatte er einen Dankesbrief an den Fabrikanten geschickt, den alle badischen Zeitungen abdruckten. Bismarck proklamierte darin, er hoffe, nichts anderes mit der goldenen Feder zu unterzeichnen als das Papier für einen dauerhaften und glücklichen Frieden.

Die deutsche Wirtschaft profitierte. Ja, die gigantische Summe von drei Milliarden Reichsmark floss als Reparationszahlung ins Land, sogar fünf Milliarden hatten es ursprünglich sein sollen. Das förderte die Industrialisierung und verschaffte Deutschland einen Aufschwung von atemberaubender Geschwindigkeit. Im Eilschritt baute sich so eine neue europäische Großmacht auf, und Aufbruchstimmung keimte allüberall, es war Gründerzeit, insbesondere in einer Stadt wie Mannheim. Denn die Mannheimer wussten die Gunst der Stunde zu nutzen. Die Stadt war ein höchst lebendiges Arbeitsgetriebe im Großherzogtum Baden, in der die Maschinen am lautesten ratterten und deren Wohlstand an den rauchenden Schornsteinen zu erkennen war, verkehrsgünstig gelegen zwischen Neckar und Rhein. Gleich mehrere Häfen wurden ausgebaut. Und weil es darüber hinaus auch noch einen Bahnhof gab, konnten mühelos Waren transportiert und abgewickelt werden. Man schuf einen wichtigen Handels- und Industriestandort in Südwestdeutschland, der über alles verfügte, was geschäftstüchtige Kaufleute begehrten. Kurz: eine aufstrebende Stadt, die nach einem studierten Ingenieur, begabten Maschinenbauer und Tüftler wie Carl Benz nachgerade zu verlangen schien.

Durch Berthas zupackende Art wird auch Carl von neuem Mut erfasst. »Mannheim«, bekräftigt er ihren Plan, »das ist sowieso der bessere Ort.« Dort kenne er sich aus, dort habe er seine ersten Balancierversuche mit dem neumodischen Fahrrad gemacht, auf Sand und auch auf Pflastersteinen, was ihm ordentlich die Knochen durchschüttelte. Was habe man damals nicht mit ihm und vor allem über ihn gelacht: »Morgen gibt es Narrenmehl! Denn der mahlt mit dem Rüttelrad seine Knochen auf dem Kopfsteinpflaster.« Und wie sehr war ihm gerade durch die schwere Tretarbeit aufgegangen, dass die Menschenkraft in Zukunft durch eine andere Energiequelle ersetzt werden müsse. Auch aus dem Ruderverein sei sicher noch der eine oder andere Mitstreiter da, und, nun sei es entschieden, erklärt Carl selbstbewusst, er wolle sich gar nicht mehr anstellen lassen. Wer etwas könne, der müsse seine eigene Fabrik aufmachen und dürfe sein eigener Herr sein.

Danach geht alles schnell. Nur unweit vom Neckar entfernt, allerdings weit weg vom großherzoglichen Schloss mit dem prächtigen Garten, in der Nähe von Viehplatz und Schlachthof, entdeckt Carl Benz ein Grundstück, das nicht

Mit einem Kurbelveloziped, auch »Knochenschüttler« genannt, macht Carl Benz seine ersten Balancierversuche und entdeckt den Individualverkehr.

zu teuer ist und für seine Vorhaben gut geeignet wirkt. Ein einziger Blick auf seine Finanzen verdeutlicht ihm jedoch, dass es ihm nicht möglich sein wird, das Areal allein zu erwerben. Er braucht Unterstützung. Doch auch hier gibt es bald eine Lösung. In dem Sohn des bekannten Baumeisters Jakob Ritter, dem Mechaniker August Ritter, findet Benz einen Mann, der ebenso enthusiastisch ist wie er und darüber hinaus fähig, viele wohlfeile Worte zu machen. Wenn er redet, entstehen ganze Arkaden der Zungenfertigkeit, die Ritter leidenschaftlich gern mit Girlanden aus lockeren Zusagen und luftigen Versprechen verziert.

Wenige Zeit später ist es so weit: An einem verregneten Tag Ende April 1871 kaufen beide zusammen das Grundstück T 6, 11 in der nach Quadraten aufgeteilten Stadt, auf dem ein alter Holzschuppen steht, der vorerst als Werkstatt dienen kann. Rundherum befinden sich viele Wiesen und Obstgärten.

Zunächst läuft alles reibungslos. August Ritter sieht gar kein Problem darin, weitere Finanzmittel für den Kauf der nötigen Werkzeuge und Maschinen zu beschaffen. »Dieses Stückchen Land«, posaunt er mit geschwellter Brust, »auf dem jetzt noch Unkraut und Apfelbäume wachsen, wird schon morgen ein prosperierendes Fabrikgelände sein und so der Geburtsort für unseren künftigen Wohlstand.« Erst gestern habe er wieder gehört, wie ein einstmals einfacher Maurer es geschafft habe, mit einem Geschäft für Baubedarf viel, viel Geld zu verdienen. Und wenn er erst losziehe, um für die Werkstatt Reklame zu machen, dann würde es Aufträge regnen, sodass man sich kaum noch retten könne. Jeder von ihnen beiden, erklärt er mit arroganter Attitüde, werde schon übermorgen ein gemachter Mann sein. Auch als sie beim Amt den Bau eines Kamins und Schmelzofens beantragen, um Eisen gießen und Metall verarbeiten zu können, werden keine Einsprüche erhoben. Und Carl Benz ist froh, dass er endlich gute Nachrichten an Bertha schicken kann.

Die Reden von Ritter führen in der Tat dàzu, dass die jungen Geschäftsmänner einen beachtlichen Kredit von der Bank erhalten, der allerdings eine horrende Verzinsung hat. »Ist das nicht eine heikle Angelegenheit?«, zweifelt der Tüftler Carl Benz, der mit Kreditgeschäften keinerlei Erfahrung hat. Doch sein Partner vermag kein einziges Risiko zu erkennen. Scheitern ist in seinem Weltbild nicht vorgesehen.

Da sitzen sie nun auf ihrem Fleckchen Erde, prosten sich mit Bierkrügen zu, und der heißblütige Kompagnon Ritter, der noch Schaum am Mund hat, ergreift mit breitem Feixen das Wort: Er spüre es deutlich, das sei der Ort, an dem man über Nacht reich werden könne. Anschließend fordert er seinen Geschäftspartner auf, er solle nicht so zimperlich sein und sich die allerschönsten Gedanken über Möglichkeiten des Geldverschwendens machen. Das motiviere ungemein.

In diesem Augenblick schaut Benz seinen Teilhaber entgeistert an: Er habe noch gar nicht gewusst, dass es so einfach sei mit dem schnellen Geld, entgegnet er. Und eigentlich habe er nichts dagegen, langsam mit seinen Aufgaben zu wachsen und in Maßen erfolgreich zu sein. Er sei zufrieden, wenn der Verdienst für das Notwendige reiche, könne sich mit einem geringen Einkommen für Bertha und sich bescheiden. Und wenn alles gutgehe, dann werde er mit dem, was vom Tage übrig bliebe, später sehr gern seine Wagen ohne Pferde bauen. Dabei zieht er die Stirn in Falten. Würde August Ritter ihn besser kennen, hätte er den Schalk in den Augen von Carl Benz bemerkt.

Wie auch immer es kommen werde, philosophiert Carl,

nun mehr für sich, als dass sein Kompagnon noch Anteil daran nehmen würde: Keiner von ihnen könne die Zukunft vorhersagen. Und vermutlich sei das auch besser so, denn wer weiß, womöglich hätte ihn dann der Mut zur Tat schon wieder verlassen. Es sei ja genug, dass ein jeder Tag seine eigene Plage habe. Bei weitem zu viel sei es, sich auch noch Angst vor dem Morgen zu machen.

Als sie für den ersten Abend als junge Fabrikanten genug Bier getrunken und ausreichend Worte gewechselt haben, geht Carl Benz zu Bett, um wie gewohnt morgens um sechs Uhr an der Werkbank zu stehen und mit seiner Arbeit zu starten. Es gilt einen Großauftrag abzuarbeiten, schmiedeeiserne Mauerhaken sind für die Festungsanlage von Metz im Elsass zu fertigen. Dazu hier ein paar Rohrschellen, dort ein paar Dachrinnenhalter – so geht es erst einmal voran. Bis tief in die Nacht produziert der erfahrene Ingenieur Produkte für den Baubedarf.

Nein, er hat keinen schlechten Start, aber das, was nach den notwendigen Ausgaben übrig bleibt, der Gewinn, reicht bei weitem nicht, um die übergroße Zinslast abzutragen, ganz zu schweigen davon, seinen wirklichen Zielen näher zu kommen. In Carl Benz wächst das Unbehagen. Als im Frühjahr 1872 schließlich Bertha zu Besuch nach Mannheim kommt, um ihr künftiges Zuhause zu begutachten, erfasst sie schnell das Desaster. Sie braucht nicht lange, um zu erkennen, dass dieser August Ritter nicht sehr viel mehr als eine aufgeblasene Plaudertasche ist. Sosehr der sich auch müht, Bertha gegenüber charmant und überzeugend zu sein, gegen ihren fragenden Blick und ihren Instinkt kommt er nicht an. Es sei ihr durchaus nicht verborgen geblieben, dass der Herr begabt darin sei, wunderbare Worte zu machen, erwidert sie kratzig, aber dies hier sei eine mechanische Werkstatt, und da komme es auf eine hübsche

Plustersprache doch so überhaupt nicht, um nicht zu sagen, am allerwenigsten an.

Damit ist es raus und mit der gemeinsamen Sache nicht mehr viel zu machen. Denn August Ritter sucht Beifall und Bewunderung und kann nur schlecht damit leben, wenn er für seinen Auftritt keinen Applaus bekommt. Jetzt bäumt er sich zu einer letzten Vorstellung vor Bertha auf: »Worte, kleines Fräulein, die wunderbaren Worte, auch wenn Sie als Frau von Natur aus gar nicht in der Lage sein können, dies vollumfänglich zu begreifen, Worte sind ebenfalls Werkzeuge. Sie sind der Ausdruck für Gedanken!« Und nur wer Großes denke, könne auch Großes leisten. Hier aber herrsche inzwischen wohl, müsse er erkennen, Pforzheimer Mittelmäßigkeit, und da wolle er seine Banknoten doch lieber nehmen und an anderer Stelle investieren. Dort, wo seine Ideen die richtigen Früchte tragen könnten. Er habe zwar Großes mit ihrem künftigen Mann vorgehabt, aber dafür müsse man an die wunderbare Vermehrung des Geldes glauben, dürfe Risiken nicht scheuen und müsse vor allem mit einem Vordenker wie ihm großzügig sein. Jetzt gebe es für ihn nur noch eines zu sagen: Er verabschiede sich von dem gemeinsamen Vorhaben und wolle sehr zügig seinen Anteil zurückhaben, denn wo der Boden verdorrt sei, da dürfe er nicht länger tätig sein. Das entspreche nun einmal seinen Grundsätzen zur höchsten Wirtschaftlichkeit.

Carl Benz, der die Auseinandersetzung zwischen seiner Braut und seinem Geschäftspartner von der Werkbank aus verfolgt hat, ist von der Situation überfordert und sprachlos. Wie immer in solch aussichtslosen Momenten beginnt er, verbissen an einem Werkstück herumzufeilen. Er zittert dabei und rutscht mehrfach mit dem Werkzeug ab, sodass seine Hände bald blutig sind. Bertha dagegen behält die Fassung, dankt August Ritter ausgesprochen höflich für seinen bemerkenswerten Vortrag und kontert süffisant, dass sie in der Tat und für jeden sichtbar eine junge Frau sei. Allerdings stamme sie aus einem erfolgreichen Geschäftshaushalt, und der, so habe es ihr Vater, immerhin Pfarrersohn, tagaus, tagein gepredigt, sei durch Taten erblüht, nicht durch Worte. Es läge ihr aber fern, des Herrn Ritters geschäftlichen Wunderwerken – als Glücksritter? So könne man das vielleicht nennen? – weiter zu schaden. Sie wünsche ihm gutes Gelingen dabei. Die Zukunft werde zeigen, was die Ausnahme und was die Regel sei.

Anschließend packt Bertha voller Wut über den albernen Schwätzer hastig ihre Sachen, um mit dem nächsten Zug zurück nach Pforzheim zu fahren. Nur eine Lösung sieht sie, um das Vorhaben Mannheim zu retten, damit es nicht, wie vorher schon Wien, ein weiterer Misserfolg wird. Sie muss ihren Vater um die vorzeitige Auszahlung ihrer Mitgift und ihres Erbes bitten, das ist der einzige Weg, nur so kann es gelingen, den Teilhaber August Ritter unverzüglich auszuzahlen und damit loszuwerden.

Der Wutausbruch von Karl Friedrich Ringer muss bis auf die Straße zu hören gewesen sein, und die Mutter, Auguste Friederike, schlägt entsetzt die Hände vorm Mund zusammen. Aber all das prallt an Bertha ab. Stoisch, schmollend, ganz und gar unverrückbar steht sie da und betont gebetsmühlenartig, es gehe um nichts weniger als ihr Lebensglück, und selbst wenn sie dies und jenes nicht verstehen könnten, dafür wolle sie gern alles auf eine Karte setzen, und ihr Herzbube, das sei nun einmal Carl Benz. Drei Tage später geben die Eltern nach und erklären sich bereit, ihrer Tochter 4244 Goldmark und 53 Kreuzer zu überschreiben, ihr vorzeitiges Erbe. Eine Summe, für die sie sich ein eindrucksvolles Haus hätte kaufen können, und immer noch wäre Geld übrig geblieben. Nun soll August Ritter damit ausgezahlt werden, auf dass Carl alleiniger Besitzer des Unternehmens wird.

Kurz darauf, nachdem auf Betreiben von Vater Ringer ein Ehevertrag beim Notar aufgesetzt worden ist, findet am 20. Juli 1872, einem Samstag, in aller Eile in der Evangelischen Schlosskirche in Pforzheim eine eher schlichte Trauung statt. »Ohne Hochzeit kein Geld!«, so die Bedingung von Familienoberhaupt Ringer. Ein opulentes Fest herzurichten hätte aber Monate gedauert, dafür fehlt jetzt die Zeit, zügig muss alles unter Dach und Fach.

Bertha bekümmert das nicht, ihr hat der Sinn nie nach einer Hochzeit im Zuckerbäckerstil gestanden, ihre Träume beleben andere Bilder. Sie braucht keine aufsehenerregende Eheschließung, eine schlichte Trauung scheint ihr sogar von Vorteil zu sein, von niemandem wird sie so um ihre Hochzeitsfeier oder ihren Ehemann beneidet.

Als das Brautpaar am Tag der Trauung den Weg zur Kirche hinaufgeht, halten sich Bertha und Carl fest an der Hand und schauen sich vielsagend an. Es ist drei Jahre her, da haben sie hier ihre Initialen in den weichen roten Stein der Kirchenwand geritzt, sich verewigt, und siehe da, ihre Kritzeleien sind immer noch lesbar. Das ist ihr Geheimnis, niemandem haben sie es verraten. Auch jetzt bemerkt keiner der Hochzeitsgäste etwas. »In guten wie in schlechten Tagen«, schwören sie. Wie viele schlechte es werden würden, ahnt Bertha damals nicht. Sie sehnt sich vielmehr, sehnt sich mit jeder Faser nach Carl.

Glücklich fahren die Frischvermählten bereits am nächsten Tag gemeinsam nach Mannheim. Carl will als nun allein kämpfender Geschäftsmann keine Zeit verlieren und schon am Montagmorgen wieder mit der Arbeit anfangen. Doch Ruhe gibt es im neu gegründeten Haushalt von Bertha und Carl noch lange nicht. August Ritter hat sich entschlossen, gegen seinen einstigen Geschäftspartner vor Gericht zu ziehen. Die Preise für Grundstücke in Mannheim sind deutlich in die Höhe geklettert, und so fühlt er sich von seinem früheren Teilhaber übervorteilt und klagt, ihm stünde mehr zu als der einst gezahlte Anteil, den er vor Wochen von Carl Benz zurückbekommen hat. Die Aufregung um diesen Rechtsstreit, den die Benzens am Schluss gewinnen, bestimmt den Alltag und das erste Ehejahr.

Ansonsten aber genießt Bertha jeden Tag mit Carl. Sie fühlt sich in ihrem eigenen Leben angekommen. Zum ersten Mal muss sie allein für eine kleine Wohnung sorgen, Erfahrungen im Kochen und Putzen sammeln, wobei ihr keine strenge Mutter auf die Finger schaut. Für eine Hausdame fehlt das Geld, weil sie alles in ihr kleines Unternehmen gesteckt haben. Und da Bertha in der Küche gänzlich ungeübt ist, brennt ziemlich oft das Essen an. Vor allem dann, wenn sie in der Werkstatt bei Carl die Zeit aus den Augen verliert und vergisst, was sie auf dem Herd stehen hat. Die Arbeit am Schraubstock ist für Bertha nun einmal aufregender als die am Kochtopf. Carl belustigt das.

Am schönsten aber ist die Zeit, die sie Haut an Haut verbringen. Von dieser Nähe kann Bertha nie genug bekommen. Wie gern liegt sie in Carls Armen im Ehebett, atmet seinen Geruch, und dann zieht es sie zu ihm hin, während er schon auf dem Weg zu ihr ist. Diese Sehnsucht nach mehr, die dann zwischen ihnen entsteht, und diese Sehnsucht gestillt zu bekommen ist etwas, das schöner nicht werden kann, weil es in ihrem Fühlen ganz und gar ausfüllend ist. Und wenn sie dann zusammen Zukunftspläne schmieden, wie sie ihre Existenz aufbauen und die Welt erobern wollen, dann beginnt die Welt in ihrer Werkstatt, und die Existenz ist ihr Zusammensein, und nichts ist zu klein oder zu wenig oder lächerlich daran.

Unbekümmert und fröhlich sind sie in ihrer Liebe. Nur mit dem Geschäft geht es nicht voran, trotz des unermüdlichen Fleißes von Carl. Aber noch zählt das nicht, denn Bertha hat Grund, neuer Hoffnung zu sein. Eine aufregende Neuigkeit: Sie ist schwanger. Am 1. Mai 1873 wird ihr erstes Kind, Sohn Eugen, geboren. Just an dem Tag, als die gigantische Weltausstellung in Wien ihre Tore öffnet und alles übertrifft, was man bisher gesehen hat. Doch Bertha und Carl lockt der Ruf dieser Leistungsschau nicht mehr. Beide sind außer sich vor Freude, regelrecht strotzend vor Glück, Eltern geworden zu sein. Und Carl ist Vater! Ein Gefühl, das ihm kostbar ist. Denn ein Vater, das ist die Person, die er in seinem Leben am meisten vermisst hat. Für ihn war Vaterschaft bislang ein lediglich mit Phantasien gefüllter Platz. Mehr als einmal schwört er Bertha, diesem Jungen ein guter Vater zu sein.

Umso härter trifft Carl, was dann geschieht. Wie wenig er die Ansprüche erfüllen kann, die er sich selbst auferlegt hat. Die Sorgen häufen sich. Seine Werkstatt wirft bei den vielen kleinen Läpperaufträgen und Kleckerlegeschäften kaum Gewinne ab. Es ist wie verhext: Obwohl Tausende nach Mannheim streben und jeder Zugezogene eine Wohnung braucht, laufen seine Produkte für den Baubedarf eher schlecht als recht. Geradezu fatale Folgen hat der Wiener Börsenkrach, nur acht Tage nach Eröffnung der überdimensionierten Weltausstellung. Bitter muss Bertha über sich lachen, hatte sie doch einst geglaubt, in Wien sei das Leben ein einziger Rausch. Jetzt herrscht Katerstimmung. Keiner will mehr über den Fortschritt staunen, alle sind verblüfft und verdattert, wie sehr man sich übernommen, ja überhitzt hat. Nach dem rasanten Aufschwung brechen noch rasanter die Finanzmärkte ein. Hemmungslose Geschäftemacher leisten Offenbarungseid, zu heftig haben sie auf alles Mögliche spekuliert. Vor aller Augen platzen nun die Seifenblasen. Die

Scheinwelt des Geldes muss gedrosselt werden auf Wirklichkeit. Das Misstrauen wächst. Neue Aufträge werden nicht erteilt, alte zurückgenommen. Viele Unternehmen schrumpfen oder gehen pleite.

Noch hält Bertha diesen Widrigkeiten stand, kaschiert die Not mit Heiterkeit. Sie müssten, aller Anfang sei schwer, einfach die Kosten für die kleine Familie reduzieren, erklärt sie und ordnet an, dass gleich neben der Werkstatt eine winzige Wohnung einzurichten sei. Kein schöner, geschweige denn repräsentativer Ort. Auch ist es laut vom ständigen Hämmern und Bohren, und den ganzen Tag stinkt es nach all den Chemikalien, die Carl inzwischen angesammelt hat, ganz zu schweigen von den Experimenten, die er damit macht. Aber, so Bertha entschlossen, die ständig steigende Miete ließe sich sparen, die sie bisher ein paar Straßen weiter Monat für Monat zahlten.

Carl gehorcht, und sie setzt alles daran, das neue Zuhause neben der Werkstatt trotz aller Widrigkeiten gemütlich einzurichten. Von ihrer Mutter erbettelt Bertha ein Biedermeiersofa mit passenden Kissen. Für die Küche bestellt sie über Carls Verwandte Fliesen aus dem Schwarzwald, auf denen witzige Zeichnungen zu sehen sind, die lustige Reime tragen. Gleich neben Carls Stammplatz am Herd steht: »Die schönen Jungfrauen hat Gott erschaffen, für Bauersleute und die Pfaffen.« Wie gern scherzt Carl, dass Bertha zwar keine Jungfrau mehr sei, aber für ihn trotzdem die Schönste von allen.

Es ist ungewöhnlich für die damalige Zeit, wie bestimmt die gerade einmal vierundzwanzigjährige Bertha das Zepter der Familie in die Hand nimmt. Immer aufs Neue versucht sie, das Beste aus allen misslichen Umständen zu machen. Sie akzeptiert einfach nicht, dass für Frauen lediglich die Rolle als Hausfrau und Mutter vorgesehen ist. Oft spricht

Zeichnung der Mannheimer Werkstatt, in der Bertha und Carl sich auch ihre Wohnung einrichten und mit ihren ersten vier Kindern leben.

sie mit Carl über neue Produkte, die sich lukrativer verkaufen ließen als die Sachen für die Bauwirtschaft. Entgegen allen Zweifeln beharrt sie darauf, dass es etwas geben müsse, womit das tägliche Brot auskömmlich zu verdienen sei und wodurch sie sich eine Basis für die Umsetzung ihrer Visionen schaffen könnten.

Einmal fällt ihr Blick dabei auf ihre Schuhe. Sie betrachtet sie von links und rechts, von oben und unten, ja von allen Seiten zeigt sich deutlich, dass sie ein paar Jahre damit un-

terwegs gewesen ist. Und zu Carls Überraschung ruft sie:
»Schuhe, das ist es!« Schuhe braucht jeder. Vielleicht sei es
gescheit, Maschinen für Schuster zu machen.

Gesagt, getan. Weil Carl ein begabter Konstrukteur ist,
dauert es nicht lange, bis er einen zündenden Einfall hat.
Bald darauf ist die ganze Arbeitsmaschine fertig. Die Sache
spricht sich herum, tagtäglich drängeln sich Interessenten
in der Tür, die von der neuen Maschine gehört haben und
einen Blick darauf werfen wollen. Aber kaufen, nein, kaufen
kommt für sie nicht in Frage. Es sei rentabler, heißt es mit
einem bedauernden Schulterzucken, mit den alten Werk-
zeugen weiterzumachen.

Mit Tränen in den Augen steht Bertha am Fenster, wenn
sie die vergeblichen Verkaufsversuche ihres Mannes sieht.
Oft läuft sie an solchen Tagen, sobald sie das Mittagessen
gekocht hat, mit dem Kinderwagen los, um die Geschäfts-
karten ihrer »Mechanischen Werkstatt« in der Stadt zu verteilen und für die vorzüglichen Konstruktionen zu güns-
tigen Preisen zu werben. Geschäftsleute und Fabrikbesitzer,
denen sie so entgegentritt, staunen gewaltig über die kleine
Person, der noch der Glanz vergangener Tage anzusehen
ist. Meistens bewundern sie Bertha und dass sich diese Frau
Benz nicht zu fein ist für derartige Aufgaben.

An einem schwülen Nachmittag nimmt ein Tabakwaren-
händler mit dicker Zigarre im Mund ihre Karte in die Hand,
liest die wenigen Worte, die daraufstehen, und erklärt ihr
zwischen zwei saugenden Zügen, sie solle ihrem Mann zu
Hause sagen, er möge Maschinen zum Pressen von Tabak-
blättern machen. Der Tabakanbau sei im Neckargebiet so
richtig in Mode gekommen, nachdem es durch den Bürger-
krieg in Amerika vor ein paar Jahren zu Lieferengpässen
gekommen sei. Da könne man es wieder mal sehen, so der
offenbar saturierte Mann, von der ungewöhnlichen Dame

amüsiert: Not mache erfinderisch! Das gelte ganz sicher auch für ihr Geschäft, und für Tabakmaschinen gäbe es ganz bestimmt Bedarf.

Also tüftelt Carl erneut und bietet alsbald Tabakpressen an. Doch es hilft wenig, auch dieses Geschäft floriert nicht. Es heißt, Arbeiter würden weniger kosten als diese Maschinen, auch müsse man sie weder warten noch pflegen. Seien sie abgewirtschaftet oder hätten ausgedient, stünden jeden Tag genügend neue da, die nach Beschäftigung verlangten. Das ist bitter für Carl, der sich früher selbst als Schlosser in Karlsruhe verdingt hatte und Respekt vor der einfachen Arbeit hat. Aber das kümmert die Fabrikbesitzer nicht. Sie sind lediglich bestrebt, bei geringem Einsatz höchstmöglichen Profit zu machen.

Wieder überlegen Bertha und Carl. Rastlos sind sie in ihrem Eifer, aus der Werkstatt doch noch ein gutes Geschäft zu machen. Aber der Erfolg lässt auf sich warten. Dagegen häufen sich Schulden über Schulden an. Sie brauchen Geld für den Ankauf von Material, Geld für Werkzeuge und Maschinenteile, und auch die hohen Zinsen müssen abgestottert werden. Zu guter Letzt versucht sich der studierte Ingenieur an der Entwicklung von Fernsprechapparaten. Er sieht es voraus, die schnelle Weitergabe von Mitteilungen und Nachrichten müsste eine glänzende Zukunft haben. Und nach kurzer Zeit gelingt es ihm, eine funktionierende Anlage zwischen seiner Werkstatt und Berthas Küche zu installieren. Nun auch auf diese Weise verbunden zu sein bereitet beiden großen Spaß. Und erneut kann Carl, diesmal mit seinen Sprechapparaten, viele Neugierige anlocken. Wieder erntet er reichlich Bewunderung, doch wieder bestellt keiner etwas.

Über die Gründe kann Bertha nur spekulieren. Liegt es daran, dass Carl kein einziges seiner Produkte verkaufen kann, ohne darauf zu verweisen, was ihm bei dieser Ausführung noch nicht gelungen ist? Oder liegt die Ursache für den Misserfolg in der Mentalität der Käufer? Die meinen, es sei zwar aufregend, dieses neumodische Zeug anzuschauen, zweifelsohne seien diese Erfindungen bemerkenswert, aber die alten Arbeitsgeräte täten es auch, was solle man da für viel Geld Neues anschaffen?

Trotz aller Bemühungen und obwohl Bertha das Leben in der besseren Gesellschaft von Kindesbeinen an gewohnt ist, schaffen es die Benzens nicht, sich im Mannheimer Bürgertum zu etablieren. Es scheint aussichtslos, als Fremde in der Stadt Fuß zu fassen. So leben sie ihr Leben von der Hand in den Mund, müssen mit Gelegenheitsarbeiten über die Runden kommen. Und das wäre alles erträglich gewesen, wäre nicht im Hintergrund der Schuldenberg weiter angewachsen. Die Zinslast überfordert das junge Paar, und das unbekümmerte Eheleben verwandelt sich in ein sorgenvolles Dasein. Deshalb stellt sich auch keine wirkliche Freude ein, als sich in diesen Wochen des Jahres 1874 herausstellt, dass Bertha zum zweiten Mal ein Kind erwartet. Ungewiss, wie es weitergehen soll, und voller Verzweiflung fährt Carl nach Pforzheim.

Familie Ringer darf er nicht mit seinen Sorgen belasten, das hat ihm Bertha strikt untersagt. So bittet er einen Freund, den er noch aus gemeinsamen Zeiten beim Eisenwerk Benckiser kennt, ihm vorübergehend etwas Geld zu leihen. Die zweitausend Mark, die er nach etlichen Bittgängen erhält, helfen erst einmal weiter, aber grundsätzlich verbessert sich die Lage in Mannheim nicht. Bald nach der Geburt von Sohn Richard brechen schlimme Zeiten an.

Das wenige Geld, das sie verdienen, schluckt die Bank für die Schulden, die abgetragen werden müssen. Der Rest reicht kaum, um die Familie satt zu bekommen. Es sind

Höhepunkte, wenn Verwandtschaft sie besucht und Körbe mit Kartoffeln, Obst oder Gemüse mitbringt. Doch alle aufkeimenden Hoffnungen werden dadurch getrübt, dass sich der Freund aus Pforzheim entschlossen hat, die geschuldete Summe wieder einzuklagen. Carl ist zahlungsunfähig. Die Pfändung wird beantragt. Ausgerechnet an Berthas siebenundzwanzigstem Geburtstag erhält Christian Schönemann die Zugriffsverfügung. Nun ist es zu spät, Vater Ringer um Unterstützung zu bitten. Vor wenigen Monaten, im November 1875, ist er unerwartet verstorben, nachdem er erst drei Monate zuvor sein Haus gegen Ratenzahlungen über acht Jahre verkauft hatte. Als der Nachlass vom großherzoglichen Notar in Karlsruhe eröffnet wird, zeigt sich, dass für Bertha infolge der vorzeitigen Auszahlung ihres Erbteils nichts mehr übrig ist. Sie muss sogar Gleichstellungsgeld in Höhe von 628,32 Mark an ihre älteste Schwester zahlen.

Zu einem Drama wächst es sich aus, als der Vollzug der Pfändung immer näher rückt und Bertha gleichzeitig feststellen muss, dass sie wieder schwanger ist. Von Scham erfüllt und unfähig, mit dieser Situation umzugehen, zieht sich Carl in diesen verzweifelten Monaten fast ausschließlich in seine Werkstatt zurück – hämmert und feilt bis spät in die Nacht verbissen an seiner Werkbank. Bertha bleibt nichts anderes übrig, als ihn so auszuhalten, wie er nun einmal ist. Bisher war es ihr noch immer gelungen, die kleinen Eigentümlichkeiten ihres Mannes mit Humor zu ertragen. Aber jetzt sieht auch sie zum ersten Mal keinen Ausweg mehr. Über viele Jahre hinweg hat sie hartnäckig und mit aller Kraft gegen den ständig drohenden Ruin angekämpft. Mittlerweile wird sie von Zweifeln geplagt: War es ein Fehler, den Plauderer August Ritter zu verjagen? Hätte er vielleicht doch noch die nötigen Finanzen ins Geschäft gebracht? Oder hätte sie auf ihren Vater hören sollen, der sie einst warnte, dass eine Verbindung ohne Vermögen nicht das Richtige für sie sei? Warum in aller Welt hatte sie Carl überredet, seine gute Position in Pforzheim zu verlassen? Stattdessen Wien, dann Mannheim ... Wie war sie nur auf den Gedanken gekommen, als Pforzheimer Mädchen solchen Turbulenzen gewachsen zu sein?

Bertha hält inne und beobachtet Carl, der, wie so oft, auch jetzt wieder an seinem Schraubstock werkelt. Ja, sie liebt diesen Mann immer noch. Noch immer wird ihr warm ums Herz, wenn sie ihn sieht. Aber Annehmlichkeiten, diese köstlichen Bequemlichkeiten, von denen ihr Herr Papa einst gesprochen hatte, die haben ihr das Leben mit diesem Mann wirklich nicht eingebracht. Keinen einzigen Pfennig findet sie mehr in ihrer Tasche, auch der Sparstrumpf ist gänzlich leer. Nur Kummer hat sie reichlich. Zwei hungrige Kinder spielen draußen vor der Werkstatt, gedämpft, als könnten sie ihre Sorgen erahnen. Und die Geburt des dritten Kindes kündigt sich an. Bertha weiß nicht mehr weiter. Alles glaubt sie verloren, als am 25. Juli 1877 der Gerichtsvollzieher vor der Tür steht.

Ein schmächtiger Mann. Blass und ergraut. Die einzige Farbe in seinem Gesicht ist eine rötliche Warze auf der Nase, aus der ein kurzes schwarzes Haar herausragt. Ein so dominanter Blickfang, dass man dem Herrn, der mit Lesebrille und Aktentasche ausgestattet ist, im ersten Augenblick gar nicht in die Augen sehen kann, weil der Blick unwillkürlich auf die Warze fällt und man sich nicht so einfach von diesem Auswuchs der Natur abwenden kann. Doch der Mann vom Amt wirkt so, als würde ihm das nichts ausmachen. Er ist womöglich daran gewöhnt, unansehnbar, vor allem aber unerwünscht zu sein. Gab es je einen Menschen, der einen Gerichtsvollzieher freudig empfangen hat? Entsprechend zügig und gänzlich ungerührt geht auch diese Amtsperson mit dem Pfändungsbeschluss in der Hand ihren Auftrag an. Der Mann ist eine von oben bis unten penible und zugleich blutleere Erscheinung. Seelenlos wirkt er, so unbarmherzig, wie er die Werkstatt ausräumen lässt, obwohl ihr Besitzer Carl Benz, die hochschwangere Bertha und die beiden Söhne fassungslos und mit Tränen neben ihm stehen.

Vielleicht aber ist der Mann nur durch die Jahre unerquicklicher Pfändungstätigkeit verhärtet?, überlegt Bertha, als sie ihn eindringlich betrachtet. Er erweckt den Eindruck, unzugänglich zu sein, aber ein leichtes Zucken seiner Wange verrät, dass er wohl doch nicht alles unter Kontrolle hat. Dieses fast übersehbare Zucken ist möglicherweise ein Zeichen, wenn auch ein marginales, für seine innere Unsicherheit, die in dieser Situation ja menschlich, allzu menschlich wäre. Ansonsten aber, man kann es nicht anders feststellen, führt dieser Gerichtsvollzieher unendlich teilnahmslos aus, was auf seinen Papieren steht. Pedantisch sammelt er alle Werkzeuge ein, ordnet an, Drehbänke, Maschinen, Bleche und Bücher aus der Werkstatt zu schleppen. Und hätte nicht im letzten Augenblick die Bank für das Grundstück samt Gebäude gebürgt, weil sie einen einträglichen Gegenwert darstellen, dann hätten Carl und Bertha mit ihren beiden Jungen noch am selben Tag mittellos und ohne Dach über dem Kopf auf der Straße gestanden.

Der Herr vom Amt agiert, als wäre er unempfänglich dafür, was die Folgen seiner Arbeit sind. Es berührt ihn offenbar ganz und gar nicht, welche Verzweiflung er über seine Opfer bringt. Für ihn scheint wichtig, seine Arbeit sorgfältig auszuführen, in allem gründlich zu sein. Bis zur letzten Schraube wird alles eingepackt, weil die Einnahmen, die man mit diesem Besitz erzielen kann, einem anderen geschuldet sind. Das sind für ihn gute Gründe. Und das Gesetz, auf das er sich dabei berufen kann, wirkt wie ein undurchdringbarer

Schutzschild gegen das Leid der anderen. Ja, wenn man ihn so beobachtet, muss man sagen: Der Mann arbeitet äußerst gewissenhaft, das ist es, worauf er sich konzentriert. Doch hat er ein Gewissen? Vermutlich sogar ein reines, denn er handelt im Sinne von Befehl und Gehorsam. Aber ein gutes? Ist das möglich, in Anbetracht der Katastrophe? Bleibt mühelos jedes Mitgefühl aus, wenn die abstrakten Güter Recht und Pflicht über dem Bedürfnis, menschlich zu sein, rangieren?

Weglaufen möchte Bertha am liebsten, aber wohin? Etwas tun will sie, aber was? Niemand hat sie je auf eine solche Situation vorbereitet, auf das jämmerliche Bild, das das Leben bieten kann. Wie viel sicherer steht im Vergleich zu ihr dieser Gerichtsvollzieher in seinem Dasein. Erhaben. Erhaben über fremdes Unglück. Der Armseligkeit überlegen. Nur seine zuweilen zuckende Wange durchbricht die akkurate Gleichförmigkeit seines Auftretens. Aber Elend, Elend sieht er täglich, und es liegt, Gott sei Dank, jenseits von ihm selbst. Hat solch ein Mensch überhaupt Zweifel an dem, was er tut?, fragt sich Bertha. Gibt es vielleicht doch haarfeine Risse in der harten Schale, die ihn dünnhäutig machen? Wodurch wäre dieser Mann erschütterbar?

Als der Schuldeintreiber sein Werk vollbracht und Haus und Hof nahezu leer geräumt hat, setzt sich Bertha auf eine wackelige Bank. Die ist ihnen noch geblieben. Apathisch heftet sie den Blick an die Bretterwand der Werkstatt, in der nun keiner mehr arbeiten kann. Um nicht wahnsinnig zu werden, fängt sie an, die Situation im Geist zu verlassen. In Gedanken wandert sie weit weg, rennt über blühende Felder, riecht an Salbei und Rosmarin, fliegt gelben Schmetterlingen hinterher. So sehr vertieft sie sich in ihre Tagträume, dass sie bald schon die belebende Luft ihrer Kindheit, den aromatischen Tannenduft des Schwarzwaldes zu atmen meint.

Carl dagegen, der sich seine Verzweiflung nicht einmal mehr von der Seele feilen oder hämmern kann, weil nichts in seiner Werkstatt verblieben ist, läuft innerlich brennend und lautlos schreiend an das nahe gelegene Ufer des Neckars. Er fühlt sich so hilflos in diesem seinem Leben, so hilflos wie noch nie zuvor und wie es Männern seiner Zeit gar nicht zusteht. Alles sinnlos. Jede Sicherheit – verloren. Das Ausmaß an Niedertracht, das ihn erreicht hat, quält ihn jämmerlich. Der kühle Ablauf, den der Gerichtsvollzieher routinemäßig abgespult hat und mit dem er ihm, mit ein paar wenigen Anweisungen nur, seine ganze Existenzgrundlage nahm, spielt sich wieder und wieder vor seinem inneren Auge ab. Er ist nicht in der Lage, zu begreifen, wie er trotz der harten Arbeitsjahre an diesen Punkt kommen konnte. Hätte er anders vorgehen müssen? Wer konnte jetzt noch die Situation zum Guten wenden? Warum hat ihm dieser verdammte Mann vom Amt nicht eine einzige Drehbank gelassen? Wie soll es weitergehen?

Carl Benz folgt mit seinen Blicken dem träge dahinfließenden Fluss. Dass seine Frau mit dem dritten Kind hochschwanger und er pleite ist, treibt ihn in tiefe Abgründe hinein. Natürlich möchte er viel lieber ein fürsorglicher Vater und treusorgender Ehemann sein. »Warum bin ich? Was soll ich noch hier?« Diese Fragen kreisen in seinem Kopf, als er dem Fluss hinterherschaut und seinen Sog spürt. Und dann fällt ihm ein Gedicht von Ludwig Auerbach ein, der in Pforzheim auf Geheiß seines Vaters die Schmuckfabrik übernehmen musste und doch lieber Dichter geworden wäre. Vor kurzem ist auch er bankrottgegangen. Sind seine Worte ein Trost?

Seele, du fragst manchen Tag,
Ob dir Glück noch werden mag,

Siehst du doch nur Sorgen
Mahn' mit jedem Morgen.
Dennoch hoffe, müdes Herz,
Dir auch reift ein Glück im Schmerz.

Hoffnung? Glück? Glück reift im Schmerz? Was konnte ihn seinen Lebensekel überwinden lassen? Carl Benz erinnert seinen Religionsunterricht, memoriert die Worte des Priesters: »Kommet her zu mir alle, die ihr mühselig und beladen seid, ich will euch erquicken.« Ja, er würde jetzt zur Kirche laufen und Hilfe erbitten. Man würde sie ihm sicher gewähren.

Als er das Pfarrhaus erreicht, läuten die Glocken den Abend ein. »Der Herr Pastor geruht zu speisen«, erfährt er an der Tür, und danach sei es zu spät, und morgen sei der Diener Gottes vielbeschäftigt und dann verreist. Er solle in ein paar Tagen wiederkommen und fragen, wann es recht sei. Jetzt empfehle man sich.

Nie wieder in seinem Leben wird Carl Benz einen Fuß in eine Kirche setzen.

Eine Woche später, am 1. August 1877, kommt Tochter Clara auf die Welt. Ein neues Leben beginnt. Bertha blickt auf das kräftig schreiende Kind, und immer wieder sagt sie sich, das könne einfach nicht das Ende sein. Vielmehr ist es doch ein zarter Anfang, der da vor ihr liegt. Es gelingt ihr, sich wieder zu fassen. Schlimmer kann es nicht mehr werden, denkt sie. Jetzt, wo sie ganz unten sind, muss es wieder aufwärtsgehen. Immerhin ist es ihr ja gelungen, den Familienschmuck, ein paar wenige wertvolle Stücke, vor dem Zugriff des Gerichtsvollziehers zu verbergen. Für die goldene Kette mit dem Kreuz, eine feine Arbeit eines Pforzheimer Goldschmiedemeisters, die ihr einst die Eltern zur Konfirmation geschenkt hatten, zahlte man ihr etliche Mark. Das reicht für ein paar Monate. Das Wichtigste ist, es geht weiter.

Mit neuem Mut eröffnet Bertha bei einem Sonntagsspaziergang durch die sommerlichen Wiesen Carl ihre Zukunftspläne. Er dürfe nicht mehr produzieren, was jeder andere auch könne, meint sie, endlich solle er den pferdelosen Wagen bauen. Sie sei ganz sicher, nur dann komme er voran. Doch so schnell ist Carl Benz nicht zu überzeugen. Geschunden habe er sich, trotzt er, all die Jahre geschunden. Er habe geglaubt, wer die Arbeit nicht scheue und unermüdlich bei der Sache sei, dem sei der Erfolg gewiss. Aber nun könne jeder sein Scheitern sehen, und überhaupt habe er den Eindruck: »Nur wer in der Lage ist, andere übers Ohr zu hauen oder auszunutzen wie die, die meine Maschinen nicht kaufen wollten, weil Arbeiter billiger sind und schneller austauschbar, nur die können erfolgreiche Unternehmer sein.« Diese Erkenntnis zermürbe ihn, mache ihn mutlos. Und dann erzählt er von dem Pfarrer, der ihm auch nicht geholfen habe.

Bertha reagiert empört. Am Anfang keinen Erfolg zu haben, donnert sie los, berechtige ihn nicht dazu, gleich alles hinzuschmeißen. Nie habe sie ihn sagen hören, dass sein Ziel im Eiltempo und problemlos zu erreichen sei. Das solle er bitte nicht vergessen. Dann beschwört sie noch einmal die Bilder, wie er damals in ihrer Kutsche gesessen habe und die verrückt klingende Idee von dem Wagen ohne Pferde vortrug. Und sie erinnert ihn daran, wie er sie und selbst ihre, man dürfe es so sagen, behäbige, eher phantasielose Mutter begeisterte. »In dieser Haltung will ich dich wieder sehen! Diese Euphorie steht dir besser!« Sie packt ihn am Arm und schüttelt ihn, als ob sie ihn wachrütteln wollte. Er solle nicht länger Diener seiner Angst sein, die ihn kleinmütig und untätig mache und sein Herz bedrücke. Er habe doch sicher nicht umsonst einige Jahre mit dem Studium der Maschinentheorie verbracht. Er müsse deshalb begreifen, dass es keinen Sinn mehr habe, das herzustellen, was jede Werkstatt kann. Jetzt müsse etwas Neues her. Er solle sich besinnen auf den pferdelosen Wagen, der dem Mangelwesen Mensch das Leben erleichtern kann. Denn Forschergeist, den besitze er doch, auch wenn es mit dem Geschäftssinn nicht weit her sei. Spontan fällt Bertha ein, ihren Carl anzuweisen: Er möge jetzt die Augen schließen und sich vorstellen, wie seine Umgebung aussehen würde, wenn sie schon überall führen, seine Straßenwagen. Wie sie mit unsichtbarer Energie vorankommen würden. Begeistert habe er ihr einst von den raffinierten Zeichnungen von Leonardo da Vinci erzählt, der sich mit allen möglichen Fortbewegungsarten befasst habe, begeistert habe er davon gesprochen, wie Nikolas Cugnots im 18. Jahrhundert seinen schwerfälligen Dampfwagen gefahren sei und wie auch die Franzosen Versuche mit den Selbstbeweglichen machten. Er solle sich erinnern, in Wien habe er sogar einen Herrn Siegfried Marcus getroffen, der, ähnlich wie er, ein Fahrzeug mit Eigenantrieb im Kopf gehabt habe. Es werde also höchste Zeit, daranzugehen, diesen Wagen Wirklichkeit werden zu lassen. Da sei er jetzt dran.

Carl schließt tatsächlich die Augen, und sein Gesicht entspannt sich, als Bertha von der Kutsche ohne Pferde spricht. Aber, erwidert er, einfach werde es nicht, weil der Dampf, den man derzeit nahezu überall als Antriebskraft verwende, nicht für das Vorhaben geeignet sei. Alles, was auf der Basis von Dampfkraft beruhe, sei für seinen Wagen zu groß und zu schwer. Sein Motor müsse ein Zwerg an Gewicht sein und dennoch die Kräfte eines Titanen haben. Nikolaus August Otto und sein Kompagnon Eugen Langen, der wie er auf dem Polytechnikum in Karlsruhe studiert habe, diese beiden seien mit ihrem Viertaktmotor schon sehr weit gekommen.

Der sei aber durch ein Patent geschützt und ein Nachbau aufgrund der hohen Lizenzgebühren nicht bezahlbar.

Dann solle er seinen eigenen Motor für den pferdelosen Wagen bauen, unabhängig von Otto, herrscht sie ihn an. Sie sei auch bereit, den ganzen restlichen Schmuck dafür zu opfern, den sie kürzlich von ihrer Mutter als allerletzte Reserve für die größte Not und gegen die Ausstellung eines Schuldscheins erhalten habe. Und, sagt sie aufgeregt, sie würde sich auch die Nächte mit ihm in der Werkstatt um die Ohren schlagen. Immer wenn die Kinder schliefen, könne er sich ihrer Unterstützung sicher sein. Und was den Viertakter anbetrifft, überlegt sie, so müsse es doch wie in der Musik möglich sein, den Motor auch mit einem anderen Rhythmus erklingen zu lassen.

In der Tat opfert Bertha für Carls Arbeit alle Schmuckreserven. Davon leben sie. Doch es dauert mehr als zwei Jahre, bis sie ihren Willen bekommt, einen tüchtigen Zweitaktmotor. Es sind Jahre, in denen sie Carl antreibt, eisern mit ihm in der Werkstatt steht. »Mama, mit der Zündung klappt's!«, ruft Carl mehr als einmal hoffnungsfroh und ist dann doch wieder trübsinnig, weil die Zündung zwar anspringt, aber der Motor trotzdem nicht rhythmisch laufen will. »Es wird klappen. Eines Tages wird es klappen«, tröstet Bertha ihn wieder und wieder und ermunterte ihn, weiterzumachen.

Viele schlaflose Nächte mit noch mehr vergeblichen Versuchen liegen hinter ihnen, als Bertha ihren Mann in der Silvesternacht 1879 kurz vor Mitternacht noch einmal in die Werkstatt lockt, weil sie so ein Gefühl im Bauch habe. Und wahrhaftig, endlich springt der Motor nicht nur an, sondern läuft unter gleichmäßigem Tuckern, ohne wieder aufhören zu wollen, weiter. Und weiter. Immer weiter. Ungläubig schaut Carl, der über die Jahre noch schmaler und auch ein wenig alt geworden ist, seine Frau an. Minute um Minute vergeht, und der Motor knattert immer noch. Ergriffen stehen sie vor seinem Meisterwerk, an dem Bertha einen großen Anteil hat. Sie lauschen den knallenden Geräuschen des Motors und sind einen Moment lang ganz Gegenwart. Ihr Zweitakter singt. Das hört sich für Bertha und Carl in dieser Nacht viel schöner als jede Neujahrsmusik oder jedes Silvesterfeuerwerk an.

Und da passiert etwas, was bei Bertha so selten geschieht: Sie weint. Zunächst laufen nur Tränen der Erleichterung über ihre Wangen, doch bald bricht mehr aus ihr heraus. Es kommen die tieferen Tränen einer inneren Traurigkeit, die noch andere Quellen als den Moment haben. Sie merkt, wie die Anspannung von ihr abfällt. Seit ihrer Hochzeit hat sie nun mehr als sieben lange Jahre tapfer zu ihrem Mann gestanden, viele Anstrengungen und Misserfolge mit ihm durchgemacht. Unzählige Male waren Hunger und Sorge ungebetene Gäste in ihrem Alltag. Das Leben hat damit erste Kerben in ihre Seele geschlagen. Wie schwer ihr das manchmal wurde, ließ sie sich kaum anmerken. Denn Carl, das hat sie in den vergangenen Jahren ihrer Ehe lernen müssen, brauchte uneingeschränkte Ermunterung, um weiterzumachen. Doch was braucht sie? Und warum überhaupt tut sie sich das alles an?

Da taucht er auf einmal wieder auf, der eine Satz, aufgeschrieben nach ihrer Geburt, der gleichsam über ihrem ganzen Leben steht. Dieser verdammte Satz, der sie bis ins Mark erschüttert hat. Fünf Worte nur, aber jedes davon traf. Bis ins Herz.

Leider wieder nur ein Mädchen

Was Worte bewirken

Ein erster Blick, und Bertha glaubt es nicht. Sie kann kaum fassen, was sie neben ihrem Namen entdeckt. Dieser eine Satz in der altehrwürdigen Familienbibel bringt ihr Leben durcheinander. Immerfort rattert es in ihr: »Leider wieder nur ein Mädchen!« Nicht willkommen ist sie also gewesen? Kein freudiges Entzücken? Keine sich glucksend überschlagenden Stimmen? Stattdessen: kaltes Glück. Der Augenblick ihrer Geburt, beherrscht von verzerrten Lippen in eben noch erwartungsvollen Gesichtern. Und eine bittere Ernüchterung bei Mutter und Vater, weil es, also sie, eben leider nur ein Mädchen ist. Eine Enttäuschung, so gewaltig und in Zeiten, in denen so vieles verschwiegen wurde, dann doch so wenig verschweigbar, dass es mit großen schwarzen Buchstaben fein säuberlich niedergeschrieben und für immer neben ihren beiden Vornamen Cäcilie Bertha und ihren Geburtsdaten steht. Fünf Worte nur, aber diese fünf zusammen eine abgrundtiefe Kränkung. Eine Kränkung von Anfang an. Ist es nicht furchtbar, was Menschen mit Worten anrichten können und dann wiederum diese Worte mit Menschen?

Außer der dicken Bibel mit den leeren Seiten am Ende, auf denen das Familienoberhaupt persönliche Einträge machen kann, steht kaum ein anderes Buch im Hause Ringer. Bertha wächst nicht in der Wohnung eines Gelehrten oder eines an

Literatur interessierten Bildungsbürgers auf, der eine gut-
sortierte Bibliothek vorweisen könnte. Die Familienbibel ist
das Buch der Bücher. Sie thront ganz oben auf dem edlen
Sekretär im guten Salon, der nur zu besonderen Anlässen
für die Kinder zugänglich ist. Werden dann die Türen geöffnet, fällt der Blick wie von selbst auf das strahlende goldene
Kreuz, das auf der Vorderseite der Bibel in den dunkelbraunen ledernen Einband eingeprägt ist.

Ehrfürchtig schaut jedes Kind beim Eintritt in den Salon
immer zuerst dorthin, auf das Kreuz und auf jenes myste-
riöse Buch, das so selten vom Schrank heruntergeholt wird.
Nur an Ostern und zu Weihnachten liest der Vater daraus
vor, all die Geschichten von der Geburt Jesu und von seiner
Kreuzigung, manchmal auch von der Erschaffung der Welt
und vom Paradies mit Adam und Eva.

Recht früh schon hat Bertha bemerkt, dass sich der Vater
jedes Mal, wenn ein Geschwisterkind geboren wurde, in
den Salon zurückzog, dort die Bibel nahm, um hinten, auf
den Familienseiten, etwas hinzuschreiben. Still und ohne
auf sich aufmerksam zu machen, schlich sie dem Vater hinterher, wenn er sich auf den Weg machte, und stellte sich
dann in die halboffene Tür und schaute zu, was ihr Herr
Papa da Geheimnisvolles tat; wie sich Karl Friedrich Ringer
zunächst feierlich an den großen Tisch setzte, wie er mit
seinen wurstigen, von der schweren Arbeit auf dem Bau
gezeichneten Händen erstaunlich behutsam das Tintenfass
öffnete und wie er nach einigem Überlegen mit den ersten
Worten begann. Ein paar Bewegungen nur. Die Feder kratz-
te in gleichförmigen Schwüngen über das dünne Papier.
Dann war es vorbei. Die Tinte wurde getrocknet, das Buch
verschlossen und weggestellt. Ein rätselhafter Vorgang, zumal der Vater, ansonsten redselig und ausgesprochen gern
für eine Anekdote zu haben, nie erzählte, was er da auf-

geschrieben hatte. Bertha wagt lange nicht, ihn danach zu fragen.

Einmal spricht sie ihre Mutter auf die Bibel und die Einträge an. Die jedoch macht nur eine abwehrende Geste, die so viel bedeuten soll wie: Vergiss es, Kind, nichts Wichtiges, außerdem habe ich jetzt andere Sorgen. Bertha aber, als drittes und bei weitem nicht letztes Kind der Ringers daran gewöhnt, dass ihre Wünsche nicht an erster Stelle stehen und sie beharrlich sein muss, wenn sie etwas wissen oder durchsetzen will, fragt unaufhörlich nach. Und schließlich nuschelt Auguste Friederike Ringer mehr, als dass sie redet, es handle sich um ein paar Zahlen, der Tag der Geburt, das Jahr – ach ja, und der Name, und nun solle sie sich sputen und ihre Hausarbeiten machen.

Die damals zehnjährige Bertha, die gerade selbst das Schreiben erlernt hat, befriedigt das nicht. Insgeheim vermutet sie, dass dies nicht die ganze Wahrheit gewesen sein dürfte. Als ihre Mutter erneut guter Hoffnung ist, springt Bertha sichtlich vergnügt und aufgeregt durchs Haus, was alle in ihrer Umgebung überrascht, denn sie hat bereits sechs Geschwister und war bislang nicht dadurch aufgefallen, dass ihr dies eine besondere Freude bereitete. Nun aber wartet sie voller Ungeduld auf den Tag der Geburt, denn danach, das weiß sie, wird ihr inzwischen in die Jahre gekommener Vater, der einen behäbigen Gang entwickelt hat, wieder in den Salon stapfen, die Bibel vom Schrank heben und seine Geheimnisse in ihr festhalten.

Doch nachdem die Mutter sieben gesunde Kinder auf die Welt gebracht hat, verliert sie das folgende. Betreten schleppt sich Karl Friedrich Ringer an diesem Tag mit müden Schritten zur Bibel in den Salon. Und Bertha ist froh, dass sie dies im richtigen Moment bemerkt. Sie beobachtet genau, was jetzt geschieht. Jeden Federstrich malt sie in Gedanken nach, und so dämmert ihr langsam, dass es wohl in der Tat mehr als nur ein paar Zahlen und ein Name sind, die der Vater da zu Papier bringt. Damit ist ihre Neugierde endgültig geweckt. Es fehlt nur noch eine passende Gelegenheit. Die lässt nicht lange auf sich warten.

Wie jeden ersten Sonntag im Monat würde Familie Ringer auch demnächst wieder zu einem Ausflug in die nähere Umgebung aufbrechen. Es ist zwar noch kühl und der Nordschwarzwald an einigen Stellen noch mit Schnee bedeckt, aber der Familienausflug wird zu jeder Jahreszeit unternommen. Diesmal ist das Gasthaus im Hagenschieß das Ziel, ein beliebtes Ausflugslokal mitten im Wald, idyllisch gelegen an einem kleinen See. Im Sommer lockt der Biergarten, im Winter sitzt man in der mollig warmen Wirtsstube. Einst war das Seehaus ein Jagdschlösschen der badischen Markgrafen, jetzt treffen sich hier alle, die es in Pforzheim zu etwas gebracht haben.

Während die Kutsche bereits von der Hausangestellten mit Fellen, Wolldecken und Wärmflaschen vollbepackt wird und sich die Familie für den Ausflug zurechtmacht, zieht Bertha sich in ihr Zimmer zurück. Sie werde von einem lästigen Schnupfen geplagt, behauptet sie leidend. Die Nase liefe ununterbrochen, das Luftholen fiele ihr schwer. Und Berthas Eltern zweifeln nicht an ihren Aussagen, denn es erscheint ihnen höchst unwahrscheinlich, dass ihre abenteuerlustige Tochter nur nach einem Grund sucht, das Bett zu hüten und die Sonntagsausfahrt zu verpassen. Steht doch Bertha meist als Erste fertig angezogen, aufgekratzt und zappelig vor der Tür, zumal zum feierlichen Abschluss einer jeden Ausfahrt die heißbegehrte Limonade und der frischgebackene Kuchen im Gasthaus auf die Kinder warten.

Diesmal jedoch hat Bertha ein anderes Ziel vor Augen. Eine einmalig gute Gelegenheit bietet sich ihr. Sie weiß ja, kaum hätten die Eltern das Haus verlassen, würde das Dienstmädchen in ihrer Kammer verschwinden und mit außerordentlicher Hingabe ein ausführliches Mittagsschläfchen halten. Genau so geschieht es auch. Und Bertha kann auf leisen Sohlen in den Salon huschen, mit Hilfe eines Stuhls die dicke Familienbibel vom Schrank holen und endlich lesen, was ihr Vater darin schwarz auf weiß eingetragen hat.

Zunächst schlägt sie die erste Seite der Familienchronik auf. Mit Weinranken und Schnörkeln ist das Blatt verziert. Ganz oben steht ein Bibelspruch: »Dein Weib wird sein wie ein fruchtbarer Weinstock …« Nun ja, was Weiber und Weinstöcke miteinander verbindet, versteht Bertha nicht. So widmet sie sich lieber den Einträgen des Vaters. Es dauert auch nicht lange, da findet sie ihren Namen, gleich an dritter Stelle nach Emilie Auguste Louise und Elise Mathilde unter dem 3. Mai 1849 mit schönster Handschrift notiert, die man bei den derben Handwerkerhänden von Karl Friedrich Ringer nicht vermutet hätte. Mehrfach muss sich Bertha den Satz laut hersagen, weil sie ihn nicht sofort begreifen kann: »Leider wieder nur ein Mädchen!«, buchstabiert sie. Ich – ein Leider? Leider ein Mädchen. Leider und ich, in ewiger Verbundenheit. Nur – ich, hämmert es in ihrem Kopf. Leider ich! Gott sei's geklagt. Wütend und zugleich beschämt verstaut sie die Bibel wieder auf dem Schrank und zieht sich, angeblich ist sie ja krank, in ihr Bett zurück. Weinend.

An diesem Tag, nachdem sie den Eintrag zu ihrer Geburt in der Familienbibel gelesen hat, teilt sich die Zeit für Bertha in ein Davor und ein Danach. Davor lagen die scheinbar unbeschwerten Jahre. Jetzt aber beginnt das Danach. Eine Zeit, über der fortan und immer wieder dieser eine Satz steht: Leider wieder nur ein Mädchen. Die Melodie ihres Lebens hat einen ersten Missklang bekommen.

Als ihre Familie am späten Nachmittag fröhlich lärmend ins Haus stürmt, liegt Bertha traurig im Bett und stellt sich schlafend, während die Mutter nach ihr sieht und sie in tiefen Träumen vermutet. Nachdem Auguste Friederike Ringer die Tür wieder hinter sich geschlossen hat, hinterlässt der vertraute Duft des Rosenparfüms eine letzte Spur ihrer Anwesenheit. Doch Bertha kommt es auf einmal so vor, als hätte ihre Mutter in diesem Augenblick nicht nur diese eine Tür hinter sich zugemacht. Sie ist nicht mehr einfach nur allein in ihrem Zimmer, wie sonst auch. Dieses Für-sich-zurückgeblieben-Sein hat eine neue Qualität. Ein bislang unbekannter, kühler Anflug von Einsamkeit umkreist ihr Gemüt, sie spürt eine beängstigende Verlassenheit, was es ihr unmöglich macht, in dieser Nacht zur Ruhe zu kommen. Unermüdlich grübelt sie über die abwertende Bemerkung nach. Die Stimmung, die von nun an ihre Seele manchmal umfängt, kann sie trotz all der Selbstergründungsversuche nicht gänzlich erfassen. Nur verschwommen nimmt sie wahr, dass die vermeintliche Geborgenheit in ihrer Familie wohl mit einer Täuschung verbunden gewesen war, die heile Hülle geplatzt ist. Vielleicht wäre es besser, dem Leben gegenüber künftig misstrauisch zu sein.

Dabei war es neulich noch so schön gewesen. Ein unvergessliches Erlebnis, als der Vater sie Anfang Februar zu den anstehenden Reparaturarbeiten in die Schlosskirche mitgenommen hat, obwohl sie nur ein Mädchen war. Auf dem Weg dorthin durfte sie ihm sogar die schwere Tasche mit den Papieren und den Stiften tragen, jedenfalls so weit, wie sie es schaffen konnte. Herzlich lachte ihr Vater, als sie mit einem heftigen Schnaufen schlappmachte und ihm die Arbeitstasche wieder übergab. Wie wohl hatte sich Bertha an seiner Seite gefühlt, weil er ein hochgewachsener und imposanter Mann war. Sie selbst wächst neben ihm immer ein Stückchen in die Höhe, weil sie zu ihm aufschaut, wenn er mit ihr redet.

Von allen, die ihnen auf dem Weg zur Kirche begegneten, wurde Karl Friedrich Ringer aufs Freundlichste gegrüßt. Respektvoll nickten die Pforzheimer Bürger, wenn sie ihn sahen, und selbst die vornehmen Herren aus dem Adelsstand lüpften anerkennend ihre Zylinder, denn Karl Friedrich Ringer hat es durch Fleiß und geschickte Spekulationen zu Wohlstand und demzufolge zu Ansehen gebracht und letzten Endes auch zu Einfluss.

Im vergangenen Jahr 1859 war er gebeten worden, für die Stadt Pforzheim die Aufgabe des Bezirksbauschätzers zu übernehmen, seitdem begutachtet er bei Bedarf Gebäude und taxiert deren Wert. Darüber hinaus wirkt er im Bürgerausschuss mit und kümmert sich als Vorstand der Gewerbeschule um eine solide und zweckmäßige Ausbildung künftiger Handwerker. Nicht zuletzt ist er auch ein geselliger Mensch, vergnügt sich gern bei Wein oder Bier. Und weil es den Bürgern nach den Revolutionsjahren um 1848 seit einiger Zeit wieder erlaubt ist, sich in Vereinen zu versammeln, wurde er Mitglied im Geselligkeitsverein »Eintracht«, dem Verein, über den Bertha später ihren Carl kennenlernen wird. Gern verkehrt Vater Ringer auch in der Museumsgesellschaft, in die nur Eintritt erhält, wer zum Bürgertum gehört. Vorträge werden dort gehalten, Zeitungen und Zeitschriften liegen aus, wobei vor allem die Blätter aus dem Ausland begehrt sind. Fachzeitschriften, in denen Berichte über neue Erfindungen stehen oder die letzten Patentanmeldungen. Außerdem bittet die Museumsgesellschaft ihre Mitglieder ab und an zum Tanz. Eine gute Gelegenheit, eine Liebe beginnen oder neu aufleben zu lassen.

Bertha genoss es sichtlich, dass ihr Vater, diese Respektsperson, ausgerechnet sie zum Abenteuer in die Schlosskirche eingeladen hatte. Dort sah sie nicht nur zum ersten Mal die prächtige Fürstenkapelle im riesigen gotischen Chor, sondern auch die düsteren unterirdischen Räume der Gruft, über die Karl Friedrich Ringer einiges zu erzählen wusste. Gebannt lauschte Bertha seiner tiefen Stimme, als er ihr die Geschichte der Kirche nahebrachte, bevor sie hinabstiegen in das Untergewölbe, wo die großen und kleinen Särge standen.

Seit dem Mittelalter sei diese Kirche ein Wahrzeichen der Stadt, begann ihr Vater. Das Besondere sei, dass man hier, im Chor, seit dem 16. Jahrhundert keine lithurgischen Handlungen mehr vollziehen würde, weil dieser Raum nunmehr als Grablege für das badische Herrscherhaus diene. Dann lief er mit Bertha in die Mitte des Chors zu einem großen marmornen Obelisken, in dessen Öffnung ein Porträtkopf zu sehen war. Von dem da habe er seinen Namen, sagte Vater Ringer und zeigte auf die Büste. Das sei Karl Friedrich, der Großherzog, der das Land über sechzig Jahre regiert und viel Gutes für seine Untertanen bewirkt habe. Als erster deutscher Fürst habe er in den Dörfern die Leibeigenschaft aufgehoben, jeder Bauer durfte sich fortan frei bewegen und heiraten, wen er wollte. Aus Dankbarkeit sei auch er, wie so viele Badener Jungen, von seinen Eltern auf den Vornamen des Großherzogs getauft worden.

Interessiert hörte Bertha zu und betrachtete dabei auch die prächtigen Renaissance-Epitaphien an der Wand. Danach drehte sie sich wieder zu ihrem Vater und zeigte auf das große Doppelgrab, das sich vor dem Obelisken befand. Es sei eine Tumba aus Stein, bemerkte Karl Friedrich Ringer, und der da obendrauf liege, das sei Markgraf Ernst in voller Rüstung und, sie solle genau hinsehen, mit einem Löwen an seinen Füßen. Der symbolisiere seine Macht. Und dann fragte er seine kleine Tochter, ob sie wisse, warum bei seiner

Gattin Ursula, die im opulenten Hofstaat neben dem Markgrafen ruhe, ein Hund liege.

»Der hält die Räuber fern, damit sie nichts stehlen können?«, antwortete Bertha. Belustigt schüttelte Karl Friedrich Ringer den Kopf. Sie versuchte es noch einmal: »Der passt auf, dass die Dame nicht wieder aus dem Grab heraussteigt?« – Nein, nein, der Hund sei ein Zeichen für Treue, aber auch für Gelehrsamkeit, klärte Vater Ringer seine Tochter auf. So sähe man die Frauen eben gern: treu, gehorsam und gelehrig. Bertha schaute ihren Vater mit großen, ungläubigen Augen an. Der zog derweil schmunzelnd und mit geheimnisvollem Blick einen rostigen Schlüssel aus seiner Tasche und öffnete damit die große Klappe im Steinfußboden, gleich neben dem Doppelgrab, um in die Gruft hinabzusteigen. Bertha zögerte. Sie fürchtete sich. Es war dunkel dort unten. Zügig zündete Karl Friedrich Ringer eine Laterne an. Ein langer Gang wurde sichtbar, der Nord- und Südgruft miteinander verband. Während Bertha nun zitternd neben ihrem Vater stand, leuchtete der die Gewölbedecke ab, um die Schäden zu begutachten. Die Wände mit dem bröckelnden Putz mussten dringend renoviert werden, bevor in wenigen Tagen die Beisetzung der Großherzogin stattfinden würde. Am 29. Januar 1860 war sie gestorben. Für die festliche Trauerfeier wurde die Gruft ein letztes Mal geöffnet. Danach würde es in dieser Grabkammer keine Bestattungen mehr geben.

Feucht roch es in den Räumen der Gruft, nach Moder und Fäulnis. Ein Geruch, den Bertha noch nie in ihrem Leben wahrgenommen hatte. Ihr Vater dagegen kannte solche Gerüche und bemerkte sie fast gar nicht mehr, als er routiniert ein paar Zahlen auf seinen Zettel notierte, Angaben über Putz und Farben. Dann ging es weiter, und bei jedem Schritt vorwärts überwältigte Bertha ein Gruselgefühl. Kalte Schauer liefen ihr über den Rücken, als sie die Särge erblickte. Einzig der warme Händedruck des Vaters beruhigte das laut schlagende Herz, das umso heftiger pochte, je näher sie den Kindersärgen kamen. Einen Moment herrschte jetzt Stille. Dann sagte der Vater, er müsse sich noch die Nordgruft ansehen, und zog Bertha von den Sarkophagen weg. Doch was war das? Lag da nicht jemand? Ein zusammengeschrumpftes, faltiges Wesen? Bertha schrie auf und wollte wegrennen.

Der Vater hielt sie fest. »Großartig«, freute er sich, »es klappt.« Genau dies sei die letzte Pflicht des Toten, die letzte Aufgabe des ledernen Generals: neugierige Besucher abzuschrecken. Das hier, so Berthas Vater, sei nämlich die Mumie des Markgrafen Karl Gustav von Baden, eines berühmten Feldherrn aus der Zeit der Türkenkämpfe im späten 17. Jahrhundert. In einem trockenen Winter sei er verstorben, und man habe den außerordentlich beleibten Herrn in die Grabkammer gelegt. Die klimatischen Umstände der darauffolgenden Monate hätten dazu geführt, dass sich die Leiche nicht wie andere Leichname zersetzt habe. Bertha schaute halb entsetzt, halb ergriffen auf den verschrumpelten Körper. Sie solle sich das so ähnlich wie bei einem Schwarzwälder Schinken vorstellen oder wie bei einer Trockenwurst, erklärte der Vater belustigt, nur dass der General nicht in der Räucherkammer gehangen habe. Aber luftgetrocknet, das sei er schon, durch Lufttrocknung sei die Leiche haltbar geblieben. Nur davon zu kosten, da würde er lieber abraten.

Nie wieder wird Bertha diesen Gang durch die Gruft vergessen. Als sie schon weit über neunzig Jahre alt ist, erzählt sie noch immer diese Geschichte. Wie hat sie ihren Vater damals bewundert! Jede Nuance seiner Erzählungen begierig aufgenommen. In solchen Momenten fühlte sie sich von ihm geschätzt. Und wichtiger noch, von ihm, einem Mann, für würdig befunden, Wissen miteinander zu teilen, obwohl sie ja nur ein Mädchen war.

Bertha Cäcilie Ringer als junges Mädchen; sie hatte noch acht Geschwister.

Viel hatte ihr der Vater an diesem Februarnachmittag beigebracht, darüber vergaßen sie die Zeit und kamen viel zu spät zum Abendessen nach Hause. Aber bereits auf dem Heimweg mussten beide über sich und ihre Trödelei und die Gruselgeschichten von der Schlosskirche lachen, und ebenso ausgelassen ahmten sie das vermutlich verärgerte Gesicht der auf sie wartenden Mutter nach.

Nicht schwer zu erraten, wer das Lieblingskind von Karl Friedrich Ringer ist. Das hat Bertha im Lauf der Jahre geschafft. Zu ihm fühlt sie sich hingezogen, ist ganz Vatertochter, während sie von ihrer Mutter mit den Jahren des Erwachsenwerdens eher Unnahbarkeit, ja sogar Härte erfährt. Bertha findet sich damit ab, entwickelt aber ein feines Gespür dafür, womit sie die Aufmerksamkeit ihres Vaters erregen kann: wenn sie ihn nach all dem fragt, was ihrer Mutter offenbar zuwider ist; wenn sie sich also für den Zimmerplatz an der Ecke ihres Stadthauses interessiert, über den Auguste Friederike Ringer nur zu klagen weiß, dann hat Bertha den Vater auf ihrer Seite. Der berichtet gern darüber, welche Bretter warum und wo zur Verwendung kommen und wie er mit welchen Nägeln aus dem Ganzen stabile Häuser macht. Die Mutter stört das nur. Sie meint, diese Arbeit bringe Dreck und Krach, sei nervenaufreibend. Bertha dagegen kann stundenlang am Fenster stehen und das Treiben der Zimmerleute beobachten, wie sie riesige Holzstapel umlagern, wie sie die Balken fürs Fachwerk zuschneiden und wie sie dann alles probeweise zusammenstecken.

Dies wiederum verärgert ihre Mutter, und sie bezichtigt Bertha mit barschen Worten der Drückebergerei, nennt ihre dritte Tochter, wenn sie besonders wütend ist, eine Faulenzerin. Geht Bertha trotzdem ihren Vorlieben nach, muss sie, wenn sie erwischt wird, mit einer heftigen Standpauke rechnen. Oft hält Auguste Friederike Ringer ihr vor, sie solle lieber ihr, der Mutter, zur Hand gehen oder ihre Näharbeiten für die Aussteuer machen. Es nützt wenig, weil Bertha solche hausfraulichen Arbeiten ganz und gar nicht mag.

Vielmehr begeistert sie sich stattdessen für die Eisenbahn und den Einsteigeschuppen, wie man damals die Bahnhöfe nennt. So einer entsteht unweit von ihrem Haus, denn für das kommende Jahr 1861 ist die Eröffnung der Eisenbahnstrecke nach Durlach geplant. Dann würde endlich auch Pforzheim einen Anschluss an die grandiose weite Welt bekommen, jubelt Bertha. Was für ein Spektakel ist es, als dafür sogar ein Tunnel durch den Berg ganz in ihrer Nähe getrieben wird, um den Weg nach Karlsruhe frei zu machen!

Hat Bertha eine Frage dazu, horcht der Vater auf und nimmt sich Zeit, ihr mit ein paar Sätzen zu erläutern, wie was zusammenhängt. Die Mutter aber zetert in solchen Augenblicken, was das Gerede solle, Bertha möge lieber ihre Stickarbeiten sorgfältiger machen oder das Hausmädchen nach ihrem Wissen befragen. Karl Friedrich Ringer weiß dann nicht so recht, wie er das ganze Gesticke und Gehäkel findet, das in dieser Zeit für Mädchen eine übliche Beschäftigung ist. Er ist eher begeistert davon, was für eine neugierige und wissensdurstige Tochter er hat. So erobert Bertha mit ihrer Klugheit Jahr für Jahr mehr sein Herz, als hätte sie als Kind schon gewusst, dass ihr Interesse für seine Leidenschaften der wirksamste Weg ist, den Makel des falschen Geschlechts wettzumachen.

Zuneigung, das hat sie erstaunlich früh verinnerlicht, gab es nicht einfach so. Und sie war auch nur von kurzer Dauer, wenn man nicht sehr viel mehr als ein niedliches Lächeln zu bieten hatte. Fand man dagegen gemeinsame Interessen, sah das anders aus. Das verschaffte Anerkennung und eine attraktive Rolle im Beziehungsgeflecht der Familie. Im heimlichen Kampf der Geschwister um die Gunst des Patriarchen stellte sich Bertha äußerst geschickt an und war dabei doch gleichsam fröhlich und unbeschwert, jedenfalls bis zu dem Tag, als sie die Entdeckung in der Familienbibel machte. Von da an musste sie den Missklang des Bedauerns, das gewaltige Leider, den verzerrten Ton, in ihr Lebensgefühl integrieren.

Wer Bertha in diesen Tagen sieht, meint, sie sei reifer geworden, wirke erwachsener; ihr Blick habe sich verändert, sie sei auf merkwürdige Weise nach innen gekehrt. Und schaut Bertha die Besucher des Hauses mit ihren tiefgründigen Blicken an, weichen die lieber aus, denn das, was da aus ihren Augen spricht, ist etwas, das keinen Platz im Alltag hat. Unterhaltungstauglich sind eher die gewöhnlichen Plappergeschichten, das registriert Bertha aufmerksam.

Im Lauf der Jahre lernt sie auch zu verstehen, dass nicht alles, was man wünscht, auf Anhieb klappen kann. Mehr als einmal nimmt sie sich vor, statt aufbrausend lieber geduldig zu sein. Erlebt sie Rückschläge, verlangt sie von sich, wieder von vorn anzufangen; nicht aufzugeben, selbst wenn da ein mächtiges Leider ist. Das trainiert sie sich unerbittlich an. Ihr großes Vorbild ist ihr Vater, der ihr einst geschildert hat, wie auch er lernte, sich in Geduld zu üben. Sehr spät erst gründete er eine Familie, war bei Berthas Geburt schon achtundvierzig Jahre alt.

Weil er aus einem Pfarrhaus mit vielen Kindern stammte, wusste er, welche Verantwortung es bedeutete, einer Familie vorzustehen und alle Münder satt zu kriegen. Tief hatten sich die Erfahrungen der Hungersnöte um 1816 und 1840 in sein Bewusstsein eingebrannt, verursacht durch Wetterkapriolen und Missernten – die langen Monate, in denen sie Baumrinde aßen oder einen Brei, der mehr aus Dreck denn aus Mehl bestand, um nur nicht zu verhungern.

Auch die ständigen Überschwemmungen lehrten ihn früh, zu begreifen, wie verletzbar alles ist, was man eben erst errichtet hat. Und wie schnell es mit dem Leben vorbei sein kann, zeigte jede der aufgeblähten Leichen, die sie nach einem Hochwasser am Ufer der Flüsse fanden. Doch all das wurde noch übertroffen von dem Leid, das der Krieg mit sich brachte. Ausgezehrt waren große Teile der Bevölkerung Badens infolge der vielen Kämpfe gegen Napoleon, den heroischen Feldherrn, der zugleich ein moderner, aber auch ein tyrannischer Staatslenker war und der mit seinen Freiheitsgedanken und dem Ideal von der Gleichheit vor dem Gesetz viele Bürger erst in erwartungsvolle Aufregung und dann in Bedrängnis versetzt hatte. Dieser Napoleon, der nicht aus vorzüglichem Hause stammte und es dennoch bis nach ganz oben geschafft hatte. Imponierend war das. Macht und Herrschaft, bislang unerschütterbar in den Händen der Fürsten und der Kirche, waren vom Emporkömmling als Möglichkeit für alle Bürger definiert worden. Unzählige derart revolutionäre Gedanken pflanzte dieser Franzose in die Köpfe der einfachen Leute, die über Nacht solche Ziele wie Brüderlichkeit im Sinn hatten, wobei ihnen der Weg dahin verborgen blieb und sie das mit der Brüderlichkeit zunächst erst einmal vom anderen erwarteten.

Karl Friedrich Ringer war da anders. Viele Jahre setzte er seine ganze Kraft dafür ein, ein gediegenes Bauunternehmen zu etablieren. Kein einfaches Unterfangen in einer Zeit, die mehrfach bewiesen hatte, dass am nächsten Tag alles wieder vorbei sein konnte. Aber er stellte sich den Herausforderungen wacker. Nachdem der Stern des Korsen gesunken war, nahmen wieder die Preußen das Ruder in die Hand. Hart griffen sie durch, erst gegen Napoleon, dann gegen die Märzrevolutionäre. Mit der Parole »Gegen Demokraten helfen nur Soldaten!« wurden Kanonen aufgefahren und aufmüpfige Bürger unter die Erde gebracht.

All das hatte sich Karl Friedrich Ringer mehr beobachtend als mitwirkend angeschaut, denn er war ein Skeptiker der waghalsigen Rebellion, bei der man Kopf und Kragen riskierte. Den Tod nicht fürchtende Hitzköpfe waren ihm suspekt. Er wollte lieber im Rahmen seiner Möglichkeiten mit etwas Geschick und Diplomatie für seine künftige Familie eine hoffentlich sichere Basis schaffen. Seine Nachkommen, so plante er es, sollten ein gutes Leben haben. Wohlstand. Auch wenn in ihren Adern kein blaues Blut floss und sie nicht die Zugehörigkeit zur Aristokratie als unverdientes Privileg mit in die Wiege gelegt bekamen und auch wenn er ihnen demzufolge kein Leben in der obersten Schicht der Gesellschaft würde bieten können. Aber knapp darunter, fast auf Augenhöhe, also in unmittelbarer Nachbarschaft, sozusagen in Sichtweite zu den Bevorzugten der Gesellschaft, das sollte es schon sein, und das hatte er am Ende auch erreicht. Diesen Ansprüchen konnte er genügen, dazu konnte er das Nötige vorweisen. Es war ihm, als er die Mitte seines Lebens überschritten hatte, ein Grund, auf seine Weise majestätisch und würdevoll zu sein. Der richtige Zeitpunkt, sich nun zu allem anderen Besitz noch eine Familie aufzubauen.

So heiratete Karl Friedrich Ringer am 23. März 1845 die viel jüngere Auguste Friederike Kollmar, die einer Familie von Webern, Schneidern, Pulvermachern und Schlossern entstammte. Er war zu diesem Zeitpunkt bereits vierundvierzig, sie erst zweiundzwanzig Jahre alt. Eine Frau, die ihre Lebensaufgabe darin sah, dem Mann Söhne zu gebären und ihm das Haus zu führen. »Arbeite, iss und trink, das ist dein Anteil am Leben, wenn es das Schicksal gut mit dir meint. Mehr ist es nicht.« Diesen Spruch hörte Berthas Mutter in ihrer Kindheit oft. Inzwischen trieb er sie unaufhörlich an. Leben bedeutete deshalb für sie nicht sehr viel mehr, als mit sichtbarer Hast Pflichten abzutragen; eine Haltung, die durchaus dem Geschmack von Karl Friedrich Ringer entsprach. Von der Mutter seiner Kinder erwartete er genau diese Demut und Opferbereitschaft. Immerhin hatte auch er, ein robuster Mann von Saft und Kraft, mehr als zwanzig Jahre lang auf den Moment hingearbeitet, den Moment, da er einen Stammhalter in den Händen würde halten können, der sein Werk fortführen würde. Wenn er davon phantasierte, erklang bereits das kräftige Schreien des Burschen in seinem Ohr und er roch die zarte und zugleich straffe Säuglingshaut. Er war davon überzeugt, dieser Prachtkerl würde dem Namen Ringer alle Ehre machen. Ein Geschlecht, das seit über dreihundert Jahren in Pforzheim lebte.

Wie enttäuschend war es deshalb gewesen, als ihm seine Ehefrau erst eine, dann noch eine und dann sogar noch eine dritte Tochter gebar, waren doch vielmehr Söhne willkommen, und Töchter dagegen, nun ja, die hatte man eben. Die mussten hingenommen werden. Was sie einem sollten, war für jemanden wie Karl Friedrich Ringer, der Nachfolger im Sinn hatte, schwer zu sagen. Auch Auguste Friederike Ringer konnte aufgrund ihrer Erziehung nicht anders, als ihre Töchter spüren zu lassen, dass sie nicht die Erfüllung ihrer eigentlichen Wünsche waren.

Erst im Februar 1851, zwei Jahre nach Berthas Geburt, kam endlich der erste Sohn auf die Welt, der natürlich, wie sollte es anders sein, den Namen Karl Friedrich erhielt. Von da an entspannte sich das Leben der Familie, zumal dem ersten Sohn noch drei weitere folgten. Das letzte und insgesamt neunte Kind, Julius Oskar, wurde 1864 geboren, als Patriarch Ringer bereits dreiundsechzig Jahre alt war.

Jetzt konnte sich Karl Friedrich nicht mehr über fehlende Stammhalter beklagen. Dennoch hielt er es für seine väterliche Pflicht, auch seine Töchter bilden zu lassen. Von den fortschrittlichen Pädagogen seiner Zeit hatte er vernommen,

dass Charakterschwäche und Unbildung zusammenhängen
sollten und es deshalb klug sei, auch das weibliche Gemüt
zu fördern. Zudem war eine gewisse Gelehrtheit in bürger-
lichen Kreisen zu einem erstrebenswerten Gut geworden,
vorangetrieben durch Goethe, Schiller und die Humboldt-
Brüder. »Früh übt sich, was ein Meister werden will« oder
»Mit der Dummheit kämpfen selbst die Götter vergebens«
waren beliebte Sprüche, die Bertha in ihrer Kindheit oft ver-
nahm und sich für ihr Leben merkte.

Eine gute Ausbildung erwies sich für das emporstrebende
Bürgertum nahezu als einzige Chance, einen Aufstieg in der
streng hierarchischen Gesellschaft zu schaffen, vor allem,
nachdem die Revolution von unten gescheitert war und
sich gezeigt hatte, wie schwer es war, die alten Verhältnisse umzukehren. Längst hatten sich die Herrscher von einst
mit neuem Elan wieder etabliert. Dennoch, der Aufstand für
Freiheit, Gleichheit und Brüderlichkeit war nicht gänzlich
wirkungslos geblieben; wer Macht und Einfluss erhalten
wollte, egal ob im Sinne von neu erringen oder behalten,
musste dem dienenden Volk Zugeständnisse machen. Diese
zu formulieren oder einzuklagen verlangte geistigen Überblick.

Was nun die Bildung seiner Töchter anbetraf, war Karl
Friedrich Ringer dem Neuen gegenüber aufgeschlossen. Wie
so viele Männer seiner Zeit vereinte er in seinem Wesen neben all der Engstirnigkeit auf rätselhafte Weise auch Weit-
sicht. So schickte er erst Emilie Auguste Louise, dann Elise
Mathilde und schließlich auch Cäcilie Bertha auf eine Schule
für Höhere Töchter, die just im Jahr von Berthas Geburt gegründet worden war und das schlichte Rüstzeug der Volksschule um einiges übertraf. Für das Höhere-Töchter-Institut,
die teuerste und elitärste Einrichtung, reichte es bei den
Ringers zwar nicht, aber das Schulgeld für die nächstbeste

Bildungsanstalt, die Höhere Töchterschule, das konnte Karl Friedrich Ringer für alle seine fünf Töchter aufbringen. Hier lernte der Nachwuchs der Beamten, Goldschmiedemeister und Fabrikanten, also des Bürgertums.

Lithographie vom Schulplatz, links das Schulgebäude; im vorderen Bereich befand sich die Höhere Töchterschule, in der Bertha lernte.

Bertha geht gern zur Schule. Sie kann es kaum erwarten, dass es endlich so weit ist. Schon als ihre älteren Schwestern den Unterricht besuchen, wäre sie am liebsten jeden Tag mitgegangen. Bringen sie ihre Bücher und Hefte mit nach Hause, stöbert Bertha darin oder setzt sich mit an den Tisch, wenn die Schwestern ihre Hausaufgaben erledigen.

Im Jahr 1858, als Bertha neun Jahre alt ist, meldet Karl Friedrich Ringer auch seine dritte Tochter für die Schule an. Von da an hüpft Bertha fröhlich den Weg von ihrer Wohnung in der Ispringerstraße bis hin zum Leutrum-schen Haus, von wo aus man das Schulgebäude sehen kann. Das hohe Niveau des Lehrprogramms spricht sich schnell herum, sodass bald bis zu vierzig Schülerinnen dicht an dicht gedrängt in einer Klasse sitzen, ein Neubau und Um-zug notwendig werden.

Bertha erhält Unterricht in deutscher, französischer und englischer Sprache. Bei ihr gehören Rechnen und Geometrie,

Religion und Geschichte, Geografie und Naturlehre, Schönschreiben und Zeichnen, neben »Weiblichen Arbeiten«,
Gesang und Anstand zum Lehrprogramm. Am Ende ihrer
Schulzeit im Jahr 1863 wird sogar noch ein Kurs für einfache
Buchführung eingeführt. Hauptlehrer und Leiter der Schule
ist Johann Georg Pflüger, ein erfahrener Pädagoge, der allen
gelehrten Formkram aus den verstaubten Unterrichtsplänen
vergangener Tage mutig über Bord wirft und nur das wahrhaft Geistbildende und zugleich Praktische gelten lassen
will. Er regt sogar den Einsatz von weiblichen Lehrkräften
an, was damals eher ungewöhnlich ist. So sehen die jungen
Damen aus besserem Hause tagtäglich, dass auch eine Frau
einem bezahlten Beruf nachgehen kann und es keine Schande ist, wenn auch Frauen für den Broterwerb sorgen.

Das Motto des Pforzheimer Fabrikanten Moritz Müller,
»Die Frauen sind zu jeder Arbeit berechtigt, zu welcher sie
befähigt sind«, wird selbst im fernen Amerika in der Zeitung zitiert. Und diese Geisteshaltung ist ganz im Sinne des
Großherzogtums Baden, das neben der Pflege von Hof und
Hierarchie, Ruhe und Ordnung Frauen gegenüber liberal
und fortschrittlich eingestellt ist. Bereits 1859 gründete sich
der Badische Frauenverein, energisch gefördert von Großherzogin Luise. Nur eines verbietet sich: Verheiratet dürfen
die jungen Lehrerinnen nicht sein. Begehren sie die Ehe, ist
es mit der beruflichen Tätigkeit vorbei.

Bertha, das ist außergewöhnlich für ihre Lehrer, fällt durch
ihr Interesse für das Fach Naturlehre auf, in dem versucht
wird, die Schülerinnen mit den allgemeinen Eigenschaften
der Natur vertraut zu machen. Wie in einer Zauberbude experimentiert der Lehrer mit festen, flüssigen oder elastischen
Materialien. Dann hören die Mädchen vom Schall und von
der Elektrizität, erleben die Wirkung von Magnetismus und
Elektromagnetismus, was Bertha erstaunt. Eine Faszination,

die allerdings kaum eine andere Schülerin mit ihr teilt. Die meisten bevorzugen Fächer wie Schönschreiben, Weibliche Arbeiten oder Gesang.

Neben den Stunden über die Geheimnisse und Gesetze in der Natur findet es Bertha wunderbar, was für Geschichten ihr Schulleiter über ihre Heimatstadt zu erzählen weiß. Er schreibt gerade an einem Buch über Pforzheim, malerisch gelegen zwischen den Flüssen Enz, Nagold und Würm, am Übergang zu den Hügellandschaften des Kraichgau und an der Pforte zum Schwarzwald. Seit Jahrhunderten ein Kreuzungspunkt für Heerstraßen, Auf- und Durchmarschgebiet für Kriegszüge, Plünderungen inbegriffen. Deshalb, so hört sie es im Unterricht, haben sich viele Pforzheimer die Einstellung zu eigen gemacht: »Lebe den Tag, genieße die Stunde. Heute bist du zwar reich, aber morgen vielleicht gescheitert!« Wenn Bertha ihren Vater in geselliger Runde sieht, versteht sie, was damit gemeint ist.

Seine Blütezeit, so erfährt die Wissbegierige, hatte Pforzheim im Spätmittelalter, als der Handel mit Holz, Tuch und Leder florierte und die Markgrafen von Baden diesen Ort zu ihrer Residenzstadt erklärten, bevor sie 1565 nach Durlach und dann weiter nach Karlsruhe wechselten. Den berühmten Humanisten Johannes Reuchlin brachte ihre Heimatstadt hervor, dessen Großneffe Philipp Melanchthon später in Wittenberg auf Martin Luther traf. Bertha lernt auch, dass Pforzheim nach dieser Zeit des Wohlstands im Zuge des Dreißigjährigen Krieges völlig verarmte und für Jahrzehnte in der Bedeutungslosigkeit verschwand. Erst Markgraf Karl Friedrich erweckte die Stadt durch die Schmuckindustrie wieder zu neuem Leben, davon hatte ihr ja schon der Vater in der Schlosskirche erzählt.

All das Wissen saugt Bertha auf, bringt ständig neue Bücher in den Salon, wo sie zum Ärger ihrer Mutter lesend in eine andere Welt abtaucht, anstatt sich im Haushalt nützlich zu machen. Lernen, das ist für Bertha der schönste Teil ihrer Jugendzeit, bevor irgendwann, damit droht die Mutter immerfort, der Ernst des Lebens beginnen würde. Was genau das auch sein sollte, der Ernst des Lebens, bisher hat Bertha keinen Grund, sich zu beklagen. Sie bekommt eine gediegene Schulbildung und wächst in bester Lage auf. Ihr Elternhaus liegt direkt gegenüber von der vornehmen Villa Bohnenberger, die einem Papier- und Schmuckfabrikanten gehört. Von ihrem Fenster aus kann Bertha in den parkähnlichen Garten mit den exotischen Bäumen sehen.

Auf der anderen Seite des Ringer-Hauses befindet sich der weiträumige Reitplatz mit der Reithalle, wo die edlen Tiere des Pforzheimer Großbürgertums bewegt werden. Der Geruch der Pferde zieht bis in ihr Fenster hinein. Bertha mag das. Und manchmal ertappt sie sogar ihre sonst so strenge und tüchtige Mutter dabei, wie sie mit Hingabe die Pferde beobachtet.

Aber Bertha sieht auch die andere Seite der Gesellschaft. Die Sklavenseele der Tagelöhner, der Kostherren und Schlafgänger, die manchmal auch bei ihnen im Haus eine Mahlzeit erhalten oder Unterkunft finden, weil sie für ein paar Kreuzer Lohn die Woche weit weg von ihrer Familie verbringen. Früh am Morgen und spät am Abend hört sie die Rassler, diese Ansammlung von Männern, die jeden Tag aus den entlegenen Dörfern zur Arbeit in die Stadt drängen und mit ihren schweren Schuhen über die Pflastersteine klappern. Und sie erlebt Kinder, ungewaschen und roh, die nach Brot verlangen.

Dieses Leben ist Bertha mit den Jahren vertraut geworden. Nun lebt sie in einer Zwischenzeit, in der sie nicht mehr Mädchen, aber auch noch nicht Frau geworden ist. Eigenwillige Gedanken steigen in ihr auf, oft ist sie trotzig, und in ihr wirkt noch immer das beschämende »Leider wieder nur ein Mädchen!« nach. Sie spricht zwar nicht darüber, aber eine zunehmende Fremdheit hat sich bei ihr gegenüber ihrer Familie eingestellt, mit der weder ihre Mutter noch ihr Vater umgehen können, weil sie genug mit den anderen acht Kindern und dem Auf und Ab des Bauunternehmens zu tun haben. In Bertha aber gärt Unruhe. So, wie es Menschen gibt, die wissen, sie können nur dort leben, wo sie aufgewachsen sind, gehört sie zu denen, die fortmüssen, weil sie in ihrer Heimat nicht mehr zu Hause sind. Genauso, wie sie einst ein Gespür dafür entwickelt hat, dass in der Familienbibel noch ein Geheimnis lauerte, genauso vermutet sie nun, dass in ihrem Leben die Zeit kommen wird, die Enge und Begrenztheit ihrer Familie zu verlassen. Bertha weiß nur noch nicht, wann.

Im Jahr 1867 packt ihre älteste Schwester die Sachen. Sie hat geheiratet und wird in ein paar Tagen nach Nordamerika auswandern. Hunderttausende haben sich schon vor ihr in einer ersten Auswanderungswelle nach den Revolutionsjahren aufgemacht in das Gelobte Land jenseits des großen Ozeans. Sie glaubten, dort würde eine glückliche Zukunft auf sie warten.

Die riesigen Dampfschiffe mit den gewaltigen Schornsteinen waren nicht weit, warfen in Mannheim ihre Anker. Von da aus ging es über den Rhein bis nach Holland und dann mit den Überseeschiffen nach Amerika. Nicht mit allen meinte es Raphael, der Schutzengel der Reisenden, gut. Etliche überlebten nicht einmal die mehrwöchige Überfahrt. Auf den Zwischendecks war es stickig und eng, Krankheiten brachen aus. Oder es ereigneten sich andere Katastrophen, wenn sich jemand in die falschen Hände begeben hatte. Reichlich Geschichten kursierten über kaltblütige Betrüger, die nur nach der Kopfprämie für ausreisewillige Passagiere trachteten und dafür das Blaue vom Himmel versprachen. Am Ende standen die Gutgläubigen, die zunächst glaubten, dass sie im Vergleich zum Nachbarn ein gutes Geschäft gemacht hatten, mittellos da. Einige trugen gefälschte Fahrscheine im Gepäck, andere landeten statt in einer Kabine im dunklen Frachtraum, der keine Lüftung besaß. Wieder andere wurden nicht, wie zugesagt und bezahlt, am anderen Ende der Welt von einem Betreuer übernommen, der die weitere Reise und Unterkunft schon organisiert hatte. Stattdessen standen sie alleingelassen in der fremden Welt, ohne jede Hilfe. Wer bestrebt war, die gewohnten Wege zu verlassen, musste offenbar bei allem Risiko wohl auch noch einkalkulieren, dass es immer Menschen gab, die versuchten, auf Kosten anderer Geschäfte zu machen.

Unter den Pionieren, die den Aufbruch wagten, befanden sich nicht selten auch Männer, die weder Gott noch der Welt Gehorsam leisten wollten und mit keinem Mitmenschen friedlich leben konnten. Wer ihnen zu nahe kam, hatte schnell ein Messer im Rücken – ein unvorhergesehenes Ende der Reise. Dennoch riskiert Emilie Auguste Louise, Berthas älteste Schwester, mit ihrem Mann den Aufbruch in die neue Welt, und dann auch Elise Mathilde, die zweitälteste Tochter der Ringers. Auch Karl Friedrich Ringer jr., der langersehnte Stammhalter, macht sich eines Tages auf und davon, als es heißt, gegen die Franzosen in den Krieg ziehen zu müssen. Lieber in den Weiten Amerikas sein Glück versuchen als auf dem Schlachtfeld enden, sagt er sich und seiner Familie, denn etwas Besseres als den Tod fände sich überall, nur nicht hier. Einige Nachbarn beschimpfen ihn daraufhin als vaterlandslosen Gesellen.

Auch Bertha sucht nach einem Mann, mit dem sie den Aufbruch wagen könnte. Ihr ist bewusst, dass sie durchaus eine gute Partie ist, wobei sie selbst, anders als es ihre Eltern tun, nicht zwangsläufig einen standesgemäßen Bräutigam ins Auge fasst. Auf sie wirken die jungen Männer aus den besseren Kreisen mit ihren Stöckchen und Hütchen allzu oft albern, mit ihrem Geschwätz langweilig und, was das Wissen über Natur oder Technik anbetrifft, erstaunlich ahnungslos. Berthas innere Stimme mahnt früh, dass sie bei einer Heirat mit einem derartigen Lackaffen immer das Mädchen würde bleiben müssen, das sie zwar leider vom Geschlecht her ist, aber von ihrer Lebenseinstellung nicht sein will. Lieber will sie allen beweisen, dass auch ein Mädchen etwas leisten kann, etwas, das über Küche und Kinder hinausgeht. Sie reizt das Schwierige, das Ungewöhnliche. Falls ihr das gelänge, würde sie, obwohl eine Frau, anerkannt. »Spinnerei«, »Firlefanz« nennen das die wenigen Freundinnen, mit denen sie darüber spricht. Doch Bertha wartet – wie damals bei der Familienbibel – auf den richtigen Augenblick und den richtigen Mann.

Als sie im Frühsommer 1869 Carl Benz begegnet, schlagen seine Ideen wie ein Blitz bei ihr ein, erhellen ihr Gemüt und wecken ihre Lebensgeister. Sie bemerkt sofort, dass dies ein Mann ist, der für ihr Leben Bedeutung hat. Bertha ist es, die den eher zurückhaltenden Carl wenige Wochen nach der ersten Begegnung überredet, er möge seine sichere Stellung als Werkleiter beim Eisenwerk Benckiser verlassen, auch wenn er dort geschätzt wird und sein Einkommen mehr als auskömmlich ist.

Man lebe hier in Pforzheim doch gänzlich weltverloren, klagt sie, und man wisse nicht, was es da draußen noch alles gebe. Es müsse ja nicht unbedingt Amerika sein, liegt sie Carl in den Ohren, der nur ungern weit weggehen möchte, sondern lieber in der Nähe seiner Mutter bleiben will. Man könne sich, so Bertha, auch in Wien, wo er schon einmal gewesen sei, niederlassen. Nur ein paar Zugstunden, und man sei wieder im Heimatland, das würde nicht einmal ganze zwei Tage ausmachen.

Carl Benz weiß damals noch nicht, dass Bertha von einem unerbittlichen und lebenslangen Willen getrieben ist, es allen anderen beweisen zu müssen: Was Männer können, können Frauen auch. Das ist anspruchsvoll, auf jeden Fall anstrengend, zuweilen kräfteraubend, aber für Bertha alternativlos. Das Leben von Carl hat dagegen ein anderes Muster gewebt. Erstaunlicherweise finden beide wie passende Gegenstücke zusammen; während er das Wissen und handwerkliche Geschick mitbringt, wird sie seine treibende Kraft. Sie wird sein Motor, wenn seiner nicht anspringen will. Was aber hat er in seinem Leben erfahren, dass er oft so zaghaft, nicht selten verzweifelt ist?

Bei Gott und allen Wunderwerken der Technik

*Das Vermächtnis des Vaters
und der Weg zur Freiheit*

Immer wieder erinnert sich Josefine Benz an die Abschiedsworte ihres Mannes. Wort für Wort holt sie in ihren Alltag zurück: »Du musst jetzt für mich mit weiterleben, auch unseren Sohn musst du für mich mit erziehen.« Das war das Letzte, was ihr Johann Georg Benz, mehr röchelnd als redend, vor seinem Tod noch ans Herz legen konnte. Die Augen weit aufgerissen, sprach er mit immer schwächer werdender Stimme und schaute seine Frau voller Verzweiflung an. Dann verlor sich sein Blick in der Ferne, und alle Lebenskräfte wichen. Ohnmächtig musste Josefine zusehen, wie ihr Mann, mit dem sie noch kein Jahr verheiratet war, starb. Kurz darauf stellte der herbeigerufene Arzt den Tod fest und drückte ihm die Augen zu. »Lungenentzündung. Todesursache Lungenentzündung«, hörte ihn Josefine Benz wie aus einer anderen Welt sagen. Das war am 21. Juli 1846. Erst wenige Monate zuvor hatte Johann Georg Benz seinen siebenunddreißigsten Geburtstag gefeiert.

Sein Sohn Carl ist zu diesem Zeitpunkt noch keine zwei Jahre. Ein Leben lang wird er seinen Vater vermissen. Dessen Platz bleibt unbesetzt, nie wieder tritt ein anderer Mann an die Seite seiner Mutter. Alles gibt sie für ihr einziges Kind, widmet ihm ihr ganzes Leben. Doch was immer sie auch tut, die tiefe Sehnsucht nach dem männlichen Elternteil wird sie nie stillen können. Viele Jahre später wählt Carl aus dem Kreis seiner Professoren einen Ersatzvater aus, aber auch den wird er nach kurzer Zeit beerdigen müssen. Sein Halt bleibt die Mutter, deren Nachfolgerin Bertha wird.

Josefine Benz, von ihrem verstorbenen Ehemann meist liebevoll »Finche« genannt, verharrt ihr weiteres Leben lang als trauernde Witwe. Strikt und ohne je zu zögern, weist sie um sie werbende Herren ab. Bereits auf das leiseste Bekunden eines Interesses reagiert sie hartherzig. Zu groß die Gefahr, wieder enttäuscht zu werden, nein, sie will sich auf keinen Mann mehr einlassen. Unzählige Jahre wirkt das Vermächtnis von Johann Georg Benz in Josefine nach. Es ist seine Hinterlassenschaft, ein letzter Auftrag, der sie beide über den Tod hinaus verbindet. Ein kostbarer Schatz, den sie bewahren will. Aber andererseits sind diese letzten Worte auch eine lebenslange Last; eine bleibende Bürde, die sie sich auferlegt hat, und nun muss sie dem, was daraus erwächst, gerecht werden. Doch wer kann das schaffen, zwei Leben in einem zu leben? Ist es nicht anspruchsvoll genug, sein eigenes zu bewältigen?

Diese andere, kaum tragbare Seite des Vermächtnisses vermag Josefine Benz nicht zu erkennen. In ihrem Schmerz, der sie nach dem Tod ihres Mannes eine Zeit lang für fast alles unempfindlich macht, ist sie gefühllos gegenüber Hunger und Durst und den vielen Tränen, die sie in sich trägt. Sie kann sie nicht weinen. Und ebenso ist sie unfähig, die letzten Worte von Johann Georg als unzumutbar abzuweisen. Ganz im Gegenteil, verbissen klammert sie sich an diesen letzten Satz.

Weiterleben muss sie, obwohl ihr das unmöglich erscheint. Für ihn mit weiterleben. Was bedeutet das? Johann

Georg, den seine Freunde nur Hansjörg nannten, war ein fröhlicher, lebenslustiger Mann. Für ihn mit weiterzuleben hieße singen – würde bedeuten, zu lachen … Unvorstellbar. Aber, sagt sie sich unaufhörlich, sei wenigstens tapfer, tapfer für Carl. Und dann kneift sie sich in den Arm, bis es wehtut. Danach geht es ihr besser. Sie ist wieder in dieser Welt. Laut spricht sie sich vor: »Den Sohn für ihn mit erziehen!« Sie hat also eine Aufgabe. Das immerhin ist ihr geblieben.

Aber das Grübeln kann sie nicht lassen. War es etwa die Erfüllung eines garstigen Fluches, dass ihr Mann ausgerechnet an einem 21. Juli verstarb? Genau an diesem Tag, an einem 21. Juli drei Jahre zuvor, war Johann Georgs sehnlichster Wunsch in Erfüllung gegangen: Er trat seine neue Stelle als einer der ersten Lokführer des Landes an, auf der pompös eröffneten neuen Eisenbahnstrecke zwischen Karlsruhe und Heidelberg. Ein abenteuerliches Unterfangen, von dem viele zu wissen glaubten, man verschreibe sich dem Teufel, für den man den Höllenwagen heize und der einen dann, zum Dank, mit Dampf und Zischen geradewegs ins Verderben fuhr. Selbst diejenigen, die aufgeklärter waren und nicht in jeder Eisenbahn Satans Werk erkannten, wollten trotzdem nicht glauben, dass dieses riesige Dampfross so ganz ohne Pferde auskam. Um sicherzugehen, bückten sie sich und schauten unter der Lokomotive nach, ob nicht dort die Zugtiere versteckt wären.

So auch am 21. Juli 1843, als Johann Georg froh und aufrecht oben im Führerhaus stand und Josefine heftig zuwinkte, die sich unter den Tausenden von Zuschauern hinter dem Zaun an der Bahnlinie befand. Hatte nicht in diesem Moment eine alte Frau hinter ihr einen Fluch ausgestoßen? Josefine war sich nicht sicher. Es war zu laut um sie herum. Eine Blaskapelle spielte. Die Lok schnaufte. Die Umherstehenden schrien oder jubelten, je nachdem, ob sie abergläubisch waren oder dem Fortschritt vertrauten. Aber dass der Tod ihres Ehemanns ausgerechnet an einem 21. Juli eintrat, der für ihn ein Feiertag geworden war, das sprach dafür, dass dieser Tag verhext worden war. Kein Wunder auch, dass die Verwandtschaft von Johann Georg Benz, die aus dem tiefsten Schwarzwald stammte, wo man noch nie eine Eisenbahn gesehen hatte und an so mancherlei Hokuspokus glaubte, hinter den schwarzen Trauerschleiern flüsterte: »Schaut's, das hat er nun davon, dass er sich auf das Teufelsfuhrwerk eingelassen hat – ist ihm zum Himmelfahrtskommando geworden. Hätte mal lieber Schmied bleiben sollen, der gute Mann. Wie schad um ihn!«

Genau das aber hatte Johann Georg nicht gewollt, obwohl ihm die Schmiede seines Vaters als erstgeborener Sohn von Geburt an zugestanden hätte. Es war ihm genug, dass er in der alten Werkstatt sein Handwerk erlernte. Danach entdeckte er neue Ziele, es trieb ihn weiter. Zum ersten Mal seit Generationen brach er deshalb mit der Familientradition, was seinen Eltern unverständlich blieb, denn mühsam hatten sich seine Vorfahren aus dem Bauernstand in den anerkannten Stand der Schmiede hochgearbeitet. Sogar zu Dorfschulzen waren die Benzens über Generationen hinweg gewählt worden, übten das Amt des Vorstehers der Dorfgemeinschaft mit Geschick aus: mussten also bei Streitigkeiten vermitteln und hatten die Aufgabe, mit den Äbtissinnen des Klosters Frauenalb zu verhandeln, die meist aus feinsten Adelsfamilien stammten und denen das Land gehörte. Die Nonnen führten ein strenges, aber meist auch gerechtes Regime über ihre bäuerlichen Untertanen, von denen es hieß, sie seien durch die Naturnähe abgehärtet, bodenständig und eigensinnig, ja – und das zeigte sich zuweilen deutlich – auch stur. Es war schwer, sie eines Besseren zu belehren. Deshalb gab es manchmal Streit um die Höhe der Abgaben, die zu leisten waren, und die Dorfschulzen mussten schlichten.

Johann Georg Benz hatte nun neben einer gewissen störrischen Eigensinnigkeit auch das Verhandlungsgeschick geerbt. Doch am meisten fiel seine Begabung für das Schmiedehandwerk auf, sodass sogar Anstellungsangebote aus der Ferne von so bekannten Fabriken wie dem Eisenwerk Benckiser aus Pforzheim an ihn herangetragen wurden. Johann Georg jedoch begab sich lieber auf Wanderschaft. Sein Traum war die badische Residenzstadt Karlsruhe und dort die Position eines Lokführers bei der neumodischen Eisenbahn. Das strebte er an und hielt daran fest, selbst dann noch, als eine Ablehnung seiner Bewerbung eintraf. Er versuchte es einfach weiter, bewarb sich erneut und argumentierte so lange, bis er Erfolg hatte.

Diese Leidenschaft für den Verkehr musste Johann Georg wiederum an seinen Sohn vererbt haben, denn auch der kleine Carl spielte liebend gern mit der »Tive«, wie er die Lok aus Holz nannte, die ihm sein Vater zum ersten Geburtstag geschnitzt hatte. Sein Vater, von dem so oft die Rede war. Der heranwachsende Carl kann lange nicht begreifen, warum und wohin er verschwunden ist. Erst viele Jahre später wird er die Erzählungen seiner Mutter verstehen und atemlos lauschen, wenn sie ihm von der Zeit berichtet, die er nicht bewusst erlebte. Wenn sie von dem Tag spricht, an dem sein Vater einem Kollegen geholfen hat, dessen Zug entgleist war. Um ein schlimmes Eisenbahnunglück mit Schwerverletzten und möglicherweise auch Toten zu verhindern, wie es erst ein paar Wochen zuvor zum ersten Mal passiert war, bot er zusammen mit dem Weichenwärter alle Kräfte auf, um die Lok zurück auf die Gleise zu stemmen. Ins Schwitzen war Johann Georg dabei gekommen, und kurz darauf brachte er dann, schweißgebadet, wie er war, seinen eigenen Zug wieder auf Tempo, um die verlorene Zeit wettzumachen.

Doch einmal verlorene Zeit wieder einzuholen, ist das nicht eine Illusion? Ein aussichtsloses Unterfangen, das nie folgenlos bleibt? Offenbar konnte auch Johann Georg Benz den Versuch nicht unterlassen, aufzuholen, was er versäumt hatte. Ungeschützt stand er auf dem offenen Führerstand. Zunächst war der Fahrtwind eine angenehme Kühlung, dann holte er sich eine Erkältung. Er schonte sich nicht. Statt sich ein paar Tage unter dem dicken Federbett zu erholen, wie es ihm seine Frau mit vergeblichen Bitten geraten hatte, fuhr er weiter bei Wind und Wetter; immer pflichtbewusst im Dienst. Bald schon war er sterbenskrank. Kein Thymiantee oder Honig konnten mehr helfen, auch die Wickel gegen das hohe Fieber wirkten nicht mehr. Andere Medikamente gab es damals nicht.

Seine Liebe zum Beruf habe sein Vater mit dem Leben bezahlt, schließt die Mutter immer wieder die Erzählung zum Tod des Vaters ab und weint dann, was sie selten tut und nur in Momenten wie diesen, wenn die Erinnerung zu schwer wiegt. Die Erinnerung, dieses eigenwillige Strickmuster, in das die Bilder der Vergangenheit eingewebt sind. Dazu gehört für Josefine neben der Trauer auch die unbeschwerte Eisenbahnfahrt, die ihr Johann Georg einst zur Hochzeit geschenkt hatte. Unvergesslich, wie die Landschaften an ihnen vorbeiflogen. Es war ein einziger Rausch aus Liebe und Geschwindigkeit.

»Die Liebe zum Beruf mit dem Leben bezahlt« – sehr oft schon hat Carl über dieses Lebensfazit nachgedacht, zunächst mit Unverständnis, dann meint er, die Bedeutung langsam zu erfassen, und als er schließlich alt genug dafür ist, eigene Schlüsse zu ziehen, überlegt er: Nein, mein Vater hat seine Liebe zum Beruf nicht mit dem Leben bezahlt.

Mein Vater hat sein Leben für den Fortschritt geopfert. Und das, so schwört er jetzt beinahe wütend, solle nicht vergeblich gewesen sein. Bei Gott und allen Wunderwerken der Technik – auch er wolle sein Leben künftig für den Fortschritt einsetzen, und er wird alles dafür geben, nicht vorzeitig zu scheitern. Alles wird er tun, um voranzukommen, so schwört er noch einmal bei Gott und allen Wunderwerken der Technik und, weil es nicht schaden kann, auch noch bei allen Heiligen und den gesamten Hexen des Schwarzwalds. Möge sein Vater im Himmel stolz auf ihn sein! Sein Vater, der für ihn der Inbegriff davon ist, mehr aus sich und seinem Leben zu machen.

Die Mutter hatte sich mit dem Vermächtnis des Vaters eine lebenslange Bürde aufgeladen, nun trug auch Sohn Carl eine gewaltige Last. Eine Last, unter der er manchmal zu zerbrechen drohte. Im Unterschied zu ihm erfuhr Bertha Ringer im Kindesalter durch das erniedrigende »leider« eine Kränkung. Eine Kränkung, gegen die sie sich ein Leben lang wehrte. Carl Benz aber war gezeichnet durch einen Schicksalsschlag. Kränkung oder Schicksalsschlag – in genau diesem Unterschied liegt wohl die Erklärung dafür, warum Bertha ihn trotz aller Rückschläge immer wieder aufs Neue anspornen konnte, ihm Mut machte, während er von Zeit zu Zeit in tiefe Verzweiflung stürzte, was ihm nicht zuletzt seine ewig trauernde Mutter so vorgelebt hatte.

Von dem Zeitpunkt an jedenfalls – Carl ist inzwischen fünfzehn Jahre alt und steht kurz vor dem Eintritt ins Polytechnikum –, entscheidet er, seinen Geburtstag künftig nicht mehr am 25. November zu feiern, sondern wählt den 26. November 1844 als Datum aus. Damit wäre er an einem Dienstag auf die Welt gekommen, exakt an dem Tag der Woche, an dem sein Vater aus dem Leben geschieden ist. Mit dieser kleinen Verschiebung beginnt sein Leben nun genau an dem Wochentag, an dem das seines Vaters erloschen ist. So soll es sein, so würde es bleiben, so will er es.

Als sich Carl Benz im Herbst 1860 in das Einschreibebuch des Polytechnikums in Karlsruhe eintragen muss, probiert er zum ersten Mal, ob sein selbstgewähltes Geburtsdatum auch Geltung erlangt und niemandem auffällt. Würde der Fehler bemerkt, könnte er immer noch sagen, er habe sich aus Versehen um einen Tag geirrt. Aber es gelingt, und Carl ist glücklich, glaubt er doch, dies sei ein gutes Omen für seine beginnende technische Ausbildung im Fachbereich Maschinenbau, ein Studium, das auch seinen Vater begeistert hätte. Von nun an bis zu seinem Lebensende wird Carl Benz immer am 26. November seinen Geburtstag feiern. Auch auf seinen Grabstein wird Bertha, der er als Einzige sein Geheimnis anvertraut, das falsche Geburtsdatum einmeißeln lassen.

Für das Studium der Maschinentheorie bringt Carl Benz beste Voraussetzungen mit. Seine handwerkliche Begabung wurde früh entdeckt und auch sein technischer Verstand von Kindheit an gefördert. Das verdankt er vor allem seinem Onkel, Franz Anton Benz, der damals, als Carls Vater auf Wanderschaft ging, die Schmiede übernahm. Eifrig unterwies er seinen Neffen in der Handwerkskunst, nachdem die Mutter mit Carl für ein paar Jahre nach Pfaffenrot in den Schwarzwald gezogen war. Eigentlich hatte Josefine Benz das nicht vorgehabt, denn sie war mit den Verwandten ihres verstorbenen Mannes nie so recht warm geworden. Aber in Pfaffenrot erhielt sie neben den bescheidenen Bezügen aus der Witwenkasse des Karlsruher Eisenbahnamtes für ihren Sohn, der zugleich Sohn des verstorbenen Bürgers Johann Georg Benz war, noch ein paar Gulden Bürgergeld. Und ihr Bube war begeistert vom Leben auf dem Schwarzwaldhof, lief ständig zur Schmiede, in der ein scheinbar ewiges Feuer brannte, und liebte die tönenden Schläge auf den Amboss und den heftigen Funkenschlag. Es faszinierte ihn auch, den Pferden Eisen auf die Hufe zu schlagen.

Seine Mutter dagegen hatte keinen so guten Stand. Sie war die Frau, die der erstgeborene Sohn auf seiner Wanderschaft in die Residenzstadt aufgelesen hatte und von der er sich weder mit guten noch mit argen Worten abbringen ließ. Eine Hugenottin war sie, also »Franzosenzeug« und zu allem Übel folglich nicht katholisch, wie ansonsten alle Benzens. Dass sie nicht den rechten Glauben pflegte, zeigte sich auch daran, dass der kleine Carl vor der Zeit geboren worden war – wie es so hieß, wenn ein Kind ein Jahr vor der Eheschließung auf die Welt kam. Natürlich nur deshalb, weil diese kecke Französin den ganz und gar ahnungslosen Johann Georg, womit auch immer, verführt hatte. Ihre Jugend und ihre Jungfräulichkeit konnten es nicht gewesen sein, denn Josefine Vaillant war zweiunddreißig, für damalige Verhältnisse also uralt, als sie Sohn Carl gebar. Dass auch Johann Georg Benz mit seinen fünfunddreißig Jahren an der Geburt des Sohnes nicht ganz unbeteiligt gewesen ist und auch nicht mehr der Jüngste war, spielte bei solchem Getuschel keine Rolle.

Da nun aber Johann Georg tot und der Enkel tüchtig war, wurde schlussendlich auch die Mutter akzeptiert und in die Familie aufgenommen, vor allem, weil man dadurch Zugriff auf Carl hatte. Außerdem stand Josefine Benz völlig allein da. Ihr Vater Philipp Vaillant war als Brigadier unter Napoleon beim Großen Feldzug gegen Russland mit seinen Soldaten elendig erfroren. Die Mutter Johanna Katharina aus Zweibrücken hatte danach der Schmerz über den bitteren Verlust ums Leben gebracht.

Tote Männer, abwesende Väter – auch Josefine Benz trägt nach dem Tod des geliebten Ehemanns noch jahrelang Trauer, gänzlich nachahmen will sie das Schicksal ihrer Mutter jedoch nicht. Sie will leben und für ihren Sohn Mutter *und* Vater sein, so, wie es ihr Johann Georg auf dem Sterbebett aufgetragen hat. Nun ist es langsam an der Zeit, die Pläne umzusetzen, die sie einst mit ihm geschmiedet hatte, als Carl gerade erst geboren war. Josefine macht sich auf, Pfaffenrot nach den Kinderjahren wieder zu verlassen, spätestens mit Beginn der Schule will sie zurück sein in der badischen Hauptstadt. Natürlich gibt es auch darüber Streit mit der Verwandtschaft, die kein Verständnis dafür aufbringen kann. Aber Josefine setzt sich durch, allerdings nur unter der Bedingung, dass Carl katholischen Religionsunterricht erhält und alle Vorbereitungen zur Heiligen Kommunion mitmacht. Für den Fall, dass sie einwilligt, wird ihr die Auszahlung des Familienerbes in Aussicht gestellt, was Josefine für den Neuanfang in Karlsruhe gut gebrauchen kann. Im anderen Fall, so die Drohung, würde man sie für immer enterben.

Für die Entscheidung braucht Josefine nicht lange. Mit der Zusage, dass Carl jede Ferien auf den Schwarzwaldhof kommt, geht es zurück nach Karlsruhe. Teuer ist das Leben dort. Aber in der Residenzstadt mit all den Beamten zu leben, das scheint Josefine eine gute Voraussetzung dafür zu sein, auch ihrem Sohn künftig eine sichere Stellung bei Hofe zu verschaffen. Das immerhin hatte ja die Revolution 1848 erreicht, der Mensch war nicht mehr allein Sklave seiner Herkunft. Es war möglich, durch Bildung und Leistung nach oben zu kommen, auch dann, wenn man nicht aus bestem Hause stammte.

In Karlsruhe angekommen, besucht Carl zunächst die Volksschule, und normalerweise wäre dann auch Schluss gewesen mit dem Schulbankdrücken oder, wie man es damals ausdrückte, mit dem Entwickeln der Kräfte des Gemüts und des Geistes. Gemeinhin hieß es in seinen Kreisen dann: Geld verdienen und sich nützlich machen. Doch der heranwachsende Benz ist nach Auffassung seiner Lehrer so begabt, dass sie sich für ihn einsetzen und seiner Mutter das Gymnasium, eine Privatschule, für ihn empfehlen. Aufgrund der hohen Gebühren steht es vornehmlich den höheren Ständen offen, ganz zu schweigen davon, dass diese es auch bevorzugen, lieber unter sich und elitär zu sein. Carls Mutter setzt sich darüber hinweg. Durch das Engagement der Lehrer wird sie vom Ehrgeiz gepackt. Jetzt versucht sie mit der ihr eigenen Tüchtigkeit, das Schulgeld zu beschaffen. Sie putzt, sie kocht, sie näht – von frühmorgens bis spät in die Nacht hat sie ständig irgendeine Arbeit in der Hand, weil sie ihrem Sohn die beste Ausbildung ermöglichen will.

Es lohnt sich, denn Carl gelingt es, mit den Vornehmen und Reichen seines Alters beim Kampf um gute Noten mitzuhalten, auch wenn er ansonsten bei weitem kein Prachtkerl ist, sondern ein von Gestalt eher hagerer Junge. Es zeigt sich, dass jeder Kreuzer für seine Bildung gut ausgegeben ist. Mit Erfolg absolviert der sechzehnjährige Carl das Gymnasium, wobei sein naturwissenschaftliches Interesse im Physikalischen Kabinett schon deutlich hervorgetreten ist.

Nun also beginnt das Studium am Polytechnikum, für das Carl die durchaus schweren Vorprüfungen alle bestanden hat. Es ist eine anerkannte Schmiede des Geistes. Selbst über die Landesgrenzen hinweg hat es einen hervorragenden Ruf für angehende Ingenieure und lockt Studenten aus aller Welt an. Sie kommen aus Russland oder Amerika, Norwegen oder Italien. Doch Josefine Benz besitzt nicht genug Geld für ein Studium des Sohnes, allein die Studiengebühren entsprechen ihrer Witwenrente für ein ganzes Jahr. So beginnt sie mit der Vermietung von Zimmern an Studenten aus dem Ausland. Ein einträgliches Geschäft, wie sich bald herausstellt, denn den minderjährigen Eleven ist ein Wohnen in Gasthöfen oder Wirtshäusern nur in Ausnahmefällen erlaubt.

Josefine ist eine angenehme Zimmervermieterin, darüber hinaus eine sehr gute Köchin. Deshalb ist neben der Logis auch ihre Kost begehrt. Schnell wird die Wohnung zu klein für die vielen Interessenten, sodass die Benzens mehrfach umziehen müssen. Und wer da nicht alles als Untermieter kommt! Studenten aus aller Herren Länder bringen Leben und Welterkenntnis ins Haus.

Unvergesslich bleibt Carl Benz ein junger Mann aus einem alten russischen Fürstengeschlecht. Ein Abkömmling der Familie Gagarin. Mit riesiger Fellmütze, uniformähnlicher Kleidung und dunkelbraunen hohen Stiefeln steht er eines Tages in der Tür, einen silbernen Samowar unterm Arm und eine wunderbar verzierte Balalaika. Zunächst bedeutet es für Josefine eine Überwindung, den jungen Mann bei sich aufzunehmen, da doch ihr Vater in dem Land, aus dem der Fremdling stammt, aufs Jämmerlichste gestorben ist. Aber schließlich überwiegt die großzügige Vorauszahlung für die Beherbergung, und, wenn sie es richtig bedenkt, auch die Franzosen haben während des Krieges vielen Russen den Tod gebracht.

Zunächst spricht der attraktive Prinz, weil das in Russlands Adelshäusern so üblich war, vorwiegend französisch, die Muttersprache von Josefine Benz. Allerdings mit russischem Akzent, was sich sehr kurios anhört. So mancher Abend vergeht nun bei schwarzem Tee und Gesang. Es erklingen russische Lieder über die Liebe zur Heimat und zu den unendlichen Landschaften. Schwermütig. Sehnsuchtsvoll.

Nur ein einziges Problem belastet den russischen Studenten: Sein monatlicher Scheck ist allzu schnell verbraucht, meist schon wenige Tage nach Erhalt ausgegeben, weil er mit Geld nicht umgehen kann. Jedes Mal aufs Neue empört er sich über sich selbst, wenn er plötzlich und für ihn unerwartet ohne einen einzigen Kreuzer dasteht und bei seiner Wirtin anschreiben lassen muss, obwohl seine Familie um ein Vielfaches wohlhabender ist. Ob sie ihm nicht helfen könne, bettelt er Josefine Benz eines Tages an, sie schaffe es doch spielend, ihre Ausgaben harmonisch über den ganzen Monat zu verteilen. Das wolle er auch gern lernen, sprudelt es mit rollenden Rs und russischen Kehllauten aus ihm heraus, und er sieht seine Vermieterin mit bittenden Blicken an.

Besonders Carl macht es von da an Spaß, mit dem russischen Prinzen, der in Karlsruhe eine Attraktion ist, in ein Wirtshaus hinein- und dann unverrichteter Dinge wieder hinauszugehen; oder mit ihm an einen Händlerstand zu laufen, das ein oder andere zu bestaunen, dann aber das Bewunderte wieder hinzustellen, ohne zu kaufen. Denn eines musste der Prinz versprechen, als er um Unterstützung gebeten hatte: dass er allen Ratschlägen folgen würde, ohne Widerworte zu geben. Das fällt ihm anfänglich schwer, ein paarmal echauffiert er sich, aber letztlich lernt er, sich zu fügen. Carl Benz profitiert auch davon, dass der junge Gagarin Probleme mit dem Lehrstoff am Polytechnikum hat. In Physik, Bewegungslehre und Mathematik gibt er ihm deshalb für ein paar Gulden Nachhilfeunterricht. Dafür darf der Prinz mit in das Allerheiligste von Carl, in das Versuchsstübchen, das er sich in einer Bodenkammer unter dem Dach mit Hilfe seiner Mutter eingerichtet hat. Bereits am Lyzeum war Carl aufgrund seines Talents zum Assistenten des Naturkundelehrers ernannt worden, mit der Aufgabe, alles für die Experimente vorzubereiten. Nach und nach hatte er sich dann auch für den privaten Gebrauch allerlei Laborutensilien besorgt. Manches bekam er von seinem Lehrer geschenkt, der versuchte, ihn zu unterstützen, so gut er konnte, weil er noch nie einen so gelehrigen Schüler unterrichtet hatte. Der Lehrer wusste nicht, dass Carl seinem verstorbenen Vater einen Schwur geleistet hatte und deshalb so begierig lernte, um für den Fortschritt gerüstet zu sein.

Als Gagarin die Giftbude unterm Dach zum ersten Mal erblickt, begeistert er sich sofort für die kleinen selbstgebastelten Lokomotiven und andere merkwürdige Vehikel, die auf Tisch und Fußboden herumstehen. Auch die lange Reihe der Reagenzgläser, Kolben, Drahtgeflechte und Fläschchen verblüfft ihn, mit denen Carl vielfältige Experimente macht. Sobald der Unterricht am späten Nachmittag beendet ist, steigen sie künftig gemeinsam die Treppe zum Boden hinauf, und Gagarin lernt mehr über die Gesetze der Natur, als er bisher am Polytechnikum begriffen hat.

Doch nicht alles läuft glimpflich ab. Als Carl dem jungen Gagarin demonstrieren will, wie man Wasserstoff erzeugen kann, fällt dem russischen Prinzen vor Aufregung ein kleines Gefäß mit Salzsäure aus der Hand. Die Säure kippt unglücklicherweise in eine Schale mit Backpulver, die Carl aus der Küche seiner Mutter erstanden hat. Heftig blubbert das Gemisch und verspritzt in alle Richtungen. Schneller, als die beiden reagieren können, verschmutzt es ihre Sachen. Erst erschrocken, dann belustigt schauen sie sich an. Dann versuchen sie, mit altem Zeitungspapier dem Missgeschick beizukommen, wischen zügig alle Flüssigkeitsreste weg. Aber schlussendlich zeugen braune Flecken davon, dass ein Experiment im wahrsten Sinne des Wortes in die Hose gegangen ist.

Natürlich schimpft Josefine Benz, die schon mehrfach ihre Angst geäußert hatte, dass solche Versuche nicht ungefährlich seien. Zugleich ist sie froh, dass nicht mehr passiert ist. Die spritzende Säure hätte auch die Augen verätzen können. Neue Hosen allerdings kann sie ihrem Sohn nicht beschaffen, sodass er sehr zur Freude seiner Mitschüler am nächsten Tag »gefleckt wie eine Kuh«, so spotten sie, in der Schulbank sitzt. Glücklicherweise sind bald Ferien, die Carl wie jedes Jahr in Pfaffenrot verbringen wird. So spekuliert er darauf, dass er von seinem Onkel Franz Anton eine abgelegte Hose ergattern kann.

Es kommt besser. Inzwischen ist der junge Student nach einigem Hin und Her brav und fügsam zum Priester in den Religionsunterricht gegangen, wie von der Großmutter Anna Maria einst eingeklagt. Deshalb kann er jetzt, Jahre später als gewöhnlich, zur Firmung schreiten. In diesen Ferien soll sie im Dorf seines Vaters gefeiert werden, und dafür hat ihm seine Großmutter einen neuen Anzug zugedacht. Carl muss also zum Maßnehmen. Und da will sie, sagt sie, nicht geizig sein, ein guter Preis lässt sich sicher auch verhandeln, und erteilt zu guter Letzt den Auftrag, neben dem Anzug eine weitere Hose anzufertigen. Als der Tag der Firmung anbricht, zieht die ganze Verwandtschaft, die Carl sonst nur in Lederschürze oder Bauernkittel kennt, ihre beste Garderobe an. Eine schöne Überraschung, wie sie da alle, etwas fremd wirkend, aber fein, in ihrer Festkleidung aufmarschieren.

Das schönste Geschenk zur Firmung macht ihm seine Mutter. Als der Kaffee am Nachmittag getrunken ist, zeigt sie Carl sechs Taschenuhren, die einst der Vater erworben hatte, um ja immer mit seinen Zügen pünktlich zu sein. Wenn er zur Bahnstation ging, erzählt Josefine, war es ihm zur Gewohnheit geworden, jeweils zwei Uhren gleichzeitig zu tragen. Zur Sicherheit, wie er sagte. Falls eine ausfallen würde, hätte er sofort eine zweite bei sich gehabt. Außerdem konnte er stets die eine Uhr mit der anderen vergleichen, ob beide noch die richtige Zeit anzeigten, was er mehrmals die Stunde überprüfte. Kontrolle, so betonte der Vater wohl

Carl Benz als junger Student.

gern mit Blick auf seine Uhren, sei allemal besser, als unwissend in der falschen Zeit zu leben oder unpünktlich zu sein. Aus diesem Taschenuhrenschatz, so seine Mutter, dürfe er sich nun eine aussuchen, und diese eine solle dann künftig seine sein.

Eine nach der anderen nimmt Carl behutsam in die Hand, zieht das Uhrwerk auf, hält sie an sein Ohr und prüft den Gang. Dabei stellt er fest, dass eine der sechs fortwährend stockt, und überrascht seine Mutter damit, dass es genau die sein soll, die er haben will. Carl ist sich nun einmal sicher, dass dies seinem Vater am meisten gefallen hätte, dass er glücklich wäre zu sehen, wie sein Sohn versucht, die Uhr wieder funktionstüchtig zu machen. Gern will er ja das Werk seines Vaters fortsetzen, und dazu gehört der Uhrenschatz.

Sobald alle zu Bett gegangen sind, fängt der Frischgefirmte an, die stockende Uhr vorsichtig auseinanderzuschrauben. Das unregelmäßige Ticken erweckt seinen Eifer. Er muss die Uhr wieder in Gang bringen, vorher wird er nicht ruhen. Das dauert. Die ganze Nacht. Sein Basteldrang hält ihn wach. Als er endlich den Fehler finden und beheben kann, dämmert es schon. Übernächtigt, aber glücklich übergibt er der Mutter am Morgen die regelmäßig laufende Taschenuhr.

Und noch eine Überraschung hat Josefine ihrem Sohn in diesem Sommer in Pfaffenrot mitgebracht: einen Apparat, um bleibende Bilder zu machen, seit langem ein Wunsch von Carl. Der russische Prinz hat den Kauf möglich gemacht mit seinem letzten Scheck vor der Abreise, aus Dankbarkeit für alles, was die Benzens für ihn getan haben.

Jetzt ist Carl in seinem Element, Tag für Tag probiert er die Bildermaschine aus. Und das Geld, das er alsbald durch seinen geschickten Umgang mit »kranken« Uhren verdienen kann, weil sich seine Künste herumgesprochen haben, gibt er umgehend wieder für Käufe zur Fototechnik aus. Doch ob

Uhren oder Bilderapparat – letztlich ist es das Wesen der Zeit, um das Carl unentwegt kreist, ohne dass ihm dies bewusst geworden wäre. Sein Faible für Uhren ist nichts anderes als eine beharrliche Auseinandersetzung mit dem Phänomen der ständig ablaufenden Zeit. Und wenn schon die Zeit unerbittlich verrinnt, dann will er wenigstens den Moment mit seinen Fotografien festhalten. Er schießt eindrucksvolle Porträts von seinen Mitmenschen, verdient sich ein paar Kreuzer damit, aber mehr noch liest er in den Gesichtern, erkennt die Spuren der abgelebten Zeit.

Viel später, nachdem sich Carl Benz etliche Jahre mit dem geheimnisvollen Wesen der Zeit beschäftigt haben wird, wird er einmal zu Bertha sagen: Während der Mensch über lange Jahrhunderte hinweg bereit und in der Lage war, sich dem Rhythmus der Jahreszeiten anzupassen, und nichts dagegen sprach, sich dem Tempo der Natur zu überlassen, sei mit dem Beginn des Maschinenzeitalters und mit der Erfindung des künstlichen Lichts eine unnatürliche Hast in Mode gekommen. Ein Trieb, sich einem künstlichen Takt zu unterwerfen. Nun würden Lichtschalter darüber bestimmen, ob es Zeit zum Schlafen oder Zeit zum Wachen sei, und Fahrpläne den Menschen dirigieren. Früher, da erlebten alle Menschen im Winter kurze Tage, während man im Sommer kurze Nächte hatte. Das sei zwar auch ein Korsett gewesen, aber das heutige sei doch sichtlich enger, ginge es doch jetzt oft um Minuten, sogar Sekunden. Verwunderlich sei doch, so Carl zu Bertha, dass genau in dem Augenblick, als die Damen ihre Korsetts ablegt hätten, also ihre einschnürenden Gestelle lieber im Schrank verstauten, um weite Kleidung zu tragen, dass genau von diesem Moment an das exakte Messen und Ausnutzen der Zeit dem Menschen den Atem abschnüre.

Carl Benz, der bald selbst damit zu tun haben sollte, Maschinen zu entwickeln, die helfen würden, mit Geschwindigkeit scheinbar Zeit zu sparen, kann bis zu seinem Lebensende den Sinn dieses permanenten Ausnutzens von Zeit nicht erfassen. Genau deshalb aber, weil es ihm so schwerfällt, das Geheimnis der Zeit, die man so gern einholen oder zurückholen würde, zu ergründen und dies eines der unlösbaren Rätsel für ihn bleibt, setzt er sich manchmal hin und liest in alten Zeitungen. Es ist sein Versuch, vergangene Zeiten wiederaufleben zu lassen, das Gestern heraufzubeschwören, um das Heute begreifen zu können. Ein Versuch. Mehr als versuchen kann man manchmal nicht, denkt er dann. Aber wenigstens einen Versuch wagen, das beruhigt für eine Weile.

Als die Firmung und die Ferien in Pfaffenrot vorbei sind, kehrt Carl zurück nach Karlsruhe ans Polytechnikum. Die ersten beiden Jahre mit den mathematischen Lesungen sind geschafft, jetzt muss er sich für eine Fachrichtung entscheiden und wählt den Maschinenbau. Er hört Vorlesungen bei einem der besten Professoren seiner Zeit, der Carl so beeindruckt, dass er ihn nach kurzer Zeit als seinen Ersatzvater auserwählt. Groß ist die Sympathie zu ihm, der so viel Wissen über Antriebskräfte und Maschinen hat. Er heißt Ferdinand Redtenbacher und ist bei weitem nicht nur ein Mann des Wissens, sondern auch eine markante Persönlichkeit. Ihm gelingt es wie keinem anderen, die Studenten in seinen Bann zu ziehen. Wenn er doziert, meinen die jungen Burschen, die eben erst an der Tafel skizzierten Anlagen bereits rotieren zu sehen. Sie hängen an seinen Lippen, und wenn er – die Zeit vergeht rasend schnell – seine Ausführungen für den Tag beendet hat, pfeifen und klatschen sie so laut, dass es aus dem Hörsaal hallt. »Vivat! Vivat!«, rufen sie.

Nicht jeder Professorenkollege gönnt ihm das. Wer es

weniger gut kann, reagiert nicht selten mit Missgunst und Neid. Es befremdet Ferdinand Redtenbacher zutiefst, dass ein solches Verhalten unter Gebildeten möglich ist. Doch seine Erkenntnis, dass bei vielen seiner Kollegen die humane Entwicklung offenbar noch fehle, selbst wenn sie im Studium der Naturkräfte große Virtuosität erlangt haben, solche Gedanken vertraut Redtenbacher nur seinem Tagebuch an.

Professor Ferdinand Redtenbacher (25.7.1809–16.4.1863) lehrte am Polytechnikum in Karlsruhe Mechanik und Maschinenlehre und war bei den Studenten sehr beliebt.

Carl Benz wiederum, sein Student und heimlicher Sohn, ist viel zu naiv und unerfahren, um von diesem Geplänkel etwas mitzubekommen. Außerdem begeistert ihn nicht nur die Theorie, viel mehr noch fasziniert ihn die Werkstatt, die unmittelbar zum Polytechnikum gehört und in der sich Drehbänke, Schraubstöcke und allerlei Werkzeuge befinden und wo der Geruch von Metall, Schweiß und Öl die Luft schwer macht. Die Beleuchtung ist mäßig, das stundenlange Stehen an den Werkbänken schwer. Aber Carl lässt sich dadurch nicht abhalten. Fast jeden Tag läuft er hin, um unter der strengen Aufsicht von Caspar Vietz, einem Werkmeister von altem Schrot und Korn, auch das praktische Handwerk zu erlernen und umzusetzen, wovon er eben erst bei seinem Professor und Ersatzvater gehört hat.

Immer wieder aufs Neue montiert er, schraubt, nietet und feilt, bis er unzählige Schwielen an den Händen hat; manchmal auch tiefe Wunden, wenn er wieder mit einem Werkzeug abgerutscht ist und sich verletzt hat. Bei seinen ersten Versuchen, mit jungen Damen zärtlich zu sein, werden ihm seine von dieser Arbeit gezeichneten Hände und der Werkstattgeruch zum Verhängnis werden. Die meisten Mädchen rümpfen abweisend die Nase.

Meister Vietz aber ist von dem emsigen Benz begeistert und erkennt sein herausragendes Talent. Er sieht in ihm einen Jungen, der zu den schönsten Hoffnungen Anlass gibt; ohne Geld zwar, aber mit den besten Aussichten im Maschinenbau. Oft genug hat er mit Vergnügen beobachtet, wie emsig Carl bei der Sache ist und dass er sich nicht mit mittelmäßigen Lösungen begnügen kann.

Als Carl Benz im Sommer 1862 seine Kurse bei Professor Redtenbacher startet, ist der bereits ein kranker Mann und bald vom Tod gezeichnet. Umso mahnender hält er seine Vorlesungen ab und gibt den Studenten mit auf den Weg, wie dringend notwendig eine kapitale neue Erfindung sei, welche die Dampfmaschine ablösen könne. Genauer auszuführen, wie das gehen soll, schafft er nicht mehr. Immer öfter fallen seine Vorlesungen aus oder müssen von einem weniger begabten Professor vertreten werden, weil Redtenbacher zu schwach ist oder sich in ärztliche Hände begeben muss. Bestürzung überfällt Carl, als er erfährt, dass sein Lieblingsprofessor gestorben ist.

Vollkommen niedergeschlagen trägt er als einer von sechs ausgewählten Studenten am 17. April 1863 bei der Beerdigung von Ferdinand Redtenbacher den Sarg. Wieder ist ein Kämpfer für den Fortschritt von ihm gegangen, wieder eine Vaterfigur, und erneut schwört Carl Benz, diesmal weinend: »Bei Gott und allen Wunderwerken der Technik – auch dieses Leben soll nicht vergeblich gewesen sein!« Noch einmal bekräftigt er seinen Plan: Auch er werde sein Leben dem Fortschritt weihen und alles dafür tun, voranzukommen. Möge sein Vater im Himmel und möge sein Professor Ferdinand Redtenbacher, mögen beide stolz auf ihn sein!

Danach liest Carl noch einmal alle Schriften, die sein Professor jemals veröffentlicht hat, und sucht alte Zeitungen heraus, um ihn noch einmal aufleben zu lassen. Das dauert ein paar Wochen; dann nimmt er mit einem letzten Gang zum Friedhof endgültig Abschied. Nie wieder besucht er das Grab und setzt alles daran, nun zügig seinen Abschluss am Polytechnikum zu machen. Mittlerweile ist er zwanzig Jahre alt. Und wie die meisten Studenten seiner Zeit legt Carl Benz am Ende keine Diplomprüfung ab, weil ihm die Gebühr dafür zu hoch ist. Ihm reichen die Abschriften der Jahresberichte, die jeder Student ausgehändigt bekommt. Darüber hinaus nutzt er das Angebot, das besonders befähigte Schüler erhalten: sich für nur dreißig Kreuzer ein Zeugnis von einem einzelnen Lehrer ausstellen zu lassen.

Einen so guten Abschluss wie Carl schafft bei weitem nicht jeder, die Lehrer sind in den meisten Fällen streng und unbestechlich. Um zu bestehen, muss man weit mehr liefern als die unter Studenten jener Zeit beliebte Geselligkeit in Burschenschaften und nächtelanges Saufen bis zur Bewusstlosigkeit, was die braven Bürger erschreckt. Am Polytechnikum ist es vielmehr angebracht, nüchtern zu sein.

Doch trotz seiner guten Leistungen entschließt sich der junge Benz, jetzt lieber mit dem Arbeitsleben zu beginnen. Es ist zwar bedauerlich, dass er seine naturwissenschaftliche Begabung nicht weiter an der Universität entfalten kann, aber um akademisch glänzen zu können, fehlt ihm das nötige Geld, ganz zu schweigen von Beziehungen und Einfluss, die mindestens genauso wichtig sind. Nachdem er am Polytechnikum alles erledigt und sich unter Tränen auch von Werkmeister Caspar Vietz verabschiedet hat, der ihm freundschaftlich derb die Hände drückte, tritt er 1864 seine erste Arbeitsstelle als einfacher Schlosser in einer Karlsruher Maschinenbaugesellschaft an, die sich auf Lokomotivbau spezialisiert hat. Auch sein Vater war einst dort beschäftigt und hat einen exzellenten Ruf hinterlassen. Morgens um sechs laufen laut knallend die Treibriemen an, mittags gibt es eine kurze Essenspause, und dann geht es weiter bis abends, 19 Uhr. So bleibt kaum Zeit für andere Dinge. Das ist hart, aber die erfahrenen Männer in der Fabrik, die bereits mit seinem Vater zusammen an den Maschinen gestanden haben, scherzen: »Wer kommandieren will, muss auch gehorchen können, und wer ein Meister werden möchte, muss die Arbeit verstehen!« Dem kann sich Carl Benz für eine Weile anpassen.

Im Bemühen, ständig Fortschritte beim Lernen und Entwickeln von Maschinen zu machen, wechselt er nach zwei Jahren schon von der Residenzstadt Karlsruhe als Zeichner in ein Konstruktionsbüro nach Mannheim, das zu einem Unternehmen gehört, welches sich mit der Herstellung von Wagen, Kränen und Zentrifugen befasst. So eignet er sich mehr und mehr Kenntnisse und Fertigkeiten an. Nur ein Gebiet ist ausgeklammert: die Mädchen. Bislang kennt Carl nur die Nähe zu seiner Mutter.

Wo aber blieb seine Leidenschaft für das, was alle Jungen in seinem Alter machten? Während die längst das eine oder andere Fräulein erobert und geküsst haben, ist Carl über ein paar freundliche Worte mit diesem oder jenem Mädchen nicht hinausgekommen. Es ist ihm bisher auch keine begegnet, die mehr von ihm verlangt hätte. Die jungen Damen sehen seine verschmierten Hände und riechen den Werkstattgeruch, das reicht. Deshalb und weil seine Zeit von Tagesanbruch bis zum Abend mit Arbeiten und Lernen gut ausgefüllt ist, fummelt er in den wenigen freien Stunden, die er überhaupt zur Verfügung hat, lieber an seinen Maschinen herum; hantiert am Schraubstock oder experimentiert in seinem Labor, statt mit Mädchen Versuche zu machen. Doch für seine in der Werkstatt erworbenen Fertigkeiten hat sich noch keine Dame im heiratsfähigen Alter begeistern können. Berichtete er von den Gebieten, auf denen er Fortschritte machte, zeigten sich die meisten abgeneigt oder waren einfach zu dumm, sich über das, was er von sich gab, auch nur einen einzigen weiteren Gedanken zu machen.

Weil das so und nicht anders war, widmet sich Carl weiter mit Hingabe dem Innenleben von Maschinen, anstatt sich beim anderen Geschlecht kundig zu machen. Diese leblosen Apparate und Geräte, das konnte er nicht anders sagen, waren für ihn die dankbareren Forschungsobjekte. Nie gelingt es ihm dagegen, auch nur einen einzigen Anknüpfungspunkt zu finden, wenn es um die neueste Pariser Mode geht oder die lustigsten Grußkärtchen für ein Stelldichein.

Solche Gespräche klingen in seinen Ohren wie Gegacker, das er ebenso wenig wie die Laute der Hühner in seine Welt zu übersetzen versteht. Es macht ihn gänzlich ratlos. Und ebenso unumstößlich ist die Tatsache, dass dieses Gegacker der Mädchen so ganz und gar nicht zu seinen Überlegungen passt. Da geht es um die Beschleunigung von Körpern, die Übertragung von Kräften, aber eben von Zahnrad zu Zahnrad. Und bei der Sprache der Zahnräder, diesem Sichzusammenfügen und Umeinanderdrehen, da wiederum kann ihm keiner was vormachen, da kennt er sich bestens aus.

Nur in der Zeit, als Carl noch gemeinsam mit dem Prinzen Gagarin in Karlsruhe wohnte, wurde auch er eine Zeit lang von jungen Frauen umschwärmt. Doch bald schon musste er feststellen, dass dieses Interesse wohl nie ihm gegolten hat. Es war nur ein Vorwand, um in die Nähe des Prinzen zu gelangen oder mehr über ihn zu erfahren. Der reiche Russe Gagarin, der mit den Damen ein leichtes Spiel hatte, lachte darüber und munterte Carl auf, mehr zu turnen, statt nur voller Leidenschaft Versuchsmodelle zu entwickeln oder Experimente zu machen. Turnen, das wisse er und habe es vom Turnvater der Deutschen, Vater Jahn, übernommen, Turnen stärke den Kreislauf, forme den Körper und stähle den Mann. Der Rest erledige sich dann wie von selbst, weil die Mädchen ein untrügliches Gespür dafür hätten, wann und wo etwas zu holen sei.

Carl folgt Gagarins Rat. Geht im Sommer schwimmen und im Winter Schlittschuh laufen und manchmal auch zum Tanz. Als er in Mannheim lebt, schließt er sich sogar umgehend einer Rudermannschaft an, denn für alles, was mit Fortbewegung zu tun hat und einem besseren Einsatz der Kräfte dient, ist er nun einmal zu begeistern. Auch erregt er kurzzeitig die Aufmerksamkeit der Damen, als er sich im Jahr 1867 ein Veloziped anschafft. Nur wenige sind in der Lage, diese Erfindung von Karl Drais zu beherrschen, obwohl sie inzwischen weiterentwickelt worden ist. Noch immer aber hat das Rad durch den Stahlrohrrahmen ein unglaubliches Gewicht. Geht es über holpriges Kopfsteinpflaster, wird es gern »Knochenschüttler« genannt. Kaum einer und vor allem keine Frau wagt es damals, damit zu fahren, weil man dafür die Füße vom sicheren Boden nehmen muss. Es herrscht allgemeine Balancierangst.

Der junge Benz aber braucht nur zwei Wochen, um es zu erlernen. Dann pedaliert er durch Mannheims Straßen und entdeckt die Vorzüge des Individualverkehrs und die Vorteile einer Maschine, mit der sich der Mensch fast wie von selbst bewegen kann. Einmal fährt er mit seinem Veloziped sogar bis nach Pforzheim, um einen früheren Studienfreund zu besuchen, der ihm in einem Brief Hoffnung auf eine Anstellung im berühmten Eisenwerk Benckiser gemacht hat. Die Reise ist beschwerlich und kostet Carl bergauf, bergab viel Schweiß und Muskelkraft. Doch genau das hilft ihm letztlich, mit seinen Überlegungen voranzukommen. Fortwährend grübelt er darüber nach, wie man den Einsatz der menschlichen Kraft durch eine andere Kraft ersetzen könnte.

Auch davon erzählt er den Brüdern Benckiser, als er dort vorstellig wird. Die finden den schmalen jungen Mann mit den etwas längeren schwarzen Haaren zwar ein wenig verrückt, brauchen aber nicht lange, um sein Potenzial zu erkennen, und bieten ihm alsbald einen Vertrag als Werkleiter im Oberen Hammerwerk an – just bei dem Unternehmen, das vor mehr als zwanzig Jahren seinen Vater anstellen wollte und dafür nach Pfaffenrot geschrieben hatte, weil Johann Georg Benz über die Dorfgrenzen hinaus als herausragender Schmied bekannt geworden war. Hier in Pforzheim nun lernt Carl nach kurzer Zeit die Frau seines Lebens kennen: Bertha Ringer. Die erste Frau, deren Augen aufleuchten, als er von seinen Wünschen an die Technik zu reden beginnt, und die nicht müde wird, genauer nachzufragen, was er sich da zurechtgedacht hat. Allein dadurch zieht ihn Bertha unwiderstehlich in ihren Bann. Außerdem ist er zum ersten Mal allein und wohnt ohne seine Mutter in einem fremden Ort. Sie fühlte sich krank und hatte es deshalb vorgezogen – nachdem sie ihm noch bis nach Mannheim gefolgt war –, ihren Lebensabend in der Obhut ihrer Schwester zu verbringen. Der richtige Zeitpunkt für Bertha, denn Carl ist es gewohnt, eine starke Frau an seiner Seite zu haben. Das braucht er, weil seine Charakterzüge eher weich sind.

Nun blickt er auf sie. Sie blickt auf ihn. Und beide erkennen sofort, dass sie etwas verbindet, obwohl sie verschieden sind. So hat sein Gang etwas Unharmonisches, ja Übertriebenes. Und sein Auftreten wirkt bei all seinem sichtbaren Hang zu Selbstbewusstsein und Größe bei weitem nicht sicher – aber genau das reizt Bertha. Das interessiere sie mehr als all die galanten Burschen mit Stock und Hut, sagt sie ein wenig trotzig, als ihre Schwestern fragen, warum gerade der. Sie finde Carl so, wie er Widersprüchliches in seiner Person vereine, angenehm komisch. Er sei in manchen Dingen anspruchsvoll, dann wieder bescheiden. Manchmal unerträglich eigensinnig und stur, dann wieder auf liebenswerte Weise hilfsbedürftig und angewiesen. Dies alles füge sich nicht nahtlos aneinander, aber genau das gefalle ihr, auch wenn Carl zuweilen sehr zurückhaltend sei.

Diese Zurückhaltung überwindet Carl, als er die zwanzigjährige Bertha zum ersten Mal sieht. Auf einmal fühlt er sich heiter und energiegeladen. Worte fliegen aus seinem Mund, wie er es sonst nicht von sich kennt. Und es dauert auch nicht lange, da haben beide ihre Begeisterung für den Fortbewegungswagen ohne Pferde entdeckt. Sie sind sich einig, ein regelrechtes Wunderwerk der Technik könnte dieser Wagen werden, die Möglichkeiten jeder Lokomotive bei weitem übertreffen. Damit wäre für Carl der Schwur erfüllt, und sein geliebter Vater im Himmel, aber auch der von ihm hochverehrte Professor Redtenbacher, sie könnten stolz auf ihren Nachfolger sein. Und Bertha hätte bewiesen, dass sie mehr als »leider nur ein Mädchen« ist. Beide spüren so durch den anderen die Aussicht auf eine bislang unbekannte Freiheit. Oder sollte man es besser Erlösung nennen?

Nach der verlangt Bertha, und nach der verlangt Carl. Am Anfang stand ein Traum, der die Nacht überdauerte. Ihn zu leben sollte beiden schwer werden. Schwer und schön.

Was ist schwerer: erfinden oder durchsetzen?

Geldprotze und Wohltäter – Bertha Benz gelingt ein genialer Schachzug

»*Magnifique! Magnifique!*« – Das ruft Emil Bühler, seines Zeichens Hoffotograf, gleich mehrfach hintereinander. Das i mit spitzem Ton, die Silben in rhythmischem Stakkato. Er ist begeistert, was selten genug vorkommt. Eben noch hatte er überlegt, wieder umzukehren. Unverrichteter Dinge wäre er zurückgefahren. Daran will er jetzt lieber gar nicht mehr denken, jetzt, nachdem er endlich angekommen ist in der gesuchten Werkstatt. Mühselig ist die Fahrt gewesen, doch wenigstens hat er seine Augen nicht umsonst gequält. Um diese Werkstatt zu finden, ist er nämlich eigens aus der vornehmen Oberstadt, in der er wohnt und die ihm geläufig ist, in diese Gegend von Mannheim gefahren, die weit weg liegt vom Zentrum, am südlichsten Rand, wo die Ortschaft ausfasert, nicht mehr Landschaft ist, aber auch noch nicht Stadt geworden, überall unwirtliches Gewerbegebiet.

Kleine, meist schiefe Häuser wechseln mit schuppenähnlichen Gebäuden, dazwischen liegt ab und an eine wildbewachsene Wiese oder ein nur mäßig bewirtschafteter Garten. Links und rechts an den Straßenseiten lehnen alte Bretter wie vergessen an Zäunen oder Wänden, marode Holzkarren versperren hier und da den Weg, kaputte Fässer in allen Größen sind zu sehen, die niemand zu vermissen scheint. Bilder und Lebenswirklichkeiten, die Emil Bühler fremd sind. Sonst blicken die Augen des Herrn Hoffotografen auf feine Fassaden, auf die barocke Schlossanlage, den prächtigen Park oder die herrschaftlichen Villen des kaufkräftigen Großbürgertums, zu dem er selbst gehört. Solche Eindrücke sind ihm vertraut. Nur aufgrund seiner »Not« – so bezeichnet er es, weil er dringend einen Mann braucht mit besonderen Fähigkeiten für ein spezielles Problem – hat er sich in diese für seine Maßstäbe düstere Vorstadtgegend aufgemacht. Doch spätestens, nachdem seine Kutsche an dem Viehplatz vorbeigefahren war und an der Schlachtbank, die stark nach Blut und Verwesung roch, hatten ihn Zweifel befallen, ob es wirklich ein guter Einfall gewesen ist, nach der Mechanischen Werkstatt eines gewissen Herrn Benz zu suchen, die in unmittelbarer Nähe liegen soll. Er benötigt zwar dringend einen Meister seines Handwerks, der ihm Stahlplatten so fein polieren kann, dass sie für seine Zwecke brauchbar sind, aber wenn dieser Herr Benz, der ihm aufgrund seiner Fertigkeiten empfohlen wurde, in solch einem Milieu haust, kann er dann tatsächlich ein ernstzunehmender Auftragnehmer sein?

Emil Bühler geht im Geist noch einmal die vielen Werkmeister durch, denen er bereits vergeblich seine Vorstellungen mitgeteilt hat, und stöhnt beim Gedanken an die verlorene Zeit. Und als er noch nicht ganz fertig ist mit der gedanklichen Auflistung seiner unnützen Versuche, hält sein Kutscher plötzlich an, gibt einen unüberhörbaren kratzigen Laut von sich, der nicht ganz Räuspern, aber auch kein Rülpsen ist, obwohl es danach klingt. Damit weiß sein Dienstherr Emil Bühler, er wird gleich versuchen, ihm etwas zu sagen, und dass er wie immer in Wortfetzen zu ihm sprechen wird. Der Mann, den zu übernehmen er seinem Vater an dessen

Sterbebett versprochen hat und der nun seit vielen Jahren in seinen Diensten steht, verhält sich jedes Mal so, wenn er ankündigen möchte, dass er etwas auszudrücken gedenkt. Das passiert nur gelegentlich, dann aber geraten seine Worte durcheinander.

Unbeholfen verkündet der Kutscher auch jetzt, man sei, also, man habe in diesem Moment angekommen. Da, die Tür zum Benz. Der Werkmeister und sein Schild am Eingang. Das Ziel sei erreicht. Das, was – er habe dies gleich gedacht –, es liege dort, wo der Neckar bald seinen letzten Bogen mache, die letzte Rundung, bevor er sich in den Rhein ergeben tue. Aussteigen könne der Herr. Damit endet der Kutscher und verstummt nach dem Ausstoßen all der Luft, die noch in ihm war: »Pfffuuuhhh …« So hört es Emil Bühler und beschließt, er werde ihn entlassen, ja, auch wenn er ein alter, kränklicher Mann sei, der wohl keine neue Anstellung mehr für sich und sein tägliches Brot finden werde. Aber dieses Gestammel, das müsse sein verstorbener Vater – Gott hab ihn selig – verstehen, könne unter keinen Umständen mehr als standesgemäß bezeichnet werden.

Missmutig gibt der Hoffotograf nach kurzem Zögern mit seinem Elfenbeinknaufspazierstock das vereinbarte Klopfzeichen zum Öffnen der Tür; nur deshalb, weil sie es doch noch hierher geschafft haben, und froh, dass sein Kutscher wenigstens eine Adresse hat finden können, wenn er schon nicht in der Lage ist, vernünftig zu sprechen. Außerdem, am Ende, wenn Bühler sich entscheiden muss, siegt bei ihm immer die Neugier gegen die Abneigung. Sich sorgfältig umblickend, steigt er aus seiner Equipage. Kaum mit den Beinen auf der staubigen Straße, rückt er mit erhabener Geste seinen Zylinder samt Kopf zurecht, streicht selbstgefällig seine Kleider glatt, schnupft mit einem weißen, filigran bestickten Tuch die Nase und betritt nach dieser geraumen Zeit, die er, egal wo, bei jeder Ankunft zunächst für sich selbst beansprucht, mit einem deutlichen »*Bonjour*« die Werkstatt, nicht ahnend, was ihn dort erwartet.

Eine Frau steht vor ihm, klein und couragiert, mit einem Gesichtsausdruck, an dem unwillkürlich der Blick haften bleibt. Bertha Benz, wie Bühler unmittelbar nach seinem Eintreten erfährt, als er den Hut hebt und sich vorstellt. Dabei mustert die kleine Frau den Hoffotografen aufmerksam, als würde sie ihn begutachten. Er ist beeindruckt.

Doch wer ist das neben ihr, in gebückter Haltung, gar keine Anstalten machend, aufzusehen und den Besucher zu betrachten? »Carl Benz, studierter Ingenieur und mein werter Ehemann«, sagt Bertha beflissen und ergänzt: »Derzeit mit Gravierendem beschäftigt.« Damit begründet sie dem vornehmen Herrn mit freundlichen Worten Carls geistige Abwesenheit, während der Werkmeister unbeeindruckt weiter an seiner Vorrichtung werkelt. Noch ehe Carl aufsieht, dreht er mit heftiger Armbewegung ein riesiges Schwungrad an, dann knallt es laut, das Gestell neben ihm rüttelt und schüttelt sich, danach rappelt es rhythmisch weiter.

»*Magnifique! Magnifique!*«, stößt Emil Bühler jetzt noch einmal aus, überwältigt von diesem Knallobjekt, dessen Funktion er nicht versteht und das er nicht in die Menge der Gegenstände einordnen kann, die er während seines Lebens schon einmal gesehen hat. Würde er freiheraus reden können, wüsste er nicht zu sagen, ob er dieses Knattergestell wirklich großartig findet. Aber lieber, als stammelnd zu staunen, ist es ihm, wenigstens etwas großartig Klingendes zu sagen, selbst wenn das, wie in diesem Fall, eher aus Verlegenheit passiert. Diese zu übertünchen, darin ist er geübt, das fällt ihm leicht.

Was er hier wolle, fragt ihn Carl Benz mehr knurrend als freundlich, nachdem er sich aufgerichtet hat. Und Bertha er-

Retrospektive Zeichnung von Bertha und Carl Benz in ihrer kleinen Mannheimer Werkstatt; vor ihnen ein Fahrgestell mit Motor für den dreirädrigen pferdelosen Wagen.

schrickt wieder einmal über ihren mürrischen Mann, zieht ihn am Ärmel und versucht, ihn mit einem zornigen Blick in Schach zu halten, denn gleich im ersten Augenblick hat sie anhand der Garderobe Emil Bühlers erkannt, dass dieser ein Herr mit Potenzial ist, jemand mit finanziellen Spielräumen, an denen es ihnen mangelt, die sie aber bitter nötig hätten, denn erneut ist der letzte Groschen ausgegeben für Carls Tüfteleien. So geht das seit Jahren! Seitdem der Gerichtsvollzieher die gesamte Werkstatt leer geräumt hat, müssen sie jeden Pfennig zusammenkratzen. Nur unter vielen Entbehrungen ist der Neuanfang aus dem Nichts gelungen. Wie oft saßen sie im Winter frierend in abgetragenen Kleidern da und verzichteten auch sonst auf nahezu alles, was das Leben angenehm macht!

»*Excusez moi*, werter Herr Benz!«, reagiert Emil Bühler etwas pikiert auf die nicht ganz so höfliche Nachfrage von Carl Benz und vor allem auf das Bild, das die beiden abgeben, wenn Bertha ihren Mann sorgsam zurechtweist. Theatralisch entschuldigt er sich, dass er über dem Geknatter dieses Grandiosums sein eigenes Anliegen beinahe vergessen habe. Dann erzählt er von den dünnen Stahlplatten, die er für seine Fotografie benötige und die er bisher nirgendwo wie verlangt bekommen habe. Er berichtet von seinem großen Unglück – »*grand malheur*« – und von seiner tiefen Verzweiflung, die so groß und tief in Wirklichkeit natürlich nicht gewesen sein können, so zumindest empfindet es Bertha, als er spricht, die im Gegensatz zu Bühler tatsächlich Erfahrung mit Not und Verzweiflung hat. Aber als Mann, der Zugang zur besseren Gesellschaft hat, kann Emil Bühler wohl nicht anders, als maniert zu sein. Gewöhnt an das preziöse Leben rund um das großherzogliche Schloss, beendet er seine Klage deshalb ebenso blasiert, wie er sie begonnen hat, und meint zu Carl Benz, der ihn griesgrämig mustert: In seiner ganzen Aussichtslosigkeit wende er sich nun an ihn, der ihm als Meister des Materials mit begeisterten Schilderungen beschrieben worden sei.

Der noch junge Ingenieur – vor ein paar Monaten hat Carl seinen fünfunddreißigsten Geburtstag gefeiert – ist bei seiner Ehre gepackt und zudem bei seiner Leidenschaft fürs Fotografieren und sichert dem Herrn vom Hofe zu, die erwünschten Platten in wenigen Tagen fein poliert herzustellen, obwohl ihm dieser Bühler mit seiner auffälligen goldenen Uhrkette und seiner überaus perfekten Bekleidung als hochnäsiger Pinkel nicht sonderlich sympathisch ist.

Doch als Emil Bühler, der eine so ganz andere Atmosphäre in die halbdunkle Werkstatt gebracht hat, noch zu wissen begehrt, was es mit dem krachenden Etwas auf sich habe, erklärt der Erfinder eifrig den von ihm entwickelten Motor und spricht über alles, was man mit dessen Kraft bewegen könne. Es sei, ergänzt Bertha aufgeregt, eine Kraftmaschine für nahezu jede Gelegenheit. Ob Wasserpumpe, Druckmaschine oder Schraubenproduktion, überall, wo die Muskelkraft des Menschen zu gering oder der Einsatz von Dampf zu umständlich sei, könne man die Arbeit ganz bequem mit diesem Motor machen. Geradezu mirakulös komme einem vor, was er alles leisten könne.

Emil Bühler ist erstaunt, dass diese kleine Frau von der Materie in der Werkstatt offenbar gehörig Ahnung hat. »Magnifique! Magnifique!«, kommentiert er das Gehörte verblüfft. Dann schweigt er eine Weile, was ungewöhnlich ist für ihn, schwenkt seinen Stock mit dem Elfenbeinknauf abwechselnd hin und her, um schlussendlich in grübelndem Ton zu fragen, ob sich mit solcherlei Motoren nicht gehörig Geld verdienen ließe.

»Geld verdienen? Ganz sicher und ganz viel!«, platzt es da aus Bertha heraus, die sich an dieser Stelle nicht zurückhalten kann, obwohl das Geschäftemachen eigentlich ja Männersache ist. Auch Emil Bühler schaut zunächst Bertha und dann ihren Mann verwundert und ein wenig maßregelnd an. Dann aber besinnt er sich, dass es in der Historie einige geschäftstüchtige Weibsbilder gegeben habe, die ihren Männern und ihrem Land von großem Nutzen waren, und wieder mal freut er sich, dass er so umfassend gebildet ist; was wiederum Bertha als ermunterndes Lächeln für sich interpretiert, als freundliche Aufforderung, mit ihren Erläuterungen fortzufahren. Bevor mit den Motoren Geld zu verdienen sei, fügt sie deshalb an, müsse man in neues Material, Werkzeuge und Mitarbeiter investieren, was ihnen leider derzeit nicht möglich sei, weil sie dieses eine Modell hier mit ihren letzten Mitteln gebaut hätten. Weitere Motoren zu produzieren ginge nur mit fremdem Kapital. Und wenn er da eine Idee hätte, sei das ganz großartig. Mit seinen Einfällen sei er willkommen.

Bertha weiß, dass es nicht geschickt ist, Herren, die etwas bewegen können, konkrete Vorschläge zu machen. Das empfinden sie allzu schnell als eine Art Befehl, dem sie sich dann trotzig verweigern, vor allem einer Frau gegenüber. Deshalb gilt es, vage zu bleiben. Bühler soll tunlichst den Eindruck haben, dass jeder zündende Einfall in seinem eigenen Kopf geboren sei.

Er wolle es sich überlegen, verspricht Emil Bühler jetzt nachdenklich. Vorerst aber solle der Herr Werkmeister bitte die Stahlplatten fertig machen. Dafür ließe er einen sicher mehr als ausreichenden Vorschuss da. Danach kündigt er an, in einer Woche wiederzukommen. Abschließend fasst er mit einer pathetischen Verbeugung nach Berthas Hand, zieht seine allerdings sofort wieder erschrocken zurück, weil ihre von der Arbeit in der Werkstatt schmutzig und schmierig ist, was beide in diesem Moment überrascht feststellen. Als Emil Bühler sich von dem Schreck erholt und den Rücken wieder aufgerichtet hat, lüftet er zum Abschied seinen Zylinder, die Mundwinkel dabei schief und etwas grimassenhaft. Mit gespreiztem Gang entfernt er sich.

Genau lotrecht über dem Scheitel habe er den Hut gehoben, bemerkt Carl mit seinen für Linien geschulten Blick leise zu Bertha, nachdem Bühler gegangen ist. Mehr gibt es für ihn nicht zu sagen.

Bertha aber zerbricht sich im Nachhinein lange den Kopf über den unverhofften Besuch des vornehmen Herrn, grübelt über den Eindruck, den er hinterlassen hat. Sein Parfümduft hängt noch in der Luft und vermischt sich nur langsam mit den Werkstattgerüchen. Bergamotte und Zitrone nimmt sie wahr neben den vertrauten Spuren von Öl und rostigem Eisen. Zweifelsohne war seine Anwesenheit eine willkommene Abwechslung im gleichförmigen Werkstattalltag, vielleicht sogar eine Option, endlich erfolgreich Geschäfte zu machen. Aber es beschäftigt sie, dass dieser Herr Hoffotograf in seiner ganzen Erscheinung so ohne Fehl und Tadel daherkam. Ist dies ein gutes oder schlechtes Zeichen? Allein die Dosierung seines Parfüms beherrschte er offenbar tadellos, war offensichtlich in der Lage, eine Menge zu sprühen, die nicht zu dürftig, aber auch nicht aufdringlich in die Nase stieg. So aufdringlich wie bei denen, die zwar genügend Geld, aber zu wenig Erfahrung im Umgang mit Luxus haben und demzufolge zur protzigen Verschwendung neigen. Wie abstoßend! So abstoßend wirkt Emil Bühler keinesfalls, dennoch stört Bertha etwas an diesem erstklassigen Habitus des Hoffotografen, an dieser Gestalt, die sich wie aus einem einzigen glänzenden Guss präsentiert und so gar nichts Unvollkommenes hat, wie es doch ansonsten den Menschen eigen ist. Andererseits, überlegt Bertha, ist sie vielleicht durch die harten Jahre zu misstrauisch geworden, denn es kann kein Zweifel daran bestehen, dass dieser Bühler mit seiner beachtlichen Anzahlung gerade rechtzeitig in ihrer Werkstatt aufgetaucht ist. Karge Zeiten sind für Familie Benz wieder einmal angebrochen, da darf man mit den Kunden nicht wählerisch sein. Aber sie wird wachsam bleiben und die Sache unter Kontrolle halten.

Als Emil Bühler eine Woche darauf wieder in die Werkstatt kommt, in der er nicht weniger als beim ersten Mal als Fremdkörper erscheint, fällt er aus allen Wolken, als er die hochfein polierten Stahlplatten in die Hände kriegt. Ihm fehlen die Worte. Selbst sein nahezu zwanghaftes »*Magnifique! Magnifique!*« klingt in diesem Augenblick eher dürftig. Großzügig bezahlt er Carl Benz und eröffnet ihm beim Hinblättern der Geldscheine fast stotternd: D-d-dies … s-s-solle lediglich ein kleiner Auftakt für ihre weitere Zusammenarbeit sein. Dann fängt er sich, schnupft kurz in sein Taschentuch und spricht klar und deutlich weiter: Er habe es abgewogen, und inzwischen sei er sicher, man werde in Zukunft viele fabelhafte Geschäfte miteinander machen. Zunächst wolle er mit einem Monatsbetrag aushelfen, damit mehr von diesen kräftigen Motoren hergestellt werden könnten. Carl Benz möge ihm auf der Stelle sagen, wie viel Kapital er brauche. Es sei keine Zeit mehr zu verlieren. Er müsse loslegen! Und über den Rest, die Verträge, brauche er sich keinerlei Gedanken zu machen. Diese Sorgen nehme er, Emil Bühler, auf sich, dies sei er gewohnt als erfolgreicher Hoffotograf und anerkannter Geschäftsmann.

Das hört sich nach all den Jahren der Not so verheißungsvoll an, dass Bertha und Carl Benz zustimmen, auch wenn ihnen zwischenzeitlich bei dem Gedanken an Bühler und dessen Auftritt nicht ganz wohl gewesen ist, weil er etwas Unechtes an sich hatte. Doch die Finanzmittel des Hoffotografen würden reichen, die Familie zu versorgen, und für die Werkstatt könnten sie alles anschaffen, was nötig wäre, um weitere Motoren zu bauen.

Unwillkürlich fällt Bertha in diesem Augenblick August Ritter ein, Carls erster Geschäftspartner. Den verhöhnte sie einst im ersten Ärger als Glücksritter und aufgeblasenen Schwätzer. Aber diese Wut war verraucht. Als sie vor ein paar Tagen von seinem Schicksal hörte, wurde aus Schadenfreude Mitleid. Ritter war bankrott und musste seine Werkstatt schließen, die er sich nach der Trennung von ihrem Mann eingerichtet hatte. Bertha wusste inzwischen aus eigener leidvoller Erfahrung, wie es sich anfühlte, wenn ein Unternehmen nicht erblühte. Häme war da fehl am Platz.

Wie gut, dass mit Emil Bühler alles reibungslos läuft. Zumindest am Anfang. Denn ein Jahr später, im Sommer 1881, erleiden sie einen ersten Rückschlag. Der Gasmotor ist ihrer Ansicht nach ausgereift und geeignet, auch von fremden Herstellern gegen Lizenzgebühr produziert zu werden, aber die Anmeldung ihres Patents auf die Neuerungen an Gaskraftmaschinen wird nicht angenommen. Die Begründung: Der Patentanspruch sei zu allgemein gehalten, die Aussagen über den Benz-Motor würden in dieser Pauschalität auf bekannte Konstruktionen wie beispielsweise den Otto-Motor passen. Damit haben die Beamten zwar wieder einmal bewiesen, dass sie das Wesentliche, nämlich den Unterschied zwischen Zweitakt und Viertakt, nicht begriffen haben, aber eine Ablehnung ist eine Ablehnung und damit nicht mehr viel zu machen. Bertha jedoch rebelliert, denn von ihrem Vater hatte sie gelernt, dass man sich, wenn der direkte Weg nicht möglich ist, auf die Suche nach passenden Umwegen machen muss. Deshalb studiert sie abends, nachdem sie ihre drei Kinder ins Bett gebracht hat, aufmerksam die Akten. Carl probiert derweil in der Werkstatt herum.

Nach ein paar Tagen kommt ihr tatsächlich der erhellende Gedanke. Logisch schlussfolgert sie: Wenn das Patent nicht auf den ganzen Motor durchzusetzen sei, müssten sie eben auf einzelne Vorrichtungen des Motors Patentanmeldungen einreichen. Aufgeregt läuft sie in die Werkstatt gleich nebenan, und fragt ihren Mann, was jeweils das Neue und Einmalige an seiner Motorenkonstruktion sei. Danach lässt sie ihn für Öltropfventile und Gasregulatoren neue Patentschriften anfertigen. Das gelingt.

Auch Emil Bühler ist mehr und mehr von Berthas tatkräftiger Unterstützung angetan und hat erkannt, dass ohne sie mit dem Tüftler Benz nicht allzu viel anzufangen ist. Hat er eine Frage oder steht es an, eine Entscheidung zu treffen, hält er sich an Bertha, nachdem er mit Carl die »Mann-heimer Gasmotorenfabrik« gegründet hat. Man findet ihn jetzt öfter mit seiner adretten Kleidung in der schmutzigen Werkstatt bei den Drehbänken.

So hätte es weitergehen können. Doch die nächste Unbill kündigt sich an. Für den Verkauf der Motoren haben Bühler und Benz den falschen Mann gewählt, auf einen gänzlich un-fähigen Verkäufer gesetzt. Außerdem gibt es Ärger mit der Gasmotorenfabrik in Deutz, die Viertaktmotoren produziert und den Konkurrenten in Mannheim, wie andere auch, aus dem Feld räumen will. Drohend schreiben sie alle Benz-Kunden an, dass es aus Patentschutzgründen verboten und strafbar sei, diese Art von Motoren weiter zu betreiben. Erst in einem langwierigen Prozess kann geklärt werden, dass dies zu unterlassen ist und Carl Benz sehr wohl seine Zweitakt-motoren verkaufen darf. Nun aber sind die Finanzmittel von Emil Bühler aufgebraucht, und der Hoffotograf, der Miss-erfolg nicht gewohnt ist und demzufolge keine Eigenschaften für den Umgang damit entwickelt hat, wird unruhig. Beginnt, sich Sorgen um seinen Geldeinsatz zu machen.

»Der Herr Hoffotograf so missgelaunt? So kennt man ihn ja gar nicht!«, poltert der überaus korpulente Bankier Max Scheuer überschäumend vor Selbstbewusstsein und mit ei-nem breiten Grinsen. Alle im Raum können es hören, eine derbe Begrüßung ist ganz nach seinem Geschmack. Behäbig und seinen speckigen Bauch voranschiebend, läuft er dabei an den Tischen des Wirtshauses am Schlosspark entlang, bis er bei Emil Bühler angelangt ist und diesen aus seinen Tagträumen reißt. Laut fragt er ihn, welche Maus ihm denn über die schicken Schuhe gelaufen sei. Den Spruch absicht-lich verkehrt, so etwas findet er spaßig.

»*Bon soir*, Eure Barschaft-Majestät, Wunderbarster aller Vermögenshüter und Herr von Kapitalien«, antwortet Bühler affektiert, »kommt mir ganz recht, Sie zu sehen, jetzt, wo meine Finanzmittel am Ende und die Investitionskräfte völlig erschöpft sind.«

Nun, gehe es darum, Geld zu begehren und *eigenes* Geld zu vermehren, erwidert der Bankier, sei er bei ihm, einem Finanzmann, richtig, dann vertraue er sich dem erfahrenen Bewahrer des eigenen Reichtums unverzüglich an. Denn wie laute die frohe Botschaft des wundersamen Geldvermehrers, na? »Kommet her zu mir alle, die ihr begütert und zahlungskräftig seid, *ich* will *ein* Vermögen machen«, erheitert sich Max Scheuer selbstgewiss, dann schlägt er sich auf die umfangreichen Schenkel, jetzt lauthals lachend. Die Umsitzenden blicken die beiden an. Scheuer wiehert weiter und klopft nun auch Bühler kräftig aufs Bein. Danach aber muss er eilends den Schweiß von seinem Gesicht abwischen, der ihm auf Stirn und Doppelkinn getreten ist. Während manch einer nach dieser Vorstellung seine Lippen zu einem willfährigen Lächeln verzieht, bleibt Emil Bühler ernst, weil er solche Sprüche von Scheuer bereits kennt, davon gelangweilt ist.

»Nicht dass ich eurem Amüsement im Wege stehen will«, reagiert Bühler kühl und weil er überhaupt keine Freude an dem ordinären Verhalten dieses grobschlächtigen Geldprotzes hat, »aber mir wäre es deutlich angenehmer, würde Eure Barschaft-Majestät ausrufen: ›Ich will *dein* Vermögen machen!‹« Damit ist er wieder auf Augenhöhe, und es entspinnt sich in der Tat ein Gespräch, zunächst zwischen den beiden, dann setzen sich der Hopfenhändler Leopold Odenheimer und der Mechaniker Wendelin Bouquet dazu, später noch der Architekt Heinrich Hartmann und einige andere namhafte Kaufleute. Am Ende sitzt fast die gesamte Stammtischrunde der etablierten Mannheimer Geschäftsleute zusammen.

»Benz«, brummt es aus dem Finanzier Max Scheuer, nachdem er im Lauf des Abends ruhiger geworden ist, »Benz, das ist zwar in Mannheimer Kreisen kein bekannter oder angesehener Name, aber wenn der tatsächlich so einen arbeitsfähigen Motor entwickelt hat, dann ist das ein Produkt, nach dem derzeit nahezu jeder Unternehmer verlangt.« Das wisse er genau, und dann sei es höchste Zeit, dem Mann sein geistiges Eigentum abzukaufen, samt Werkstatt und von ihm aus auch mit allen dort hausenden Mäusen. Nur so ließe sich der Profit aus dem Geschäft für den eigenen Geldbeutel sichern. Für diesen Kauf böte sich hier und jetzt und am besten sofort die Gründung einer Kapitalgesellschaft an. Alle, die an diesem Abend mit am Tisch säßen, seien Glückspilze zu nennen, denn sie könnten ohne viel eigenes Zutun und bei nur geringem Einsatz glänzende Gewinne machen, entwickelt Scheuer seinen Geldanlageplan. Dafür lege er seine Hand ins Feuer und werde selbst mit einem großen Posten an Aktien dabei sein, denn es sei niemals ein Fehler gewesen, dort zu investieren, wo andere tüchtig seien und fleißig die Arbeit machten.

Eine winzige Werkstatt wie die vom Benz, erklärt er abschließend mit gierigem Blick und den Zeigefinger in Richtung Emil Bühler, könne gegen Konkurrenten wie Otto und Langen in Deutz nie bestehen, aber wenn sie mit ihrem gesammelten Kapital eine ebenso große Fabrik errichten würden, wisse er nicht zu benennen, wer ihnen dann noch gewachsen sei. Nur eines müsse Bühler beherzigen – und dies flüstert der Vermögensvermehrer nun fast –, er möge dem Herrn Benz den Wert seiner Arbeit noch ein wenig madig machen, denn je billiger der Einstieg, desto höher der Gewinn. Geradezu verschwörerisch hat sich die versammelte Runde der Geschäftsleute bei diesen Worten zusammengeduckt, und kaum ist die Rede beendet, jubeln alle aus vollem

Hals. Schamlos und unanständig, selbst Emil Bühler grölt enthemmt.

Es dauert nicht lange, Carl Benz zu überzeugen, das von ihm bisher Geschaffene gegen ein Aktienpaket der neuen Kapitalgesellschaft einzutauschen. Geschickt verhandeln kann er nicht. Und im Übrigen hat er auch gar keine Wahl. Über eigene Ersparnisse verfügt er nicht, benötigt aber dringend Geld, nicht zuletzt deshalb, weil am 2. Februar 1882 das vierte Kind Thilde geboren wurde und auch der Rest der Familie versorgt sein will. Als Bertha von dem Vertrag erfährt, meldet sie Zweifel an, weil sie befürchtet, dass Carl damit über den Tisch gezogen werde. Doch da ist es schon zu spät: Eilfertig und ohne Absprache mit ihr hat er unterschrieben. Und in einem Ton, der fast schmollend klingt, erklärt er Bertha, er habe ja nur die Last solcher Vorgänge los sein wollen, und kleinlaut ergänzt er, außerdem wolle er lieber neue Konstruktionen entwerfen oder seinen alten Motor verbessern, als mit unverständlichen Verträgen beschäftigt zu sein. Das sei sehr kurzfristig gedacht, seufzt Bertha.

Die Machtbefugnisse in der neu gegründeten »Gasmotorenfabrik in Mannheim« sind zwischen dem Aufsichtsrat und dem von ihm gewählten Direktor aufgeteilt. Vorsitzender des Aufsichtsrates ist Hopfenhändler Leopold Odenheimer, der beste Freund des trinkfreudigen Bankiers Max Scheuer. Zum Direktor wird Christian Bühler bestimmt, der Bruder des Hoffotografen, der von Haus aus Käsehändler ist. Sollte dieser verhindert sein, darf sein Bruder für ihn unterschreiben. Damit ist die Geschäftsleitung unter sich versippt und verbandelt, nur einer steht allein und ohne Einfluss da, Carl Benz.

Mit seiner Zustimmung zum Gesellschaftsvertrag haben die Kapitalgeber nicht nur den Wert der bisher von ihm geleisteten Arbeit in ihren Besitz gebracht, dazu kommt, dass ihm der feine Herr Hoffotograf fast alle Aktien, die er zum Ausgleich dafür erhalten hat, wieder abnimmt. »Zur Tilgung der persönlichen Schulden«, meint er etwas zu freundlich lächelnd und rechnet Benz vor, wie viel Geld er ihm all die Monate gegeben habe.

Das Schlimmste aber ist, dass Carl Benz als Erfinder des Gasmotors, der nun endlich fabrikmäßig gebaut werden soll, keinerlei Mitbestimmungsrechte mehr bei der weiteren Produktion hat. Fassungslos muss er zusehen, wie man erneut seine Werkstatt auszuräumen beginnt, weil der Direktor beschlossen hatte, die neue Gasmotorenfabrik in den weit entfernten Schwetzinger Gärten zu eröffnen. Alle Maschinen und Werkzeuge werden dorthin verbracht, weil Carl Benz sie, das stand im Kleingedruckten, der neuen Gesellschaft übereignet hat. Jetzt erst begreift er, was er da alles leichtfertig mit seiner Unterschrift abgesegnet hatte und dass er für die Geschäftsleitung nicht sehr viel mehr als eine Marionette ist. Eine Marionette, die funktionieren soll. Demütige Dankbarkeit, unauffällige Unterwerfung und stille gewinnbringende Leistungsbereitschaft, das und nicht mehr werde von ihm erwartet, bedeutet ihm der Direktor. Bankier Max Scheuer sitzt schwitzend daneben. Für Carl hört es sich so an, als ob beide diese Komposition Stunden vorher gemeinsam geübt hätten: Demütige Dankbarkeit, unauffällige Unterwerfung und stille gewinnbringende Leistungsbereitschaft; das muss einem erst mal locker über die Zunge kommen.

Als sich Carl daraufhin empört an Emil Bühler wendet, der ihn einst aufforderte, ihm bei den Verträgen zu vertrauen, verfällt Bühler in ein endlos langes Schweigen, als hätte er gar keine Worte gehört. Dabei bläst er mit dem Rauch seiner Pfeife Ringe in die Luft und lümmelt scheinbar entspannt in seinem Sessel. Eine mögliche Reaktion, ja, eine mögliche, denkt Carl Benz in diesem Moment und verschwindet. Er rennt, wie so oft in ausweglosen Augenblicken, an seine Werkbank. Eine möglich Reaktion, wiederholt er dort, als er wütend mit der Feile vor dem Schraubstock steht, wenn auch keine überzeugende, schon gar nicht für jemanden wie den redegewandten Hoffotografen. Nicht mal eine gewaltig wirkende, wenn auch nichtssagende Floskel habe er ihm gegönnt.

Am Abend muss Bertha ihm die blutenden Hände verbinden. Nun weiß sie, noch bevor Carl den Rest erzählt hat, dass ihr Misstrauen gegenüber Emil Bühler seine Berechtigung hatte. »Das wird nicht gutgehen«, stöhnt sie, als er ihr sein Leid klagt. Und kaum beginnt die neue Fabrik zu produzieren, kann es Carl nicht mehr aushalten. Der Aufsichtsrat mischt sich in seine Konstruktionen ein, ohne davon auch nur den Hauch einer Ahnung zu haben. Der Käsehändler versucht, ihn bei seinen Entwürfen zu bevormunden. Weil das dem Erfinder und Tüftler Benz zuwider ist, heißt es alsbald: Er sei ein Quergeist und seltsamer Sonderling, der keine Ruhe geben könne. Ständig bringe er Schwierigkeiten ins Haus, wobei man kein Personal mag, das Probleme mache. Der widerborstige Benz aber sei ganz und gar so eine Person, und man müsse ihm dringend zeigen, wer hier der Herr und wer der Knecht sei, resümiert alsbald die Gruppe der saturierten Geschäftsleute.

Carl Benz verkennt die Situation mit dem ihm eigenen störrischen Selbstbewusstsein. Ungehalten schreibt er einen Brief, in dem er sich über die Einmischung in seine Arbeit und die ständige Bevormundung beklagt, und bittet deshalb um seine Entlassung. Dabei hofft er insgeheim, dies möge nur als Drohung verstanden werden, die dem Hopfen- und dem Käsehändler gehörig Angst einjage und sie dazu veranlasse, alles Erdenkliche zu unternehmen, um ihn, Carl Benz, den Schöpfer und Entwickler des Motors, zu halten.

»Wie belieben?«, scherzen die Empfänger des Briefes und amüsieren sich über den aufmüpfigen Kerl, der ganz sicher *sie* brauche, sie aber nicht ihn. Ingenieure und Konstrukteure gebe es an jeder Ecke, und Erfinder mit dicken Zeichenmappen stünden täglich vor der Tür, man müsse sie nur hineinlassen. Und ihnen drohen? Das könne er sich sparen, dies läge weit über seinen Möglichkeiten. Mit diesen Worten segnet die Geschäftsführung der Fabrik ihr Urteil in nur wenigen Minuten einvernehmlich ab.

Carl dagegen hat nach Abschicken des Briefes mit tagelangen Überlegungen gerechnet, auf jeden Fall mit einem Entgegenkommen, zumindest mit einem Gesprächsangebot, in dem man für die Zukunft Besserung versprechen würde. Doch noch am selben Tag trifft mit verletzender Eile das Entlassungsschreiben ein. »Den werden wir am Wegesrand verhungern sehen«, krächzt der wunderbarste aller Vermögenshüter hämisch bei dem mehrgängigen Mittagsmenü, zu dem sich die Geschäftsleitung aufgrund des Benz-Briefes kurzfristig verabredet hat, »und wir werden ihn dort sitzen lassen.« Mehrfach spricht Bankier Scheuer beim Mittagessen diesen Satz, inzwischen an einen Rollstuhl gefesselt, weil er sich aufgrund seines Übergewichts kaum noch allein bewegen kann, was ihn in seinem Verhalten noch boshafter macht. Die anderen? Das sind für ihn minderwertige Untertanen, die nach seiner Pfeife zu tanzen haben oder vom Hof gejagt werden. Je unbeweglicher er wird, desto zynischer und menschenverachtender reagiert er.

Ohne Maschinen und ohne Werkzeuge, die eigene Werkstatt an einen anderen Handwerker vermietet und ohne die monatlichen Einnahmen, an die sich die Familie gewöhnt hatte, versucht Carl Benz wenigstens noch das Geld zu bekommen, das man ihm einst für seine neuen und bereits abgelieferten Konstruktionen als Bonuszahlungen zugesagt hatte. Aber auch das wird ihm verweigert. Es sei lediglich eine Absichtserklärung gewesen, antwortet die juristische Abteilung der Gasmotorenfabrik, bei weitem keine verbindliche Zusage. Man habe die Konstruktionsunterlagen nur probeweise an sich genommen. Die Gerichtsverhandlung, die Carl Benz daraufhin anstrebt, weil er weiß, dass die Fabrik nach seinen Unterlagen neuartige Motoren produziert, verliert er. Er kann sich keinen guten Anwalt leisten, und die Geschäftsleitung der Gasmotorenfabrik hat mit ihren Kontakten und Möglichkeiten die besseren Karten als der Einzelkämpfer.

»Es geht dem Untergang entgegen«, schreibt Bertha in diesen Tagen langsam und mit schwerfälliger Hand an ihre älteste Schwester Emilie, die sich mit ihrer Familie ein neues Leben in Nordamerika, Milwaukee, aufgebaut hat. Zum zweiten Mal seien alle Maschinen und alle Werkzeuge weg. Mit den letzten Mitteln habe man einen kleinen Schuppen angebaut, damit Carl überhaupt einen Ort habe, wo er arbeiten könne, denn die alte Werkstatt sei noch vermietet. Die vier Kinder Eugen, Richard, Clara und Thilde seien, gottlob, zwar gesund, aber sie wisse kaum noch, wovon sie ihnen ein warmes Mittagessen kochen solle. Ob es eine Möglichkeit wäre, mit der Familie zu ihr nach Milwaukee auszuwandern? Man könnte in Amerika einen Neuanfang wagen, wo man doch hier in Mannheim zum zweiten Mal grandios gescheitert sei. Sie möge ihr bald antworten und bedenken, dass jeder Brief ein paar Wochen brauche, bis er den Empfänger erreiche. Und bloß kein Wort über ihre Anfrage, zu niemandem, selbst Carl sei nicht in ihre Pläne eingeweiht.

Mit einem versuchten Lächeln, das mehr von Traurigkeit als von Freude erzählt, in einem Gesicht, in dem noch die Reste von Tränen zu erkennen sind, die Carl aber nicht sieht, weil er seine Frau in seinem eigenen Kummer nicht mehr aufmerksam betrachtet, übergibt ihm Bertha den bereits verschlossenen Brief, damit er ihn zur Post mitnehmen kann. Denn wie jeden Abend wird Carl auch heute wieder zum Bahnhof laufen, um die Zeit zu holen, wie er es ausdrückt. Das hatte er sich nach der Pfändung vor fast sechs Jahren angewöhnt und diese Gänge nur für kurze Zeit eingestellt, als ihm die Zusammenarbeit mit Emil Bühler neue Hoffnung gegeben hatte. Jetzt aber holt er wieder am Bahnhof die Zeit, weil es ihn drängt, zu wissen, wie es um sie steht. Ob tatsächlich wieder ein Tag vergangen sei und ob die Stunde, in der er zu leben glaubte, stimme. Wie geistesabwesend stiert er dann auf das große Zifferblatt. Als fände er Halt in dem gleichmäßigen Ticken der Uhr und Trost in den schwarzen Zeigern, die immer genau zur richtigen Zeit das Richtige tun, wie selbstverständlich rund um die Uhr pünktlich ihren Weg nehmen. Die Welt um ihn herum verschwindet dann. Bertha Benz erträgt diese Marotte, sie hat an seiner Seite zu leiden gelernt.

Ausgerechnet, als Carl gerade um die Ecke gebogen ist, stehen auf einmal zwei Herren in der Tür, die sich als die Fabrikanten Max Kaspar Rose und Friedrich Wilhelm Esslinger vorstellen. Als sie Bertha Benz erblicken, elend, mit dunklen Augenringen, die Wangen ausgezehrt, halten sie nicht lange hinterm Berg, warum sie gekommen sind. Man habe vom Schicksal ihres Mannes gehört und wolle helfen. Der Plan sei, mit ihm zusammen eine neue Motorenfabrik aufzubauen. Man schätze die Leistungen ihres Mannes sehr, kenne ihn noch aus den Zeiten, als er einer der Ersten war, die mit dem Knochenschüttler die Aufmerksamkeit auf Mannheims Straßen auf sich gelenkt hätten. Bei ihnen solle es der studierte Maschinenbauer besser haben als bei Bühler und Konsorten und in ihrer Fabrik der Geschäftsführer für den Bereich Technik werden. Ganz selbstverständlich werde er auch volles Mitspracherecht erhalten, das sei versprochen und werde schriftlich festgehalten.

Bertha wischt sich zügig die Tränen aus den Augen und entschuldigt sich damit, dass sie gerade Zwiebeln geschnitten habe. Dann bittet sie die Herren Geschäftsleute in die Stube, an den einfachen runden Tisch. Sie mögen bitte Verständnis haben, beginnt sie betont zaghaft zu sprechen, aber ihr Mann sei an Motoren gar nicht mehr interessiert. Sein Ziel sei es, einen pferdelosen Wagen zu bauen. Insofern Dank für die Mühe und Dank für das Angebot, aber soweit sie es beurteilen könne, werde ihr Carl keine Geschäfte mehr mit Motoren machen. – Das ist hoch gepokert, aber Bertha traut sich, weil ein untrüglicher Instinkt in ihr mahnt, dass hier mehr als bloß die Motorenproduktion für ihren Mann

Bertha Benz Ende 1883 mit ihren ersten vier Kindern Thilde, Clara, Eugen und Richard (v. l. n. r.), als es dank der Hilfe der neuen Geschäftspartner Rose und Esslinger gerade wieder aufwärtsgeht.

herauszuholen sei. Sie muss alles auf diese eine Karte setzen, eine solche Gelegenheit ergibt sich mit Sicherheit so schnell nicht wieder, zumal sie Glück hat, dass ihr Mann nicht zu Hause ist, der es nie gewagt hätte, in dieser Situation den Straßenwagen einzuklagen.

Rose und Esslinger hören aufmerksam zu. Beide sind erfahrene Kaufleute und durch den Vertrieb technischer Artikel für Industriezweige aller Art wohlhabend geworden. Jetzt sehen sie sich an und verfallen gleichzeitig in ein bejahendes Nicken. Der Wagen ohne Pferde, was immer das sein solle, werde kein Hindernis sein. Wenn man erst einmal mit den stationären Motoren ausreichend Geschäfte gemacht habe – das sei allerdings die Bedingung –, dürfe Carl Benz mit dem Geld, das nach Abzug aller Kosten und Investitionen übrig bliebe, all seine Spielzeuge bauen.

Schön, sagt Bertha, dann sollten sie in einer Woche mit dem Vertragsentwurf wiederkommen, oder besser in einem Monat. Damit will sie demonstrieren, dass man Eile nicht nötig habe und keinesfalls auf die beiden Herren angewiesen sei.

Das Kunststück gelingt. Ein paar Tage später bringen Rose und Esslinger die Vertragunterlagen, und am 1. Oktober 1883 wird die Benz & Cie, Rheinische Gasmotorenfabrik etabliert, die bald eine große Fabrik in den Mannheimer Spelzengärten baut, wo auch Bertha und Carl ein Wohnhaus mit vielen Zimmern erhalten. Benz & Cie wird schnell ein ernsthafter Konkurrent für Emil Bühler & Co, zumal Carl Benz seinen Motor erneut verbessern kann. Er läuft jetzt leiser, ist billig im Verbrauch, dazu bequem im Betrieb und jederzeit gefahrlos einsetzbar. Dass damit für die Fabrik des Hoffotografen und des Käsehändlers schwere Zeiten angebrochen sind, erlebt Carl nur als kleine Befriedigung. Er weiß, alle Kapitalgeber haben mit dem eingesetzten

Geld reichlich Gewinn gemacht. Brechen nun Aufträge weg, würden sie zunächst einen Arbeiter nach dem anderen entlassen. Und gäbe es gar nichts mehr rauszuholen, würden die Tore der Fabrik dichtgemacht. Carl aber ist es nie egal, wenn Familienväter auf der Straße stehen. Wer etwas taugt, den versucht er zu übernehmen.

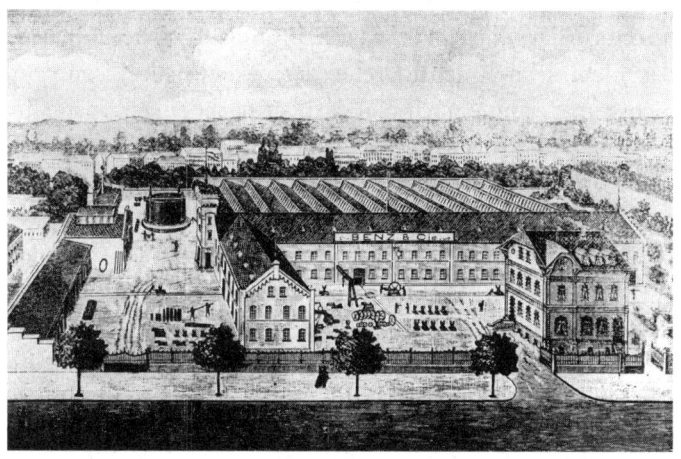

Blick auf das Fabrikgelände von Benz & Cie. mit dem Wohnhaus der Familie Benz (um 1891).

Zum ersten Mal brechen für Bertha und Carl Benz sorgenfreie Zeiten an. Die Geschäfte laufen prächtig, und ganz nebenbei reifen in Carls Kopf die Entwürfe für den pferdelosen Wagen heran. Eine Idee, die sich mehr und mehr in seinem Geist verdichtet und langsam Form und Gestalt annimmt. Stundenlang hängt er den Gedanken an dieses Fahrzeug nach. Dann zeichnet er jedes Detail und freut sich, wenn er danach seine Entwürfe in der Praxis erproben kann.

Begeistert, wie man ihn selten gesehen hat, läuft er an einem sonnigen Nachmittag mit seiner Konstruktionsmappe in das Büro von Rose und Esslinger und verkündet, dass die Zeit gekommen sei, den Wagen ohne Zugpferde zu bauen. Verlegen schauen sich die beiden an. Sie hatten gehofft, dass Benz die Sache mit dem Wagen in der Zwischenzeit vergessen habe. Er müsse verstehen, sie seien Fabrikanten und Händler, sagen sie dann, und die bräuchten Produkte, die man verkaufen könne. Diesen pferdelosen Wagen, wie immer der aussehen solle, den wolle ganz sicher keiner erwerben. Man gehe zu Fuß oder nehme die Kutsche, und wem das nicht schnell genug gehe, der besteige die Eisenbahn. Sicher, man könne noch mal darüber nachdenken, später, in ein paar Wochen vielleicht, wenn man mehr Zeit habe als jetzt, wimmeln sie Carl Benz höflich ab und vertrösten ihn auf irgendwann.

Der aber steht bald wieder in der Tür und spürt, dass der Widerstand seiner Geschäftspartner deutlicher wird. Er wisse offenbar nicht, erklären sie ihm, wie wichtig es für den Erhalt der Fabrik mit den vielen Arbeitern sei, mit den stationären Motoren Geld zu machen, da könne man nicht auch noch solche teuren Motorwagen bauen. Das Geschäft müsse konsolidiert werden, neue Investitionen könnten frühestens in einem Jahr getätigt werden, denn Geschäftsleute, das solle er sich merken, würden ihr Geld nie einfach so zum Fenster hinauswerfen. Heftig ermahnen sie ihn, bloß die Finger von diesem törichten Wagen zu lassen, und scheuen keine Mittel und Mühen, den studierten Maschinenbauer von der Verwirklichung seiner Träume abzuhalten.

Der hat gerade seinen vierzigsten Geburtstag gefeiert, wie immer am 26. November, also einen Tag nachdem er tatsächlich geboren wurde. Doch noch nie hat er sich an einem Geburtstag so elend gefühlt. Die vierzig, eine magische Grenze, sei nun erreicht, und er komme sich noch immer wie ein Bettler vor, lamentiert er in Berthas Ohr, und das, obwohl der Gasmotor reichlich Gewinn eingebracht habe. Aber sein

Herz hänge nun einmal nicht an dem Motor, sondern am selbstlaufenden Kutschenwagen. Und wer einen bunten Vogel hinter goldenen Stäben sehen wolle, der solle ihn betrachten. Verkümmert sei er.

Dann müsse er jetzt sofort bei Rose und Esslinger die Zusagen aus dem Vertrag einfordern und dürfe nicht lockerlassen, nur so könne er mit aller Kraft den Wagen ohne Pferde fertig bauen, entgegnet ihm Bertha und sichert ihm zu, dabei seine Stütze zu sein. Noch am selben Abend geht Carl tatsächlich zu seinen Geschäftspartnern, die keine überzeugenden Argumente mehr gegen sein Vorhaben benennen können und entnervt zustimmen. Er bekomme ein halbes Jahr, zehn Arbeiter und zehntausend Mark. Das müsse reichen. Gelänge ihm der Wagen nicht, solle künftig kein Wort mehr darüber verloren werden. Das möge er unterschreiben, hier sei noch einmal der Vertrag.

Fortan gibt es im Alltag von Carl und Bertha keine freie Minute mehr. Morgens steht er ab fünf Uhr in der Werkstatt, jede Nacht hockt er am Zeichentisch. Bis zur Erschöpfung entwirft, berechnet und schraubt er; meist entschlossen, manchmal verbissen und selten glücklich. Glücklich wird er erst wieder sein, wenn der Motorwagen endlich auf der Straße fährt, das weiß Bertha. Und sie tut alles, damit er wieder glücklich wird. Selbst ihre Nähmaschine lässt sie in die Werkstatt schleppen und wickelt Induktionsspulen für Carl. Doch noch sind nicht alle Probleme gelöst. So ist er unsicher, welchen Kraftstoff er für seine Maschine verwenden soll. Gas gibt es nur in Rohrleitungen, an die er den Motor für das Fahrzeug unmöglich anschließen kann. Auch die großen Benzinfässer scheinen ihm ungeeignet. Eines Abends aber überrascht ihn Bertha damit, dass sie in der Zeitung von einem verheerenden Wohnungsbrand gelesen habe. Eine Hausfrau hätte mit dem Fleckenmittel Ligroin, auch Waschbenzin genannt, die verdreckten Handschuhe ihres Mannes gewaschen, während ein paar Meter entfernt auf dem Herd das Essen kochte. Das Reinigungsmittel sei offenbar so explosiv, dass es sich entzündet und den Brand ausgelöst habe.

Carl springt vom Stuhl. Das ist es, Ligroin, ein leichtflüchtiges Benzin, dass er da nicht gleich draufgekommen sei! Es sei schnell zu entzünden, und nach der Verbrennung würden keine störenden Reste übrig bleiben. Kaufen könne man es in jeder Apotheke. Einfach wunderbar! Schnell küsst er Bertha, läuft rüber in die Werkstatt, um wieder die ganze Nacht hindurch zu schaffen.

Am Morgen des 3. Mai 1885 ist es dann endlich so weit. Übermütig und ausgelassen weckt Carl seine Bertha, die an diesem Tag ihren sechsunddreißigsten Geburtstag feiert. Sie möge schnell aufstehen und mit ihm in den Schuppen kommen. Dort stehe sein ganz persönliches Geschenk, an dem er bis eben noch gearbeitet habe. – Und da wartet er tatsächlich, der elegante, dreirädrige Motorwagen, an dem auch Bertha im letzten halben Jahr unermüdlich mitgearbeitet hat. Aber gefahren ist er noch nie. Nun schieben sie ihn raus aus der Remise und rein in den Hof, und Carl bittet Bertha, auf den Fahrerbock zu steigen. Danach dreht er mit ganzer Kraft das große Schwungrad an, und Bertha erhält das Kommando, den langen Hebel zu lösen und loszufahren.

Losfahren! Sie hält kurz inne. Noch nie hat sie dergleichen getan. Doch dann atmet sie tief durch, greift an den langen Hebel und löst die Bremse, über deren Wirkung Carl sie in der Theorie so oft schon unterrichtet hat. Der Wagen setzt sich in Bewegung. Sie fährt, sie fährt tatsächlich! Sie fährt, ohne dass sie Pferde vor sich hat. »Carl!«, schreit sie auf, »Carl! Oh, Carl …« Ungefähr zwanzig Meter lang ist diese erste Fahrt. Auch die vier Kinder und das ganze Personal sind, noch mit Schlafanzügen bekleidet, in den Hof gerannt, von den lauten Schreien alarmiert. Bertha ist derweil am Gartenzaun gelandet, weil sie das Regulieren der Geschwindigkeit mit dem Steuerhebel noch nicht beherrscht. Dann muss der Karren wieder zurück zum Start geschoben werden, denn ein Rückwärtsgang ist noch völlig unbekannt. Noch nie hatte ja einer ein Pferd rückwärtslaufen sehen; wie also hätte Carl Benz darauf kommen sollen, wo doch Kutsche und Fahrrad die Vorbilder für seine Erfindung waren?

Bertha Benz kann es kaum fassen. Sie ist die erste Frau auf der ganzen Welt, die jemals einen Wagen ohne Pferde in Bewegung gesetzt hat. Sie schreit, sie weint, sie ist außer sich, und immer wieder kreischt sie: »Carl, mein Carl, erinnere dich, ich habe es dir immer gesagt: Mein Traum ist länger als die Nacht! Ich liebe dich.«

Carl Benz denkt an seine Mutter, wie stolz sie auf ihn wäre, und an seinen Vater. Mit seinem Motorwagen hat er nun tatsächlich einen Meilenstein des Fortschritts gesetzt! Mit Dankbarkeit erinnert er sich jetzt auch an seinen Professor Ferdinand Redtenbacher, der vorausgesehen hat, dass es in Zukunft solch ein Fahrzeug geben würde, allerdings nicht wusste, wie es funktionieren könnte.

Acht Monate später, am 29. Januar 1886, erhält Carl Benz als Erster weltweit ein Patent auf ein Fahrzeug mit Verbrennungsmotor zur Beförderung von ein bis vier Personen. Das Automobil ist geboren, das man aber erst Jahre später so nennen wird. Ein wie von selbst fahrender Straßenwagen, den so mancher Erfinder vorausgesehen oder in Versuchen erprobt hat, ohne ihn zum Leben erwecken zu können. Er hat es geschafft und ahnt, dass dieser betriebsfertige Motorwagen die Welt verändern wird. Und Bertha ist die erste Frau weltweit, die ihn ins Rollen brachte. Zunächst

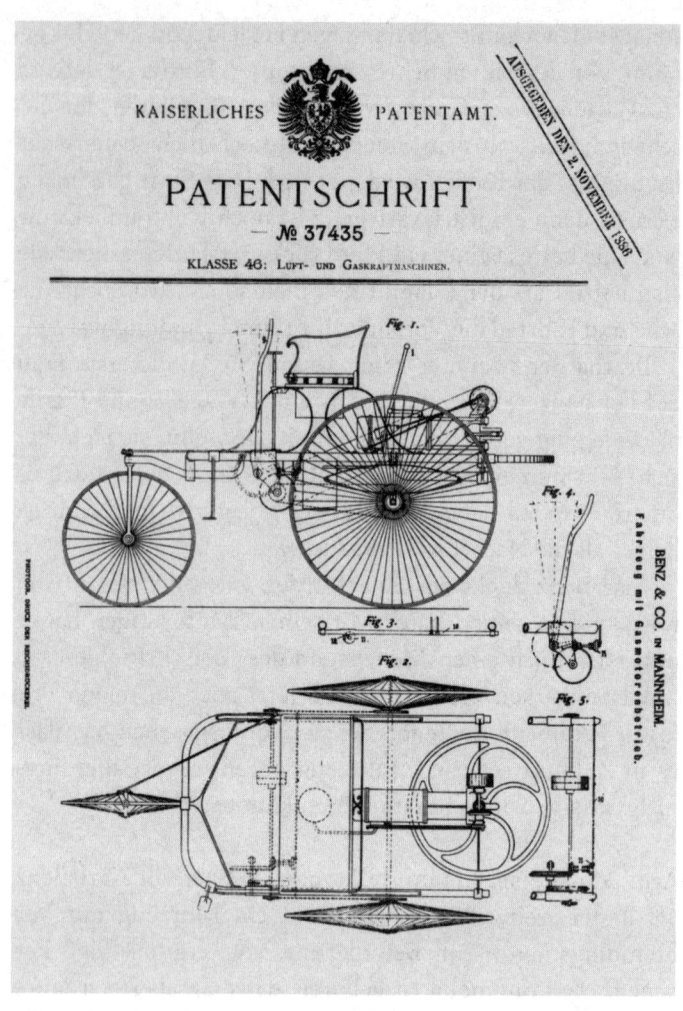

Allein schon die technische Zeichnung des ersten Motorwagens für die Patentanmeldung 1886 ist ein regelrechtes Meisterwerk.

nur Kurzstrecke, aber auch das sollte sich ändern, denn nun musste die Öffentlichkeit überzeugt werden. Schon nach der ersten Genugtuung dämmerte es Bertha, dass sich bald zeigen würde, was leichter und was schwerer ist: etwas Bahnbrechendes zu erfinden oder eine Erfindung in der Realität durchzusetzen?

»Bockige Bertha, beweg dich!«

Alltägliche Abenteuer
mit dem fauchenden Ungetüm

»Wer hinter einem läuft, kann einem nicht entgegenkommen!« Energisch spricht Bertha Benz diesen Satz; wäre sie ein Mann, hätte sie dabei mit der Faust kräftig auf den Tisch gehauen. Sie aber steht auf, rückt mit resoluten Bewegungen, die ihre innere Erregung verraten, alle Kissen auf dem alten Biedermeiersofa zurecht, prüft mit kritischem Blick deren Position und streicht anschließend die Falten aus der Tischdecke. Nachdem sie sich derartig abreagiert hat, redet sie weiter auf Carl ein: Er müsse begreifen, sagt sie inständig, ja ihn beschwörend, so meisterhaft seine Erfindung auch sei, kein normaler Mensch sehne sich nach dem Straßenwagen. Niemand vermisse, was er nicht kennt. Seit Generationen gehe man selbstverständlich zu Fuß, nur manche nutzten das Pferd, und noch seltener fahre man mit der Eisenbahn. Woher sollen die Leute wissen, was es mit dem neu entwickelten Motorwagen auf sich habe, der keine Kutsche, aber auch keine Lokomotive sei?

Sie könne sich noch gut erinnern an die Zeit, bevor sie ihn kennenlernte. Da habe auch sie sich eine derartige Mobilitätsmaschine nicht vorstellen können. Das Unbekannte aber verursache Abwehr, manchmal sogar Angst. Wie könne er da erwarten, dass man ihm mit Beifall entgegenkomme?

Vielmehr ginge es doch jetzt darum, die hinterhertrottende Menge mitzureißen und sie zu überzeugen, dass dieses Gefährt die Kutsche der Zukunft sei.

Als Bertha das alles feststellt, sitzt Carl wie in sich zusammengefallen in dem neu angeschafften Ohrensessel, trübsinnig vor sich hin starrend, dem Aufgeben nahe. In seinem Kopf laufen die Bilder des Tages ab. Er war wieder einmal zur Probe mit dem Wagen ausgefahren. Wie immer knatterte, fauchte und spuckte das Gefährt, und wie fast jedes Mal folgte während der Ausfahrt eine Katastrophe auf die andere. Carl selbst hat es nie überrascht, dass der eben erst erfundene Motorwagen allerlei Probleme machte. Alles, was er sich ausgedacht hatte, musste sich ja erst in der Praxis bewähren. Funktionierte etwas nicht, nahm er das als Herausforderung, seine Erfindung zu verbessern. Sein Schlosser wiederum, immer gern für einen Scherz zu haben, pflegte, wenn etwas mit dem Wagen nicht klappte, ihn mit den Worten zu trösten: So eine Maschine sei wie ein störrischer Esel oder mehr noch wie ein widerborstiges Weib, man müsse sie sich erst gefügig machen ...

Weniger erträglich waren dagegen die überraschenden Begegnungen auf der Straße. So wie heute, als ihm gleich an der ersten Kurve ein Fuhrwerk entgegengekommen war. Noch ehe der verblüffte Kutscher reagieren konnte, bäumten sich unter lautem Wiehern die beiden Pferde auf, stiegen ängstlich in die Höhe und brachten damit den ganzen Karren zum Kippen. Ein heftiges Scheppern verriet, dass unter der Ladung viele Flaschen waren. Klirrend gingen sie zu Boden, einige Kohlköpfe und Kartoffeln fielen herab und rollten hinterher, bald bildete sich auf der Straße eine große Lache von rotem Wein, der mit Staub und Dreck vermischt wie dickes Blut aussah.

Laut fluchend kletterte der klapperdürre Kutscher, dessen speckige Schürze sich am Fahrerbock verfangen hatte, hinter dem umgekippten Wagen hervor, glücklicherweise nicht verletzt. Dafür aber schien er ganz und gar nicht dankbar zu sein. Aus Leibeskräften schrie er los und versuchte nebenbei, seine Schürze von der Bank loszureißen: Was das solle? Wer das erlaubt habe? Ob er von allen guten Geistern verlassen und ein wahrhaft saublödes Rindvieh sei, mit so einem krach-stinkenden Etwas hier am helllichten Tag auf der Straße herumzuexplodieren und seine Pferde scheu zu machen?

Wie immer in solchen Augenblicken schwieg Carl Benz zunächst, schaute sich besonnen das Dilemma an, beurteilte den Schaden, zückte seine Geldbörse, murmelte tausend Entschuldigungen und versuchte, einen Spaß zu machen, was meistens misslang. Dann drückte er dem vor Wut schnaubenden Kutscher ein paar Scheine in die Hand, gab, so seine Regel, im Fall des Falles so viel Geld, wie die Opfer seiner Ausfahrten vermutlich noch nie auf einmal gesehen hatten. Das beruhigte erst einmal die Lage. Einen kurzen Moment lang herrschte Verlegenheit, die Carl Benz den Vorsprung verschaffte, den er brauchte, um seine Erfindung vernünftig zu erklären. Zumindest probierte er das.

Viel zu oft aber muss er die Erfahrung machen, dass er scheitert. Zwar ist jeder seiner Artgenossen als untrügliches Zeichen seines Menschseins mit einem Kopf auf dem Hals ausgestattet; dies bedeutet aber nicht zwangsläufig, Verstand im Schädel zu haben. Mehr noch, seine Feldversuche verdeutlichen Carl: Verständnis oder gar Einsicht zu zeigen, vermögen nur einige seltene Exemplare der Gattung Mensch. Weil er als Tüftler aber, möglicherweise im Gegensatz zu den gewöhnlichen Zeitgenossen, das Neue und Unverständliche stets als Abenteuer betrachtet, als willkommene Aufforderung, sich das Unbekannte vertraut zu machen, ist ihm die

Geisteshaltung seiner unfreiwilligen Straßenbekanntschaften fremd. Er kann einfach nicht begreifen, warum sie nicht erst einmal neugierig sind. Er verlangt ja nicht, dass sie ihn beklatschten, aber es irritiert ihn, dass sie nicht wenigstens erst einmal fragen, was das sei und wie man es verwenden könne, sondern immer gleich eine Meinung haben, und zwar eine ablehnende. Es ist Bertha, die ihn trotz allem Tag für Tag aufs Neue ermuntert, mit den Probefahrten weiterzumachen.

Der erste pferdelose Wagen von 1885 ist eine filigrane Konstruktion zwischen dreirädrigem Veloziped mit Motor und »Chaise ohne Gäul«.

»Es brennt, es brennt!«, schreien plötzlich Eugen und Richard, die beiden Söhne von Carl Benz, die bei dieser Ausfahrt, die etwas länger dauern soll, mit Ligroinflaschen in der Hand hinter ihm hergerannt sind, denn einen Vorratstank besitzt der Motorwagen noch nicht; alle paar Minuten muss deshalb Kraftstoff nachgegossen werden. Jäh wird Carl durch ihr Geschrei aus seinen Gedanken gerissen, weiß aber sofort, was zu tun ist. Im Umgang mit den Tücken seines Fahrzeugs kann ihm keiner etwas vormachen. Gekonnt stoppt er den Wagen, zügig greift er nach der Löschdecke auf der Bank und schlägt in wenigen Sekunden die Flammen nieder. Kein Grund zur Aufregung, beruhigt er dabei die Leute, die in Erwartung eines reizvollen, für sie aber ungefährlichen Dramas aus allen Richtungen angelaufen kommen, sich um seinen Wagen versammeln und ihn angaffen.

Wer hier die öffentliche Ruhe störe, fragt auf einmal mit einer knarzigen, durchdringenden Stimme ein Polizist aus der Menge heraus. Was das für eine unvorschriftsmäßige Zusammenrottung sei. Ob man eine Genehmigung habe. Während der Gendarm seine Fragen zur Lage stellt, bilden die Umherstehenden wie von selbst eine Gasse, die ihn direkt zu Carl Benz führt. Nur Eugen und Richard schieben sich schnell vor ihren Vater und versuchen, den Hüter der Ordnung, der sich gerade wie ein Gockel aufzuplustern beginnt, daran zu hindern, Carl Benz näher zu kommen.

Nichts sei passiert, gar nichts, antwortet Eugen scheinbar gelassen und macht ein betont harmloses Gesicht: Die Leute würden immer so ein sinnloses Theater veranstalten, wenn sein Vater mit dem neu entwickelten und patentierten Motorwagen unterwegs sei. Die Augenbrauen zusammengezogen und mit Misstrauen im Blick sieht der Uniformierte auf den dreizehnjährigen Eugen Benz herab, schubst ihn mit seinem Bauch zur Seite, danach drängt er mit dem linken Arm auch Richard weg und fragt, ob diese Bengel nicht in die Schule statt auf die Straße gehörten. Mit Verlaub, erhebt nun Carl Benz das Wort, man arbeite hier am Fortschritt. Und Fortschritt, das wisse der Herr Polizist sicherlich, bedeute immer Veränderung, was wiederum bedeute, man müsse etwas anders machen als bisher. Dies sei Tradition bei allen, die, wie er, Erfinder seien. Würdevoll spricht Carl Benz diesen letzten Satz und richtet seinen Oberkörper auf, dann fährt er mit einem absichtlichen Zögern in der Stimme fort: Wenn allerdings alles lieber so bleiben solle wie gewohnt, dann könnten alle Tüftler gleich schlafen gehen, anstatt nächtelang in ihren Versuchslaboren zu werkeln. Dabei lächelt er den Polizisten aufmunternd an und formuliert mit allem Charme, zu dem er fähig ist: Aber einen letzten Versuch zur Erkenntnisgewinnung, ja, den wolle er noch wagen, vielleicht könne es der Herr vom Straßenamt so verstehen: Auch die Diener des Staates seien inzwischen nicht mehr mit Fellen, sondern mit schicken Uniformen bekleidet, und sie hätten auch nicht mehr Pfeil und Bogen in der Hand, sondern Gewehre. Auch das sei ein Fortschritt, nicht wahr?

Ob er sich über die Gendarmerie belustigen wolle?, entgegnet der Polizist mit finsterer Miene und setzt scharf hinterher, dass es verboten sei, über Beamte zu scherzen. Er möge sich zügeln, der Herr Bürger, und ihn nicht mit seinen ausgedachten Weisheiten von seinen Amtshandlungen abhalten. Er wolle jetzt wissen, ob er weitere Zuwiderhandlungen vorhabe.

Nur eine Sache noch, antwortet Carl Benz, er möchte den Herrn Polizisten nur noch darauf aufmerksam machen: Sein Motorwagen löse in Zukunft ganz sicher die Pferde ab. Keine Stallarbeit mehr, kein Futtersack und vor allem auch keine lästigen Fäkalien auf der Straße. Und das Beste sei, mit seinem Wagen sei die Gendarmerie künftig schneller als der Wind, könnte also mühelos die rapidesten Diebe jagen, und niemand mehr würde ihnen entwischen.

Motorwagen? Schneller-als-der-Wind-Maschinen? Der Polizist rümpft die Nase, seine Augen nehmen die Form von Schlitzen an. Was immer das für neumodische Sachen seien, die er da meine, in seinen Gesetzen kämen diese Worte nicht vor, das wisse er genau zu sagen, und so könne er jetzt logisch schlussfolgern, es handle sich um Unerlaubtes. Dies zu ahnden sei seine Pflicht und Aufgabe, und deshalb werde er jetzt amtshandeln. Daraufhin räuspert er sich gehörig, zieht demonstrativ einen Stift aus seiner linken Brusttasche und beginnt, mit gedehnten Lauten sich selbst zu diktieren: »Mannheim, am 20. Juni 1886 ...« Um es aufzuschreiben, zerrt er seinen Notizblock aus der zu eng sitzenden Jacke, die ihm vermutlich in jungen Jahren gepasst hat, in der Zwischenzeit aber längst zu klein geworden ist. Es ärgert ihn, dass seine Bewegungen nicht reibungslos klappen, und deshalb fährt er jetzt mit hastigen Worten fort, bei denen sich die Silben überschlagen: Da der Herr Benz kein Gaukler oder Feuerspucker sei, erhalte er jetzt eine Strafe für die unerlaubte Aufbietung einer Attraktion zur nicht genehmigten Zuschauerbegeisterung, das Ganze auf offener Straße, und eine weitere Strafe für die öffentliche Zurschaustellung des Fortschritts, was per Gesetz nicht vorgesehen sei. Die Beamtenbeleidigung werde er vorerst weglassen, man sei ja nicht kleinkariert.

Keiner der Umherstehenden kann diese Behördensprache verstehen, aber weil das schon immer so und nicht anders ist, wundert es niemanden mehr. Kaum einer erwartet noch, dass Polizisten bei ihren Handlungen nachvollziehbar sind. Die meisten fügen sich ohne Widerworte, was ihnen weitere Probleme erspart und den Dienern des Staates auf merkwürdige Weise Verfügungsmacht und Autorität verschafft.

Und jetzt, donnert der Polizist am Ende und schwenkt drohend seinen Notizblock hin und her, möge der Herr vom Fortschritt schleunigst das Gestell von der Straße schaffen. Er würde im Anschluss an dieses Ärgernis, so, wie es ihm für den Tag heute vorgeschrieben sei, noch seinen Weg bis

zur übernächsten Straßenecke laufen, und wenn er zurück-
komme und der Herr mit dem Schneller-als-der-Wind-
Wagen sei immer noch da, werde er ihn und vor allem diesen Motorwagen auf der Stelle verhaften. Das sage er nicht
noch einmal.

Carl Benz begreift, dass hier nichts mehr auszurichten ist,
und macht sich daran, das Feld zu räumen. Doch zu allem
Übel springt sein Wagen trotz mehrfacher Versuche nach
dem Brand nicht mehr an. »Bockige Bertha«, schimpft er
in sich hinein, »beweg dich!« Aber der Motor zündet nicht.
Und sein Gefährt, das er sonst liebevoll »meine Benzine«
nennt, rührt sich nicht von der Stelle.

»Daraus wird nie etwas Gescheites«, höhnt es aus der
Menge. »Schmeiß den Stinkekarren in den Neckar, mehr ist
er nicht wert!«, geht es weiter. Und dann fangen die Leute
an, sich auszuschütten vor Lachen. Erst einige wenige, bald
schon krakeelen fast alle. Es klingt geradeso, als wären sie
verrückt geworden. Ständig ertönt ein neuer Spruch, um
sich über Carl Benz und seine Erfindung lustig zu machen.
Man könnte meinen, der amtshandelnde Polizist habe sie
zu hemmungslosem Schmähen ermuntert, ja eine Genehmigung dafür erteilt. »Stellt euch vor«, brüllt einer, »das
klapprige Gestell, das hopst wie ein Karnickel, wenn es
überhaupt in der Stimmung für Fortbewegung ist, soll auch
noch ein Vermögen kosten, volle dreitausend Mark!« Die
Menge johlt. Ein anderer fühlt sich von der begeisterten
Masse ermuntert und kreischt: »Da zieht doch jeder mit
Verstand im Kopf ein wohlriechendes Pferd und eine feine
Kutsche vor, als auf so einen unzuverlässigen Karren zu steigen!« Und der klapprige Kutscher wirft hinterher: »Wird
Zeit, dass dem seine Schrullen aus dem Kopf kollern, so wie
das Gemüse, das nun auf der Straße liegt!« – »Gefährlich
ist es, ganz gefährlich!«, ruft eine ältere Frau mit schriller

Stimme und reißt wütend ihre kleinen Fäuste empor, »beinahe hätte er unsere Häuser und unsere Kinder unter Feuer gesetzt!« Hysterisch fällt daraufhin eine andere ein: »Mörder, Mörder, er ist ein Mörder!« Die letzten Worte stößt sie unter Tränen hervor. »Hau ab! Fort von hier!«, meckert eine dritte, schüttelt sich vor Entsetzen und wirft einen faulen Salat nach dem Motorwagen. »Wer weiß, was der noch alles zerstört!«

Carl Benz zieht sich mehr und mehr in sich zurück und versucht, trotz allem Aufruhr die Ruhe zu bewahren. Seinen Söhnen flüstert er ins Ohr, sie sollten das Gezeter vergessen, gar nicht erst hinhören, wenn dieses unwissende Volk so derb rumpöbeln würde. Dabei streichelt er Eugen und Richard über den Kopf und bemüht sich um ein Lächeln. Innerlich aber leidet er unter den Tiraden des dümmlichen Spotts, leidet unter Häme und Hohn, die ihm auf der Straße entgegenschlagen, dicht gefolgt von bitterem Hass oder beschränkter Bösartigkeit, die ihre Ursachen zwar nicht unbedingt bei Carl Benz und seinem pferdelosen Wagen haben, aber wer macht sich schon die Mühe, die wahren Quellen seiner eigenen Ungehaltenheit ausfindig zu machen? Bei jeder Ausfahrt wird er so zur Angriffsfläche für allerlei Missgelauntheiten. Resigniert stellt Carl Benz fest: Es ist wohl köstlich, neue Gedanken zu haben, doch hart, sie zu verbreiten.

Noch immer springt die bockige Bertha nicht an. Eugen, Carls ältester Sohn, hat Tränen in den Augen, Richard, der jüngere, weint jämmerlich. Carl unternimmt einen letzten Versuch, sie zu trösten: »Motoren können eben genauso launisch sein wie Pferde.« Zumindest über Eugens Gesicht huscht ein zaghaftes Schmunzeln. Ansonsten aber bleibt ihnen nichts anderes übrig, als nun auf ein vorbeikommendes Fuhrwerk zu warten, das sie heimschieben kann.

Schließlich erbarmt sich der Kutscher eines Ochsenkarrens und hängt den Motorwagen hinten an. Erneut krakeelt die Menge und vergnügt sich prächtig: Eine tolle Erfindung sei das! Ein Wagen, der einen Ochsen zum Motor habe. Er möge in hundert Jahren wiederkommen, vielleicht interessiere sich dann jemand für den Quatsch.

Ein paar Tage später stehen zwei Beamte mit strengem Gesichtsausdruck und strammer Haltung vor der Tür. Mit kalten, knappen Sätzen teilen sie ihm mit, dass es ihm in Zukunft verboten sei, mit dem von ihm entwickelten Wagen auf der Straße zu fahren. Mehrere Beschwerden lägen vor: Er habe sechs Hühner überfahren, dazu drei Enten und zwei Gänse – natürlich immer die dicksten und die besten –, auch ein Hund sei unter die Räder gekommen. Ebenso seien vier Fuhrwerke umgekippt und zwölf Gäule im Galopp durchgegangen. Für diese Grobheiten erhalte er einen Strafbefehl vom Großherzoglich Badischen Oberamt über einhundert Mark. Würde er wieder beim Fahren erwischt, komme er nicht mehr so leicht davon. Dann würde die Geldbuße das Doppelte betragen, wahlweise könne er aber auch für vier Wochen ins Gefängnis wandern. Darüber hinaus bewache ein Polizist ab heute die Hofausfahrt. Ob der Herr Benz prinzipiell bereit sei, das Verbot einzuhalten, fragt einer der beiden Beamten und ergänzt: Selbstverständlich sei dieser Dienst von ihm zu bezahlen.

Ob er das alles verstanden habe, will der andere von ihm wissen. Zur Sicherheit ließen sie alles auch noch einmal schriftlich da, damit er es jederzeit schwarz auf weiß nachlesen könne – wofür sie zusätzlich zehn Mark Schreibgebühr verlangen würden.

Nach dieser Aburteilung steht der Erfinder des Motorwagens wie ein begossener Pudel da. Da hat er Jahre seines Lebens damit zugebracht, den Menschen das Leben erleichtern zu wollen, immer wieder getüftelt und experimentiert, wie er sie vom Kraftaufwand ihrer Füße oder vom Einsatz der Zugtiere unabhängig machen kann. Kurz: alles hat er darangegeben, eine nützliche Ergänzung für das Mangelwesen Mensch zu erschaffen. Doch jetzt fühlt er sich behandelt, als wäre er ein Verbrecher! Bertha hingegen, hochrot vor Zorn, zahlt absichtlich in kleinen Münzen das Verlangte ab und giftet die Beamten an, derart gemaßregelt würde die Menschheit niemals vorankommen. Ob man nicht erwarten dürfe, dass die Behörden durch ihre herausragende Position den nötigen Überblick hätten und sich deshalb für den Fortschritt starkmachten, statt ihn zu verhindern.

Sie möge sich mäßigen, reagieren die Beamten von oben herab und bedeuten Bertha Benz, sie solle lieber still sein und sich zurücknehmen, sonst werde man auch ihr eine Rüge, und zwar wegen Beleidigung von Amtspersonen, erteilen. Im Übrigen sei es ganz einfach, ihr Herr Gemahl müsse nur lernen, sein Fortschrittswerk an die Allgemeinheit und was diese gewohnt sei, anzupassen. Mehr verlange man doch gar nicht … Typisch, diese behördliche Besserwisserei, grollt daraufhin Bertha, verkneift sich aber jedes weitere Wort.

Als die Herren vom Amt wieder abgezogen sind, bestürmt Eugen seinen Vater. Er wisse, wie man weiterfahren könne. Hinter dem Haus gebe es ein Stück Zaun, das ganz leicht aus der Angel zu heben sei. Schon oft hätten sie dort gespielt und sich heimlich aus dem Staub gemacht. Von dort aus komme man auf einen Feldweg, der auf eine abgelegene Straße führe, kaum einer sei dort. »Großartig!«, kommentiert Bertha erfreut und ordnet an, ab morgen solle Carl in aller Frühe, wenn die meisten noch schliefen, weiter seine Probefahrten machen. Selber schuld, wenn diese Quadratschädel aus der Quadratestadt, wie Mannheim aufgrund seiner Kästcheneinteilung auch genannt wurde, kein Einsehen hätten.

Es dauert nicht lange, da kommen auch seine beiden Geschäftspartner Rose und Esslinger vorbei, um sich den Wagen ohne Pferde anzuschauen. Wieder lärmt und spuckt er beim Anlassen. Und als der Steuerhebel gelöst ist, hüpft er mehr, als dass er fährt, immer vorwärts im Takt der Explosionen. »Sieht aus wie ein Hund, der aus dem Wasser kommt«, lacht Friedrich Esslinger abschätzig und schüttelt verständnislos den Kopf über dieses eigenwillige Gefährt, auf dem abwechselnd Bertha und Carl Benz über den Hof krachen. »Jeder runde Pferdehintern ist schöner als dieses Metallgestell«, doziert Max Rose, ganz unästhetisch sähe diese Kutsche aus, ohne Tiere fehle etwas, gänzlich seelenlos wirke dieser Bewegungsapparat. Sicher sei jedenfalls, ergänzt Esslinger und reibt sich seinen Bauch, weil er gerade Magen-Darm-Probleme hat, man könne diese Neuheit keinesfalls bauen, erst einmal müsse man das Alte verdauen! Das sagt er und muss dann dringend seinen Blähbauch erleichtern, lässt Gas ab, aber möglichst leise, und meint, es mit einem Hüsteln überspielen zu können. Auf jeden Fall solle er die Finger davon lassen, mahnt abschließend Geschäftspartner Rose. Er habe eine Menge Geld mit den Motoren verdient; begehre er dieses Spielzeug hier weiter, werde er alles verlieren und sich erneut ruinieren, weil kein einziger Mensch Bedarf an solchen Fahrzeugen habe. Das wüssten sie sicher. Sie, ja sie seien die erfahrenen Kaufleute.

Am Abend desselben Tages erhält Bertha den lange erwarteten Antwortbrief ihrer Schwester Emilie aus Milwaukee. Mehrfach hat sie bereits vergeblich den Postboten abgefangen. Sie will verhindern, dass der Brief in die Hände ihres Mannes gelangt, denn Carl ist nicht eingeweiht in ihre Pläne, möglicherweise nach Amerika auszuwandern. Jetzt endlich kann sie die Erwiderung der Schwester lesen:

Meine liebe Bertha,
lange habe ich über Deine Anfrage nachgedacht und
abgewogen. Ich möchte Dir sagen, dass mir um Dich
nicht bange ist. Wir sind ja tüchtig erzogen und finden
uns überall zurecht. Aber ich fürchte um Deinen Ehe-
mann. Mutter hat mir erzählt, er wolle gern ein groß-
artiger Herr sein und sei niemand, der seiner Familie
zuliebe seinen Stolz zum Opfer bringen kann. Damit
wird er hier nicht weit kommen. Hier heißt es, Ärmel
hochkrempeln und zupacken, was auch immer der
neue Tag verlangt …

Weiter kommt Bertha nicht. Langsam legt sie den Brief zur
Seite und schaut sich das Foto von ihrer Familie an, das vor
ihr steht im edlen Silberrahmen auf dem Sekretär. Ihr Blick
bleibt bei Carl hängen. So ist es immer, geht es ihr durch
den Kopf, nur sie wird als die Tüchtige wahrgenommen. Für
alle Außenstehenden sieht es immer so aus, als hätte sie die
Fäden in der Hand. Dabei hat sie alles, was in ihrem Leben
von Bedeutung ist, ihrem Mann zu verdanken. Von ihm hat
sie ihre vier Kinder, er entwickelte den Motor, der ihnen
nach den Jahren der Not finanzielle Spielräume verschaffte,
und er hat, trotz aller Widerstände, auf grandiose Weise den
pferdelosen Wagen zum Laufen gebracht. Sie hat ihm lediglich zur Seite gestanden. Fest zupackend zwar, die Arbeit in
der Werkstatt nicht scheuend, aber der erfindungsreiche
Meister und Schöpfer all dessen, was wichtig war, das war er.
Und er war es, der sie durch seine Art ermutigt und befähigt
hatte; nicht als kraftstrotzender und unempfindsamer Mann,
nein, gerade seine Zaghaftigkeit und sein Zweifeln trieben
sie an. Seine Art forderte sie heraus, voranzugehen und in
aussichtslosen Lagen Hoffnung zu verbreiten.

War Carl zu stolz? Ließ verletzte Eitelkeit seine Geschäfte

scheitern? Nein, auch das konnte sie nicht stehenlassen. Miese Kaufleute, profitgierige Finanzjongleure, der warzennasige Gerichtsvollzieher oder die stümperhaften Beamten, die aufgrund ihrer sicheren Versorgung meist so prall im Fleisch standen, dass sie aus ihren Uniformen platzten: Sie alle hatten erbarmungslos und ohne Bedenken Elend über sie gebracht! Dass Carl es nicht vermochte, sich denen unterzuordnen, konnte sie ihm nicht zum Vorwurf machen. Wo stünden sie jetzt, hätten sie sich nicht mutig widersetzt, auch wenn das mit Entbehrungen verbunden war? Es stimmte, sorgenvolle Tage erlebten sie viele. Aber noch schlimmer wäre gewesen, nicht zu Ende zu führen, was sie sich einst, nach ihrer ersten Begegnung im Kloster Maulbronn, vorgenommen hatten. Noch schlimmer wäre, die Phantasien zu begraben, die sie einst beflügelten. Es gab zu viele, die lebten und dabei ihre Träume verblassen ließen, weil sie ihnen im alltäglichen Leben zu anstrengend geworden waren. All diese Träumer von einst, die ernüchtert waren, schleppten, ohne es zu bemerken, einen dunklen Schatten mit sich herum, eine ewige Last, nicht getan zu haben, was möglich gewesen wäre.

Gab es dagegen eine tiefere Liebe, als tatsächlich Wort zu halten und sich so zu beweisen – vor sich selbst und vor dem anderen? Bei aller Unbill, Bertha kannte keinen anderen Mann, dem sie lieber nahe gewesen wäre. Sie hatte sich all die Jahre mit wachem Blick die umherlaufenden Herren angeschaut. Aber es war Carl, der ihr fehlte, wenn er nicht bei ihr war.

Und dennoch überkommt sie in diesem Augenblick auch Angst. Ihr Herz pocht geradezu rasend bei der Vorstellung, morgen oder übermorgen, wenn neues Unglück auftauchen würde, nicht mehr mit ihm durchhalten oder ihm helfen zu können. Ja, manchmal fürchtet sie, dem ständigen Druck nicht mehr gewachsen zu sein. Und was würde aus ihrem Leben werden, wenn gegen all die erlittenen Rückschläge auf einmal kein Erfolg mehr half, das Scheitern und die Kränkung obsiegten? War es schon immer so, dass das Leben nur meisterte, wer bereit war, stets aufs Neue zu kämpfen? Hinfallen. Aufstehen. Hinfallen. Aufstehen. Alles andere war belanglos?

Wirr sind Berthas Gedanken. Sie fühlt sich verunsichert. Nach geraumer Zeit beschließt sie, dass sie lange genug ihren Gedanken nachgehangen hat. Die Situation verlangt es, zu handeln. Und sie verlangt, sich vor Ort zu stellen, also nicht auszuwandern. Das zumindest weiß sie jetzt.

Zwei Briefe schreibt sie noch in dieser Nacht, die sie zuvor beim Abendessen mit Carl abgestimmt hat, der froh ist, wenn Bertha ihm derartigen Schreibkram abnimmt und für ihn unterzeichnet. Der eine geht an einen Redakteur der *Badischen Landeszeitung*, der sie neulich besucht hat und über die Entwicklung des Motorwagens auf dem Laufenden gehalten werden will. Der andere Empfänger ist ein Beamter aus dem Großherzoglich Badischen Ministerium, der sich um die Belange des Straßenverkehrs kümmert. Der Zeitungsredakteur hatte dringend empfohlen, sich an diesen Herrn zu wenden. Nun will Bertha beide dafür gewinnen, sich das vielfach verbesserte Fahrzeug anzuschauen und eine offizielle Fahrerlaubnis zu bewirken. Sie ist froh, dass ihr auf der Höheren Töchterschule einiges über den offiziellen Schriftverkehr vermittelt worden ist. Jetzt beginnt sie ihre Briefe mit folgendem Satz:

Sehr geehrte Herren,
es ist schon manches, was unglaublich schien, Tatsache geworden ...

Dann reflektiert sie in ihren Briefen darüber, ob es deshalb nicht ratsam sei, neuen Ideen gegenüber aufgeschlossen zu sein. Es könnte eine Zeit kommen, da sich niemand mehr an die Spötter erinnern wolle, der Straßenwagen aber die Welt erobern würde.

Das half. Zunächst erscheint wenige Tage darauf in der *Badischen Landeszeitung* ein Bericht, der dem Motorwagen eine gute Zukunft prognostiziert. Der Redakteur beschreibt, wie erfolgreich Carl Benz bei der Erprobung seines motorgetriebenen Vehikels sei. Es ist zu lesen, dieses würde insbesondere solchen Unternehmern das Leben bequemer machen, deren Geschäfte mit Reisen oder dem Transport von Waren verbunden seien. Für Ärzte, Verkäufer und Sportsfreunde könne sich der Straßenwagen als äußerst praktisch und brauchbar erweisen.

Der Artikel zeigt Wirkung. Das Großherzogliche Badische Ministerium erteilt aufgrund des Ersuchens von Carl Benz die Genehmigung, auf einigen wenigen Straßen fahren zu dürfen, allerdings nur in Schrittgeschwindigkeit und unter der Auflage, dass Fußgänger und Pferde auf der Straße den Vorrang hätten, der Wagen bei einer Begegnung zu stoppen sei und alle Schäden, die entstünden, in jedem Fall von ihm zu ersetzen seien.

Kurz darauf betritt zum großen Erstaunen der Geschäftspartner Rose und Esslinger ein Kaufinteressent den Hof der Fabrik und begehrt, Carl Benz und dessen Mobilitätsmaschine zu sehen, weil er den lobenden Artikel in der Zeitung gelesen habe und ein solches Fuhrwerk erwerben wolle. Doch der Erfinder wiegelt ab. Mit ausführlichen Begründungen verweist er darauf, dass er mit dem Wagen noch nicht zufrieden sei. Statt das Erreichte hervorzuheben, spricht er mal wieder nur über das, was noch nicht gelungen sei, und bemerkt, es müsse noch etliches nachgebessert werden und die Erfahrung zeige, kaum sei ein Problem gelöst, werde es umgehend durch ein neues ersetzt. Rose und Esslinger halten den Atem an, um gleich darauf Carl Benz ins Wort zu fallen: Das sei sicher in ein, zwei Tagen alles behoben und bestens. Er könne also gern kaufen und dann in einigen Tagen zum Abholen wiederkommen. Der Mann ist sofort willig, sich darauf einzulassen. Er trage den Koffer mit dem Geld für den Motorwagen sowieso schon bei sich, erklärt er munter und betont, dass es ihm nichts ausmache, also in Ordnung sei, wenn der Wagen am Anfang ein paar Schwierigkeiten mache. Wichtig sei ihm nur, der Erste in Mannheim zu sein, der die Neuheit vorführe, und er wolle, grinst er verständnisheischend, damit bei seinen Geschäftspartnern Eindruck machen. Carl Benz schaut sich den eitlen Fatzke mit dem bunten Einstecktuch am Sakko gründlich an, bevor er antwortet: Dann solle er jetzt mal genau aufpassen, was für eine tolle Vorstellung er auf Mannheims Straßen geben könne.

Schnellen Schrittes eilt er danach in die Werkstatt und weist seinen Sohn Eugen an, die Riemen enger zu spannen. Meister Benz weiß, dies wird dazu führen, dass der Wagen nach dem Anlassen wie ein Ziegenbock in die Höhe hopst. Währenddessen versammeln sich auf dem Hof etliche Arbeiter, und auch Bertha steht mit den kleinen Töchtern da. Langsam schieben Eugen und Richard den Wagen in den Hof, und spitzbübisch lächelnd fordert Konstrukteur Benz den begierigen Käufer auf, es sich auf dem Fahrerbänkchen recht gemütlich zu machen. Siegesgewiss steigt der auf den Wagen, selbstverständlich ohne seinen Geldkoffer zu vergessen. Carl Benz erklärt ihm kurz die Funktionsweise, stellt den Kraftstoffregler sorgsam ein und dreht kräftig am Schwungrad, um den Motor anzulassen. Wie immer knallt und tuckert es, dann gibt er das Kommando an den Fahrer, den Bremshebel loszulassen. In diesem Moment steigt das Fahrzeug mit dem Vorderrad hoch in die Luft und macht einen kleinen Satz nach vorn. Der potenzielle Käufer schreit entsetzt und fällt in hohem Bogen von der Bank auf die Pflastersteine, mit einem Krachen landet sein Geldkoffer direkt neben ihm.

Bertha, die ahnt, was der Grund für den Absturz des Käufers ist, muss sich wie die meisten anderen ein Lachen verkneifen. Nur die Kinder kreischen vor Freude und beginnen, ähnlich wie der Wagen, Luftsprünge zu machen. Zügig springt Werkmeister Benz, der ja mit diesem Sturz gerechnet hat, nach dem Vorfall auf den Karren und bringt ihn zum Halten. Beim Absteigen bietet er dem blamierten Käufer am Boden seine Hand zum Aufstehen an, versichert sich, dass ihm nichts Schlimmes passiert ist, und zitiert durchaus spöttisch: »Stets findet Überraschung statt, da, wo man's nicht erwartet hat!« Er solle sich deshalb keinen Kummer bereiten und lieber noch ein paar Monate mit dem Kaufen warten. Rose und Esslinger kochen vor Wut, verkneifen sich in dieser peinlichen Situation aber jede Rüge und verabschieden den enttäuschten Käufer unter größter Anteilnahme mit ausgesucht höflichen Worten. Danach jedoch ist es für sie beschlossene Sache, dass es mit Carl Benz und dem Straßenwagen so nicht weitergehen könne.

Von diesem Tag an lassen sie sich demonstrativ mit ihren Pferdekutschen bis vor die Eingangstür des Fabrikgebäudes fahren. Bislang waren sie an der Straße ausgestiegen und die letzten Meter zu Fuß gegangen. Nun aber stehen ihre Pferde stundenlang auf dem Hofgelände, sodass diese auch ihre Verdauung vor den Augen von Carl Benz erledigen. »Pferdeäpfel haben noch keinem geschadet«, schnaubt der hin und wieder über den Hof und ärgert sich insgeheim. Doch er lässt sich nicht beirren und erobert mehr und mehr Mannheims Straßen, wobei es ihm schwerfällt, sich an das vorgeschriebene Schritttempo zu halten. Es wirkt lächerlich, wenn er sich mit dem dreirädrigen Motorwagen, der gewaltig knattert und stinkt und an die sechzehn Stundenkilometer schaffen könnte, nicht schneller als ein Fußgänger fortbewegen darf.

Also schreibt Bertha, wieder unter Carls Namen, einen Brief an das Ministerium und bietet den leitenden Herren eine vergnügliche Ausfahrt an und lockt damit, es auch an ein paar Köstlichkeiten aus der Region nicht fehlen zu lassen. Es ist bekannt, etliche von denen, die im öffentlichen Dienst beschäftigt sind, freuen sich über solche Einladungen, wobei sie dann aber mit vollgestopftem Mund und reichlich geistigen Getränken im Kopf betonen, in jeder Hinsicht unbestechlich zu sein. Dankbar nehmen sie jedoch zum Abschied als Wegzehrung noch ein paar Flaschen vom guten Wein.

Als die Beauftragten aus dem Ministerium tatsächlich nach Mannheim kommen, um sich den Kraftwagen vorführen zu lassen, schickt Benz seinen besten Fahrer zum Bahnhof. Der hat Anordnung, in keinem Fall flotter als die erlaubten sechs Kilometer pro Stunde zu fahren, gern dürfe es ein klein wenig langsamer sein, gibt er ihm schmunzelnd mit auf den Weg. Dicht gedrängt und erwartungsvoll nehmen die Herren auf dem Fahrerbänkchen Platz und müssen zusehen, wie sie von eiligen Fußgängern überholt werden und jede Pferdekutsche und jeder Milchkarren mühelos an ihnen vorbeiziehen kann. Es dauert nicht lange, da ist die Geduld der Männer vom Ministerium erschöpft. Ob es nicht ein wenig temporeicher ginge, murren sie, man komme sich im Vergleich zu allen anderen wie eine lahme Ente vor. Der Wagen solle doch etwas Modernes sein und in die Zukunft weisen.

Zwanzig, vielleicht sogar bald dreißig Kilometer in der Stunde seien zu schaffen, erklärt ihnen der Fahrer, aber es seien ja maximal sechs erlaubt. Daran müsse er sich nun einmal halten. Vorschrift sei Vorschrift! – Damit ist es geschafft. Sofort und noch vor der Einladung zum pompösen Abendessen heben die Beamten die Geschwindigkeitsbegrenzung auf. Carl Benz erhält die Erlaubnis, schneller zu fahren, allerdings immer noch unter der Auflage, bei entgegenkommenden Pferden, Hunden oder Hühnern das Tempo frühzeitig zu verringern oder ganz anzuhalten, wenn die Tiere ängstlich sind. Selbstverständlich sind alle Schäden, die entstehen, von ihm zu bezahlen.

Noch über ein Jahr arbeitet der eifrige Benz mit seinen Mitarbeitern an der Verbesserung des Motorwagens, zwei weitere Modelle werden in der Zwischenzeit als Dreirad fertiggestellt. Pannen gibt es kaum noch. Jeden Sonntag werden Ausflüge in die nähere Umgebung unternommen, die der Familie einen Heidenspaß bereiten. Nur eines bleibt aus: die Käufer.

Bisher weiß allerdings auch kaum einer, dass es überhaupt solch ein Fahrzeug gibt. Es wäre dringend nötig, Fahrten in andere deutsche Städte zu machen, klagt Carl, erhält aber keine Erlaubnis dafür. Am 1. August 1888 wird ihm wieder nur eine eingeschränkte Fahrgenehmigung mit etlichen Auflagen erteilt. Er darf nur Fahrten ins nahe Umland machen, über einen Radius von zehn bis zwanzig Kilometern kommt er mit seinen Touren nicht hinaus.

»Wir werden keine Energie mehr für Behördenkram vergeuden!« Und er, Carl, werde sich auch nicht mehr strafbar machen, ordnet Bertha kurz entschlossen an, als er sich, wie so oft schon, beim Abendessen darüber beschwert, dass er keine Zulassung für Fernfahrten erhalte. »Ich habe da eine ganz andere Idee«, sagt sie geheimnisvoll. Doch sei es wohl besser, diese vorerst für sich zu behalten. Dann steht sie beschwingt auf, bringt die Kinder ins Bett und lässt Carl mit seinen fragenden Blicken zurück: Was bloß ist ihr so plötzlich eingefallen?

»Wir müssen es heimlich machen!«

Bertha Benz wagt die erste
Fernfahrt der Welt

Soll sie es tatsächlich riskieren? Die Nacht dreht sich nur um diese eine Frage. Stundenlang grübelt Bertha über ihr Vorhaben: Eine Fernfahrt mit dem Motorwagen, weit über Mannheims Grenzen hinaus. Verboten ist das! Verwegen! Ja, geradezu tollkühn! Bertha wägt ab: Sie könnte diese Fahrt heimlich machen, ohne Carl einzuweihen. Eugen und Richard, die Söhne, müssten ihr allerdings helfen, denn niemals würde sie den Wagen aus eigener Kraft vom Hof schieben können. Aber ist das überhaupt realistisch? Der Motor knattert beim Anfahren so laut, wie sollte Carl das nicht hören? Und selbst wenn es gelänge – was wäre, wenn er oder jemand aus der Werkstatt entdecken würde, dass der Wagen verschwunden ist? Würden sie nicht sofort die Polizei alarmieren? Bertha ringt mit sich: Es wagen oder lieber bleiben lassen? Die Fernfahrt riskieren oder weiter darauf hoffen, dass der Durchbruch von Mannheim aus gelingt?

Tief atmet Bertha durch, schnauft geradezu neben Carl im Bett, der ihre Unruhe bemerkt und deshalb selbst kaum schlafen kann. Seit Stunden schon wälzt sie sich von einer Seite auf die andere. Es ist noch dunkel, vermutlich noch nicht einmal vier Uhr in der Nacht. Unruhig geworden, dreht er sich zu Bertha: Was sie denn quäle, warum sie wach sei, ob er vielleicht helfen könne? Bertha stammelt: Also, sie wisse nicht … und möglicherweise sei es ja noch nicht … Den richtigen Moment zu finden sei immer schwer … und er solle sich jetzt bloß nicht aufregen, wenn sie ihm das sage …

Carl beugt sich liebevoll über Bertha, streichelt ihr Gesicht und erklärt, es sei doch aber eine gute Nachricht, wenn sie wieder ein Kind erwarte!

Nein, lacht Bertha, nein, nein, darum ginge es nicht.

Aber worum dann?

Sie, ja sie, sie wolle mit dem Wagen bis nach Pforzheim fahren. Ja, er habe richtig gehört, mit dem Motorwagen! Sie habe beschlossen, sich höchstpersönlich auf den Weg zu machen. Das Fahrzeug müsse dringend unter die Leute, sonst würde es mit neuen Käufern nie etwas. Außerdem passe es gut, ihre Schwester Thekla habe doch gerade vor drei Wochen Töchterchen Helen geboren, und sie sei als Patin zur Taufe eingeladen. Schon ab und zu habe sie über das Wagnis einer Überlandfahrt nachgedacht, nun sei es wirklich Zeit für dieses Abenteuer, platzt es aus ihr heraus. Eugen und Richard wolle sie übrigens mitnehmen, weil sie sich ohnehin mehr für die Erfindung ihres Vaters als für die Schulbücher interessierten und ihr helfen könnten, wenn etwas nicht klappt.

»Mit dem Wagen? Bis nach Pforzheim? … Mit dem Wagen … über einhundert Kilometer fahren? Mit Eugen und Richard?«, wiederholt Carl ungläubig. »Und die Polizei?«

Man werde sehen, wie weit die Reise gelinge, antwortet Bertha, nun schon ziemlich selbstbewusst. Und falls ihr ein Polizist in die Quere komme, werde sie ihn beschwatzen und wenn nötig ein wenig verrücktspielen, denn einer irre gewordenen Frau werde wohl keiner etwas anhaben. Und er, das sei das Wichtigste bei ihrem Plan, er müsse sagen, dass er von nichts eine Ahnung gehabt habe. Von nichts! Dann nämlich könne man ihn auch nicht bestrafen.

Carl weiß ganz und gar nicht, was er dazu sagen soll. Begeisterung erfasst ihn. Gefolgt von Bedenken. Jawohl!, ruft es in ihm. Gleich darauf schreit es: Um Himmels willen – auf gar keinen Fall zulassen! Dann greift er plötzlich, verwirrt und erregt zugleich, nach Berthas Hand und tut etwas, was er seit Jahren nicht mehr getan hat: Er fordert sie auf zum Tanz. Spontan. Mitten in der Nacht. Bertha muss darüber wie ein junges Mädchen lachen. Die Nachtigall trällert draußen im Takt. Andere Vögel setzen ein und singen den neuen Morgen herbei. Die Amseln schmettern besonders laut.

»Madame Benz«, richtet Carl zärtlich das Wort an Bertha, »darf ich bitten?« Bitten zum Tanz zu der Musik, mit der auch der Tag erwacht. Und tatsächlich, Bertha steht auf. Erhellt vom ersten Licht dieses sommerlichen Augustmorgens, macht Carl eine elegante Verbeugung, danach legt er sanft seinen Arm um Bertha. Dann wiegen sie sich im Kreis. Erst zögernd und langsam, doch mit jeder gemeinsamen Drehung fühlt sich das Leben leichter an. Sie schwingen nach Klängen, die es nicht gibt, die aber beide in sich zu hören glauben. Lange tanzen sie nach dieser Musik ihres Lebens zu zweit, so lange, bis sie nach einer besonders beschwingten Bewegung gemeinsam aufs Bett fallen. Ewig ist es her, dass sie so ausgelassen waren. Bertha spürt, so eine Verrücktheit tut ihnen gut, ist ganz nach ihrem Geschmack!

Den folgenden Tag über ist sie gut gelaunt, läuft fröhlich herum und findet zum Erstaunen des einen oder anderen, der sie sonst nur skeptisch oder kritikfreudig kennt, für jeden ein freundliches, aufmunterndes Wort. Carl baut derweil am Motorwagen und bereitet das Modell drei für die lange Reise vor. Eine Reise, wie sie sein kleiner Wagen noch nie unternommen hat. »Hundert Kilometer«, spricht er immer wieder ungläubig vor sich hin, und wieder und wieder schüttelt er den Kopf. Ob sein kleiner Straßenwagen das schaffen kann?

Eugen und Richard werden zunächst noch nicht in die Pläne eingeweiht, zu groß ist die Gefahr, dass sie sich verplappern. Ihnen wird nur angekündigt, dass es morgen in aller Frühe nach Pforzheim gehe. Sie sollen ihre Sachen packen, kleines Reisegepäck. Beide denken, man fahre wie immer mit der Eisenbahn.

Auch in der folgenden Nacht, der Nacht, bevor es in aller Frühe losgehen soll, schläft Bertha schlecht. Ständig schießen ihr neue Gedanken durch den Kopf: Die Fahrt – würde sie gelingen? Was tun, falls ein Polizist sie stoppte? Welches Wort zuerst? Eugen und Richard – würden sie mitlügen? Ohne rot zu werden, wo doch sonst jede Lüge in der Familie bestraft wurde? Wäre das zumutbar? Und sie, die Mutter, verantwortungslos?

Noch vor Tagesanbruch steht Bertha auf, weil sie im Bett keine Ruhe finden kann. Aufgekratzt läuft sie in der Küche umher, kocht sich eine heiße Schokolade, die sie beruhigen soll. Die Tasse mit dem breiten Goldrand und den tiefroten Rosen hat Carl ihr neulich zu ihrem neununddreißigsten Geburtstag geschenkt. Die Hälfte des Lebens ist demnach vorüber, in einem Jahr schon die magische Grenze der vierzig erreicht, von der Carl einst gesprochen hat, überlegt Bertha und schlürft aus der Tasse, die sie ein wenig zu voll gegossen hat. Höchste Zeit, etwas Außergewöhnliches zu wagen, wenigstens einmal im Leben aus der Rolle zu fallen. Und nützlich ist es obendrein auch noch, wenn dadurch der Wagen bekannter wird. Ihre Söhne sind inzwischen fünfzehn und dreizehn Jahre, also alt genug, um sich mit ihr auf dieses Abenteuer einzulassen. Außerdem vergöttern sie den Motorwagen, kennen seine Teile und auch seine Tücken in- und auswendig. Eugen hat im vergangenen Jahr sogar eine Lehre in Carls Werkstatt angefangen. Man kann es nicht anders sagen, das Fahrzeug ist ihr Morgen- und Abendgebet, selbst ihre Töchter, Clara und Thilde, haben schon Feuer gefangen, die eine kürzlich elf geworden, die andere sechs Jahre alt. Und Bertha kann ihre Kinder verstehen, schließlich wollte auch sie früher, als Mädchen, nur ungern Hausfrauenarbeiten verrichten, eine regelrechte Abneigung entwickelte sie gegen Nadel und Faden. Erst wenn sie Unterricht in Naturlehre hatte oder in der Zeitung etwas über die neumodische Eisenbahn las oder aber ihr Vater über neue Hauskonstruktionen referierte, waren ihr Geist und ihre Leidenschaft für alles, was das Leben betrifft, erwacht.

Nun würde sich, während sie auf Reisen wären, die Haushälterin um ihre Töchter und Carl kümmern. Bertha dankt Gott dafür, dass sie sich solch eine Dame inzwischen leisten können, seitdem der Motorenverkauf endlich Gewinn abwirft. Noch einmal geht sie in Gedanken die kommenden Tage durch. Aber sie hat nichts vergessen, alles ist organisiert. Was das anbelangt, kann sie sich getrost auf den Weg machen. Und selbst wenn sie für einige Tage ins Gefängnis oder aber ins Irrenhaus käme, die Hausdame wäre da und könnte die anfallende Arbeit machen.

Kann sie sich tatsächlich getrost auf den Weg machen?, fragt sich Bertha noch einmal. Sie weiß doch nicht, was sie unterwegs erwartet, unmöglich kann sie das einschätzen, weil noch kein einziger Mensch vor ihr eine solche Fahrt mit einem pferdelosen Wagen bis nach Pforzheim unternommen hat. Möglich, dass sie noch vor Heidelberg stecken bleiben, es wäre nicht das erste Mal. Möglich, dass Carl sie mit einem Ochsenkarren würde auflesen müssen, auch das ist schon vorgekommen. Möglich auch, dass sie mit Karacho gegen einen Baum krachen, das ist Eugen neulich bei einer Ausfahrt passiert. Der Wagen war demoliert, aber sonst sind alle,

Glück im Unglück, heil davongekommen. Ebenso möglich, dass sie von einem Ordnungshüter festgenommen würden, das allerdings wäre dann das erste Mal. Bisher haben sich die Gendarmen ihnen nur in den Weg gestellt, sie gestoppt und Strafe zahlen lassen. Selbst strengste Polizisten sind bislang vor Arrest zurückgeschreckt. Doch bei dieser Fahrt, für die keinerlei Fahrerlaubnis vorliegt und die sie in Ortschaften führen wird, in denen man noch nie einen Motorwagen gesehen hat, bei dieser Fahrt wäre alles möglich. Noch einmal wiederholt Bertha leise für sich: »Ja, alles ist möglich.« Eines aber nicht, dass sie hierbleibt und nichts tut und die eleganten Wagen weiter im Schuppen verstauben.

»Wir müssen es heimlich machen«, erklärt Bertha ihren beiden völlig verblüfften Söhnen beim Frühstück. Sie hat sie sehr zeitig, noch halb in der Nacht, geweckt und schärft ihnen nun ein: »Vater weiß von nichts, von gar nichts! Verstanden? Nur so können wir verhindern, dass er für das Verbotene belangt werden wird.«

Eugen und Richard machen Riesenaugen, schütteln ungläubig ihre Köpfe mit einem Gesichtsausdruck, der sagen soll: Das kann doch nicht wahr sein, das geht doch nicht. Letztlich aber rufen sie: »Ja, ja, heimlich, natürlich!«

Berthas Aufregung scheint sich auf sie zu übertragen. Aber das Schlimmste, was ihnen jetzt passieren könnte, wäre, nicht mitfahren zu dürfen. Also sind sie ohne Widerworte bereit, *alles* zu tun, was die Mutter sagt, und hören so folgsam zu, wie lange nicht mehr, als sie ergänzt: Man werde, so weit es gehe, an der Zuglinie entlangfahren und dann den Weg der Postkutsche nehmen. Würde ein Polizist sie stoppen, spekuliere sie darauf, dass man einer offenbar verrückt gewordenen Frau mit zwei Kindern weniger Vorwürfe mache. Jedenfalls weniger als dem Werkmeister und Erfinder des Motorwagens Carl Benz. Der Vater trage als

Familienoberhaupt zwar immer noch die Verantwortung und müsse das Ganze irgendwie rechtfertigen, aber man würde bestimmt Mitleid mit ihm haben bei einer solch absonderlichen, vermutlich sogar blödsinnigen Ehefrau. Blödsinnig?, geht es Eugen durch den Kopf, doch er schweigt lieber.

Dann geht es los. Bertha, Eugen und Richard greifen nach ihren Hüten, Schirm und Jacken. Und auf einmal steht auch Carl in der Schlafzimmertür. Er solle ins Bett gehen, faucht Bertha ihn an. Weg, nur weg! Und ihm müsse klar sein, das, was er hier sehe, träume er nur. Carl guckt verschlafen. Er wolle doch nur helfen, gibt er schuldbewusst zurück. Für sie sei es sicher schwer, den Wagen allein zu starten. »Ach, du meine Güte!«, bestürmt Bertha ihn herrisch und schiebt ihn mit beiden Händen in das Zimmer zurück, aus dem er gerade erschienen ist. Wie er später glaubhaft lügen wolle, wenn man ihn schon am frühen Morgen hier auf dem Hof helfend gesehen habe? Verärgert schließt sie die Tür hinter ihm und stöhnt dabei über ihren unbedarften Ehemann. Andererseits, nun ist sie endgültig wach, ihr unverbesserlicher Carl hat es mit seiner Art wieder einmal geschafft, dass sie die richtige Betriebstemperatur hat. Nach all den Zweifeln in der vergangenen Nacht ist sie jetzt gut genug in Fahrt, um sich auf den riskanten Weg nach Pforzheim einzulassen.

Ein Blick, ein Nicken. Dann dreht Eugen das gewaltige Schwungrad an, das hinten quer im Wagen liegt. Doch nichts geschieht. Noch einmal packt er kräftig das schwere, gusseiserne Rad, holt tief Luft und bewegt es mit aller Kraft, um so den Motor zu starten. Wieder nichts. Danach greift Richard ein, der jüngere Bruder. Er schwenkt das Schwungrad sanft hin und her und redet ihm gut zu: Man wolle doch eine feine Reise zusammen machen, das Rad möge aufwachen.

Ob er noch nicht begriffen habe, dass so eine Maschine keine Ohren hat und auch nicht gestreichelt werden müsse, fährt Eugen ihn an und schubst ihn zur Seite. Bertha hantiert in der Zwischenzeit an dem Kraftstoffregler aus Messing unter der Sitzbank herum. Dann greift Eugen noch einmal beherzt in die dicken Speichen, jault auf und bringt mit seinen letzten Reserven das Rad in Schwung. So gelingt es. Ein Knall, danach noch einer. Töff, töff … töff, töff …, der Zylinder rattert, und der Kolben fängt an, seine gleichförmigen Bewegungen zu machen. Der Motor kommt in Gang. Bald schon läuft er im Takt. Bebend steht der kleine Wagen da und wartet, dass er losfahren kann. Noch sei nicht entschieden, ob so eine Maschine nicht doch eine Seele habe, raunzt Richard seinen Bruder an und knufft ihn in den Arm, er möge das Ende dieser Fahrt abwarten. Danach springen beide schnell zu ihrer Mutter auf die Sitzbank. Bertha löst die Bremse, den langen Hebel seitlich neben ihr. Und tatsächlich geht es jetzt los! Erhobenen Hauptes fahren die drei vom Hof auf die Straße, dann nach Käfertal, mit grober Ausrichtung Heidelberg, um von dort aus über Wiesloch und Bruchsal bis nach Pforzheim zu gelangen. So jedenfalls der Plan.

Carl steht hinter der Gardine am Fenster, beobachtet alles und winkt den Abfahrenden traurig zu, obwohl er weiß, dass sie ihn nicht sehen können. Dann wischt er sich eine Träne ab und schaut auf seine Taschenuhr: »Fünf Minuten vor fünf«, flüstert er und schwört, »bei Gott und allen Wunderwerken der Technik, sollte dieses Wagnis tatsächlich gelingen, will ich noch in diesem Sommer mit dem Straßenwagen zur Gewerbeausstellung nach München fahren.« Das verkündet er, obwohl er bereits vor Wochen seine Teilnahme abgesagt hat, pessimistisch, wie er eben nicht gerade selten ist.

Erstaunlich zügig kommen Bertha und ihre Söhne die

ersten Kilometer voran. Von Zeit zu Zeit löst Eugen seine Mutter beim Fahren ab. Die Wege sind gut, die Straßen um Mannheim weitestgehend befestigt. Die Strecke ist ihnen Meter für Meter vertraut, denn seit zwei Jahren schon machen die Benzens Sonntag für Sonntag ihre Ausfahrten, auf all den Gemarkungen, für die sie vom Amt eine Fahrerlaubnis besitzen. Doch um Heidelberg herum beginnt fremdes Terrain. Die drei wissen nichts über den Zustand der Fahrbahnen, und die Menschen dort vermutlich nichts über die Erfindung des pferdelosen Wagens. Sie erobern Neuland.

Noch schlafen die meisten. Herrlich unberührt und frisch strecken sich Wiesen, Felder und Gärten vor ihnen hin. Die kühle Morgenluft wirkt betörend. Es riecht nach Weizen und Kornblumen und satter Erde. Spinnennetze glänzen vom Tau und brechen das Sonnenlicht. Manche zerplatzen, wenn Bertha und ihre Buben in ihre weitgespannten Fäden geraten. Ein paar Vögel begrüßen mit fröhlichen Tönen den neuen Tag, flattern aber sofort davon, sobald sie das knatternde Ungetüm heranfauchen hören. Die ersten Sonnenstrahlen wärmen. So also schmeckt Freiheit, räsoniert Bertha und atmet mehrmals hintereinander durch. Unbeschreiblich, wie sie sich jetzt fühlt. Hat sie nicht zwanzig Jahre auf genau diesen Tag gewartet? Strebte nicht alles darauf hin? Vor rund zwanzig Jahren hatte ihr Carl zum ersten Mal die Idee vom Fahren ohne Pferde in den Kopf gesetzt. Damit war auch in ihr ein Lebenstraum erwacht. All die Jahre glaubte sie, dass mit dieser Idee etwas Großartiges, etwas Einmaliges verbunden sei. Das hatte sie auch gespürt, wenn sie bisher mit Carl in den Wagen gestiegen und losgefahren war. Aber jetzt, so allein mit Eugen und Richard und weiter als jemals zuvor ... Ja, das war unbeschreiblich, unbeschreiblich – und aufregend.

Auf einmal zischt es laut und dampft. Eine weiße Wolke

steigt über dem Wasserbehälter aus Kupfer empor. »Anhalten! Sofort anhalten!«, schreit Richard und springt von der Sitzbank. Bertha reißt den Hebel zurück und klemmt ihn in die Halteposition. Der Wagen stoppt. Quietschend und knarrend. »Wir müssen Kühlwasser nachgießen!«, befiehlt Eugen in strengem Ton, und mit »wir« meint er seinen kleinen Bruder Richard, der hier, bei dieser Expedition, auf ihn zu hören hat. »Lauf und hol Wasser aus der Kuhtränke da drüben«, weist er ihn an, »sonst wird der Motor zu heiß, und wir können keinen Millimeter mehr weiterfahren.« Richard gehorcht und schnappt seinen Hut, der ihm als Behälter dienen muss, läuft mehrmals hin und her und füllt unter weiterem Zischen und Dampfen langsam den Kühlbehälter auf. Dann geht es weiter, vorbei an Ladenburg, die alte Römerstraße entlang Richtung Heidelberg. Friedlich ist es hier, freut sich Bertha, harmonisch wirkt alles. Nicht so unvollendet und nervös wie in der Industriestadt Mannheim. Hier müsste man sich niederlassen.

Retrospektive Darstellung der ersten Fernfahrt der Welt; Bertha Benz mit den Söhnen Eugen und Richard Anfang August 1888.

Da zerreißt ein Angstschrei die Stille. »Hilfe, Hilfe, eine Hexe!«, plärrt ein kleines Mädchen, das beim Verteilen von Schönheit nicht eben bevorzugt worden ist. Und die Gänse, die sie gehütet hat, laufen aufgeregt durcheinander und kreischen mit. Dann beginnt das Kind, erbärmlich zu weinen. Eugen, der mit seinen fünfzehn Jahren langsam einen Blick für das andere Geschlecht entwickelt, schaut sie musternd an: Ein Auge schielt, die Nase ragt weit aus dem Gesicht hervor, die Unterlippe ist aufgequollen und wölbt sich wie eine Weinbergschnecke über dem zu kurz geratenen Kinn. Zügig hält Bertha den Wagen an. Es kann nicht schaden, dem armen Ding das Unbekannte zu erklären, damit es sich auf den Fortschritt einstellen kann. Doch das hässliche Mädchen hebt jetzt erst recht noch einmal an: »Eine Hexe, eine böse Hexe!«, erklingt es grell. Die verheulten Augen schielen dabei auf Bertha, auch ihre Finger zeigen auf sie.

Dieses Kind wolle nichts hören, nur schreien, zischt Bertha verärgert. Es werde dumm bleiben und abergläubisch und dem Morgen nicht gewachsen sein. Von dem Geschrei alarmiert, springen augenblicklich auch einige Bauern herbei, die Mistgabeln und Spaten vor ihren Bäuchen ausgestreckt, zum Angriff bereit. So stochern sie in Richtung Motorwagen und drohen Bertha und ihren Söhnen mit dumpfen Lauten: »Kkrrschhh, mrreehhh, hhurrsch ...« Worte schaffen sie vor lauter Erregung nicht. Dann rücken sie in kleinen Schritten näher und berühren schon bald die Speichen der Räder mit ihren Mistgabeln und kratzen beängstigend an ihnen herum. Überraschend erschallt in diesem Moment die salbungsvolle Stimme eines älteren Mannes, der von weitem angelaufen kommt: »Die Welt geht unter! Das Ende ist nah!« Ein Wagen ohne Gäule, schon in der Bibel stehe das. Nun sei der Jüngste Tag erreicht. »Halleluja! Halleee...luuu...jaaa!«, stößt der Alte verklärt aus, alle Mühsal habe nun ein Ende.

Halleluja! Gleich werde Gottes Sohn erscheinen, der liebe Erlöser, Jesus Christ, »der für uns am Kreuz gestorben ist«.

Entschieden stellt er sich, dabei singend, zwischen Bertha und die Mistgabeln und keift die Bauern an: Sputen sollten sie sich und für den Erlöser vorbereiten, anstatt hier, nach Stall stinkend und mit ihren Gerätschaften fuchtelnd, herumzustehen. Auch das einfältig wirkende Kind möge sich auf den Weg nach Hause begeben, denn nur noch ein Wimpernschlag, und dann sei der Herr Jesus da, um die endgültige Abrechnung mit den Menschen zu machen. Ob man dann etwa mit dreckiger Schürze ins Paradies einziehen wolle? Er denke, der Sonntagsstaat sei eher angebracht, um ihrem Dorf im Himmel keine Schande zu machen. Und selbst in der Hölle lebe es sich angenehmer, wenn man die besseren Kleider anhabe. Elend sei nämlich nicht gleich Elend. Auch hier werde von hoch oben nach ganz unten aufgeteilt. Bei diesen Worten fällt er, außer sich und betend, auf die Knie, fassungslos vor Glück bekreuzigt er sich, immer und immer wieder, ohne auch nur eine einzige Pause zu machen. In sich gekehrt liegt er nun fast auf der Straße, um in dieser demütigen Pose die Ankunft des Erlösers abzuwarten. Sichtlich beeindruckt und in panischer Angst stürmen daraufhin sowohl die Bauern als auch das hässliche Mädchen davon.

Seltsam, staunt Bertha. Seltsam, dass sich der Alte so gar nicht für den Wagen, dieses angeblich menschenfremde Fortbewegungsmittel aus den Offenbarungen der Apokalypse, interessiert, und das, obwohl er unmittelbar daneben auf den Boden gegangen ist. Sie habe schon gemeint, sie selbst sei bizarr, närrisch und sonderbar, lacht Bertha, aber das, was ihnen hier geboten werde, übertreffe ganz köstlich ihr eigenes Ausmaß an Absonderlichkeit. Dann schiebt sie durchaus erheitert den Bremshebel wieder nach vorn, um die Räder auf Touren zu bringen, und mit einem kräftigen Knattern fahren die Benzens davon. Keine Zeit, hier weiter Aufklärung zu betreiben. Ihr Ziel für heute heißt: Ankommen in Pforzheim!

Zu Eugen und Richard gewandt, die vor Schreck etwas blass geworden sind und sie ratlos anschauen, bemerkt Bertha beim Weiterfahren: Schon ihr Vater habe gesagt, Reisen bilde. Nun, diese Bildung sei, wie man hier deutlich sehen könne, offenbar von sehr umfassender Art. Zu einem letzten »Halleluja! Halleee…luuu…jaaa!« reckt sich der tiefgläubige alte Mann noch einmal mit gefalteten Händen zum Himmel empor. Danach bleibt er betend hinter ihnen auf dem Weg zurück, immer leiser werdend hören sie ihn vor sich hin murmeln: »Wenn die Wagen ohne Pferde fahren … mit einem feurigen Schweif … dann ist es Zeit … Gott wird ausspeien … aus seinem Munde … alle, die nicht gehorsam waren … Heiß … oder kalt … nicht lauwarm … Halleee… luuu…jaaa!«

Nach diesem Zwischenfall kommen die drei nur ein paar Kilometer weiter. Dann stoppt ihr Gefährt. Mehrfach schiebt Bertha den Hebel für den Antrieb hin und her. Vergeblich. Nichts nützt. Der Wagen will nicht mehr. »Aus, aus, ganz aus!«, schreit Richard, »der Wagen schafft es nicht.« Er blickt verzweifelt, das Erlebnis mit dem Hexenmädchen und dem frommen Mann steckt ihm noch in den Knochen. Eugen, von Gestalt kräftiger und vom Temperament her gelassener, schaut sich ruhig alle Bauteile des Wagens an. Dann schraubt er den kleinen Tankbehälter auf und sieht, dass kein einziger Tropfen Kraftstoff mehr vorhanden ist. Schneller als gedacht war dieser durch die holprigen, beschwerlichen Wege verbraucht. »Da werden wir wohl schieben müssen«, stellt er fest und schaut mitleidig auf Richard.

»Alle werden schieben«, sagt Bertha und steigt vom Fahrerbänkchen. Nach ihren Schätzungen seien es höchstens noch zwei Kilometer bis zum nächsten größeren Ort.

Dort, in Wiesloch, gebe es sicher eine Apotheke, in der man Ligroin kaufen kann.

Heiß brennt die Sonne inzwischen. Glücklicherweise haben sie wenigstens an ihre Hüte gedacht. Keuchend und schwitzend drücken sie den Wagen Meter für Meter voran, mit schöner Regelmäßigkeit eine Verschnaufpause einlegend. Nun aber haben sie keinen Blick mehr für die Natur. Jeder versinkt in sich und seinen Gedanken: Ob sie es weiter als bis Wiesloch schaffen? Nicht einmal die Hälfte des Weges nach Pforzheim ist damit erreicht. Was wird noch passieren? Wäre es nicht doch besser, umzukehren?

Umkehren. Bislang nimmt keiner das Wort in den Mund. Jeder ermuntert den anderen allein mit seinem Schweigen zum Durchhalten, zum Weitermachen. Und nach gut einer Stunde kommen sie völlig verschwitzt, erschöpft und »durstig wie ein Pferd«, wie Richard schon mehrfach gestöhnt hat, auf dem Marktplatz von Wiesloch an. Sofort bildet sich eine Menschentraube um den Motorwagen. »Beim dritten Kaiser in diesem Jahr, was ist denn das für eine Neuigkeit?«, ruft ein vornehmer Herr mit gezwirbeltem Schnauzbart und feiner Weste aus der Menge. Das sehe ja aus wie ein dreirädriges Fahrrad, nur könne er nicht erkennen, wo die Pedale seien. Ob man zur Vorhut eines Zirkus gehöre, fragt ein keck aussehender Junge mit Sommersprossen, und wann die übrigen Artisten zur Vorstellung erscheinen würden. Und ob man auch Kamele und Affen dabeihabe?

»Heiliger Sandsack!«, ruft da ein verblüffter Gemüsehändler, der eben noch seine Tomaten und Gurken angepriesen hat, »das ist ja eine Frau da obbe!« Was die auf diesem maschinenähnlichen Monstrum mache, und warum sie so dreckig sei.

Ob sie ihre Rosse unterwegs verloren hätten, will ein Nächster wissen. Auch den Futtersack könne er nicht entdecken. Ob das nicht leichtsinnig sei?

Er sei doch nur ein Durchschnittskopf, mischt sich der Herr mit dem Schnauzbart und der Weste wieder ein, deshalb solle er sich nicht zu viele Gedanken machen. Vermutlich sei das eine der neuen Maschinen, von denen er neulich gelesen habe, die dazu dienen würden, den Luxus von Pferden abzuschaffen und die Hafer- und Heupreise zu senken.

Ein entsetztes Raunen geht durch die Menge. »Die Straße gehört den Pferden!«, schreit es dann noch. Doch die Stimmung ist friedlich. So überlässt Bertha ihrem Sohn Eugen das Wort. Sie will sich lieber auf den Weg in die Apotheke machen. Eugen, noch jungenhaft, aber fast schon ein Mann, baut sich breitbeinig vor dem Motorwagen auf und erklärt, was es mit diesem auf sich habe. Seinen kleinen Bruder Richard, in Wahrheit nur eineinhalb Jahre jünger als er, weist er an, ihm zu assistieren, wenn er gleich seine Demonstrationen vornehmen werde.

Derweil verschwindet Bertha in der Apotheke. Dort reißt der Besitzer Mund und Augen auf, als diese fremde Frau mit den ölverschmierten, derangierten Kleidern an die zehn Liter Ligroin von ihm verlangt. Normalerweise verkauft er Hundertmilliliterflaschen, die jeder Hausfrau reichen, die Flecken entfernen will. So schlimm sei es mit dem Dreck auf dem Kleid nun auch wieder nicht, meint der Apotheker beinahe tröstend zu Bertha Benz. Er denke, eine Literflasche sollte dafür genügen. Doch die seltsame Madame will alles Waschbenzin, was er hat, und wenn es nur acht Liter sind, die er habe, wäre das gerade so ausreichend. Daraufhin wickelt der Apotheker irritiert und schweigend das Geschäft mit der merkwürdigen Dame ab. Als Bertha bezahlt hat und mit den beiden großen Behältern aus der Tür verschwinden will, folgt ihr der Mann. Vor Aufregung vergisst er sogar, höflich zu sein, versäumt es, ihr die schwere Last abzunehmen und sie an ihrer Stelle zu tragen.

An der großen Linde mitten auf dem Marktplatz hat sich inzwischen fast die gesamte Stadt versammelt. Bereits aus der Ferne hört Bertha ihren Sohn referieren über Motoren und Motorwagen und inwiefern damit eine neue Zeit angebrochen sei. Verwundert und mit aufgesperrten Mündern stehen die Leute da, und Bertha freut sich, dass sie diesmal nicht auf Abwehr stoßen, sondern auf Neugier treffen. Wenn Carl das erleben könnte, sagt sie sich, wie glücklich wäre er! Sie wird es ihm erzählen, auf welche Offenheit sie hier gestoßen sind.

Geschickt füllt Richard den neuen Kraftstoff in den Tank und behält den Rest als Reserve zwischen seinen Füßen auf dem Boden der Fahrerbank. Dann verabschiedet sich Eugen großspurig von seinen Zuhörern, verbeugt sich tief und brüstet sich abschließend: Nun solle man die Augen recht weit öffnen und gut aufpassen. Jetzt würde er allen vorführen, wie Vorankommen ohne Pferde aussehe und wie einfach das sei, was er eben noch mit vielen Worten ausgeführt habe. Man möge bitte so nett sein und Platz für sie machen.

Begeistert beklatschen die Umherstehenden die Abfahrt des Straßenwagens. Nur der kecke Bursche mit den Sommersprossen schaut wie ein Fragezeichen und beugt den Rücken, um nachzusehen, ob der dicke Kerl mit der großen Klappe nicht doch ein paar winzige Zwergpferde unter dem Gestell versteckt hielte, denen er vorher das Wiehern abgewöhnt hat. Fröhlich winkend und von der freundlichen Aufnahme ermuntert, fahren die drei davon. »So kann es weitergehen!«, ruft Bertha, klopft ihren Söhnen anerkennend auf die Schulter und schaut dann auf ihre dreckigen Hände und Kleider.

Hinter Wiesloch werden die Wege noch schlechter und die Fahrt mühsamer. Der Wagen muss seine erste Bergprüfung absolvieren und versagt jämmerlich. Trotz mehrfacher Anläufe – es ist zu steil, er kann es nicht schaffen. Sie müssen absteigen und erneut schieben, diesmal weil der Motorwagen noch nicht ausreichend Pferdestärken besitzt und keinen Gang für große Steigungen hat. Weil Bertha und Eugen kräftiger sind als der kleine Richard, bleibt der oben sitzen und lenkt den Wagen. Die beiden anderen drücken ihn von hinten voran, müssen die Kraft des Motors nun durch ihre Kraft ersetzen, obwohl Carl es ja genau andersherum geplant hatte.

Kaum auf der Bergspitze angekommen, wartet die nächste Herausforderung, denn zum ersten Mal müssen sie einen steilen Berg herunterfahren. Und bergab, so empfinden sie es, rast ihnen der Wagen förmlich davon – mit einer Geschwindigkeit, dass die Holzklotzbremsen es kaum schaffen. Alle drei schreien in Todesangst. Bei jeder Kurve, die Bertha nehmen muss, befürchtet sie, den Wagen nicht mehr unter Kontrolle zu bekommen. Fürchtet, dass sie umkippen werden und statt in Pforzheim in einem Graben oder an einem Baum landen. Als sie endlich die Ebene erreicht haben, weiß sie, es war mehr Glück als Verstand, dass sie oben sitzen geblieben sind und ihnen bei der rasanten Talfahrt nichts zugestoßen ist.

Schon im nächsten Dorf suchen sie einen Schuster, der ihnen Leder auf die abgeschliffenen Bremsklötze schlagen kann, aber sie müssen noch ein paar Orte weiterfahren, um einen zu finden, der ihnen dienen kann. Wobei der Begriff »fahren« leicht übertrieben ist, auf vielen Wegen stolpert das Fuhrwerk mehr, als dass es rollt, weil Bertha und ihre Söhne mit dem Dreirad Wege benutzen müssen, auf denen sonst nur Wagen mit vier Rädern unterwegs sind. Zwei Bahnen sind deshalb stark ausgefahren, dazwischen aber ist eine Erhebung, und dort wächst Gras oder Steine liegen herum. Darüber holpert das zierliche Vorderrad und bringt die

Lenkung immer wieder bedrohlich zum Schlackern. Auch der Staub macht ihnen zunehmend zu schaffen. Es ist ein heißer, trockener Tag, und ihr Fahrzeug wirbelt sämtlichen Dreck von den Wegen auf, je schneller sie fahren, desto mehr. Überall, wo sie entlangkommen, erhebt sich hinter ihnen ein dicker Nebel aus Staub und Abgasen. Darin verschwinden alle, die eben noch, meist wie versteinert von ihrem Anblick, am Wegrand standen oder die sie überholt haben. Ab und zu fliegt ihnen aufgrund dieses Ärgers ein Stein hinterher, oder es wird mit der Pferdepeitsche nach ihnen geschlagen. Einmal kippen zwei ältere Bauersleute sogar vor Schreck in den Straßengraben. Doch nicht auszudenken, wie es wäre, wenn es regnen würde und sie im Schlamm versinken, denkt Bertha dann. Allein die Vorstellung von einer noch größeren Katastrophe gibt ihr neue Kraft: Sie müssen es heute schaffen, an einem Tag, der Sonne statt Regen zu bieten hat!

Bald aber spürt Bertha eine Müdigkeit, die ihr zeigt, sie ist bis an ihre Grenzen gegangen. Sie fühlt sich strapaziert von den ungewohnten Herausforderungen dieser Reise, für die weder ihre Schuhe noch ihre Muskeln geschaffen sind. Lieber aufgeben, lieber umkehren? Mehr als einmal überlegt Bertha das. Selbst dann wären sie ja erstaunlich weit gekommen, so weit wie keiner zuvor. Wie wäre es, am nächsten Haltepunkt der Postkutsche die beschwerliche Fahrt zu beenden? Es sich auf den Polstern gemütlich zu machen, während die Pferde gemächlich zurück nach Mannheim traben? Aber nein, sie will nicht diejenige sein, die den Gedanken zuerst ausspricht. Solange ihre Söhne nicht streiken, wird auch sie weiterfahren.

Weiterfahren, immer weiterfahren. Eugen hat jetzt das Steuer übernommen. Schläfrig sitzt Bertha auf der Sitzbank und hängt ihren Gedanken nach. Wenn sie es recht bedachte, hatte sie nicht schon genug Schwierigkeiten für Carl auf sich genommen? Reichte es nicht, dass sie eine Pleite, Hunger und Not mit ihm durchgestanden hat? Bewies sie nicht ausreichend Mut, als sie es wagte, sich den gierigen Kaufleuten oder bräsigen Beamten zu widersetzen? All diese Bilder von den meist kläglichen Figuren mit den Heuchlergesichtern, die doppelte Zungen besaßen, steigen jetzt wieder in ihr hoch und lösen, das hat sie so noch nie wahrgenommen, einen Ekel in ihr aus. Das Dasein, es scheint ihr in diesem Moment eine Ansammlung von Misthaufen zu sein, denen man ausweichen kann, aber der Geruch bleibt lange an einem hängen. Ja, sie muss noch einmal an all die Jahre denken, die sie neben ihrem Mann ausgeharrt hat, an all die Jahre, die sie, dem Bettelstab nahe, immer auf den Durchbruch hofften. Weiterfahren hieße, in diesem, ihrem Dasein beharrlich zu bleiben, ihre Träume nicht zu verraten, nicht aufzugeben. Dafür gibt es, trotz allem, die besseren Gründe: Die Erfindung, an der sie so lange gearbeitet haben, ist vollbracht, und wenn die Welt dies nicht zur Kenntnis nehmen will, wird sie, Bertha, es mit dieser Fahrt beweisen, damit ihr Traum endlich die Nacht verlassen und im Licht der Öffentlichkeit erstrahlen kann.

Während Bertha all dies bedenkt, ist Carl in Mannheim unfähig, irgendetwas Vernünftiges zu schaffen. Nervös läuft er in seiner Werkstatt auf und ab. Jedes Mal, wenn ihn jemand anspricht, zuckt er zusammen, erschrickt, wenn einer die Tür aufschlägt. Jeden Augenblick rechnet er damit, dass er eine schlechte Nachricht von Bertha erhält, von einem Unfall oder dem gänzlichen Versagen seines Wagens. Sein Motorwagen, sein liebstes Kind, bei dem jedes Teil ein Ausdruck seiner Gedanken ist und an dem er so viele Jahre getüftelt hat, hat sich heute erstmals von ihm entfernt, sich ohne ihn auf den Weg in die Welt gemacht. Nun wird sich zeigen, ob sein Geschöpf tatsächlich stark genug geraten ist, die Schwierigkeiten einer solchen Tagesreise zu meistern, ob es auch langen Strecken gewachsen ist.

Während Carl unruhig die Werkstatt durchquert, sich mal hinsetzt, dann wieder aufsteht, danach erneut Platz nimmt und wartet und grübelt, haben Bertha und ihre Söhne bald die Hälfte der Strecke erreicht. Meistens fahrend, manchmal schiebend, oft fluchend. Wieder und wieder müssen sie Wasser für den Kühler auffüllen. Viele Bäche oder Dorfbrunnen und etliche Gastwirtschaften steuern sie dafür an. Dort müssen sie sich – je nach vorherrschender Geisteshaltung – Angriffe oder Fragen gefallen lassen: Wo denn ihre Pferde wären? Warum ein Stahlgestell getränkt werden müsse? Wo die Zugtiere versteckt seien? Warum sie nicht mit der Postkutsche oder Eisenbahn führen?

Auch der Kraftstoffbehälter ist wieder und wieder schneller als erwartet leer. Etliche Apotheken suchen sie auf, um nach Ligroin zu fragen. Doch selbst wenn alles bedacht zu sein scheint, stockt der Wagen dennoch. Einmal bauen Eugen und Richard das kleine bockige Ungeheuer fast vollständig auseinander, bis sie ein Ventil entdecken, das von unsauberem Leichtbenzin verstopft worden ist. Flink zieht Richard sein Taschenmesser. Doch die Klinge ist zu breit. Sie versuchen es mit Pusten, aber auch das bringt wenig. Was tun? Eugen und Richard schauen sich ratlos an. Als Bertha die Lage betrachtet, kommt ihr die dünne, lange Hutnadel in den Sinn, mit der sie vor jedem Gang nach draußen ihren Hut an den Haaren befestigt. Endlich sei sinnvoll, womit sie sich sonst immer quälen müsse, sagt sie und bietet den Jungen die Nadel zum Reinigen der Verstopfung an. Es funktioniert.

Kurz darauf ist ein Kabel durchgescheuert, was die Zündung unterbricht. Erneut streikt das Fahrzeug, und wieder hilft ein weibliches Utensil. Bertha erprobt ihr Strumpfband als Isolierung und ist erfolgreich. Bald danach krachen die Ketten bedrohlich, weil sich in den kleinen Öffnungen ein klumpiges Gemisch aus Öl und Staub abgesetzt hat, das die reibungslose Verbindung mit den Zahnrädern mehr und mehr erschwert. Höchste Zeit, einen Schmied aufzusuchen, der die Ketten reinigen und die Glieder mit ein paar Hammerschlägen so stauchen kann, dass sie wieder fest sitzen. Deshalb beschließen Bertha und ihre Söhne, im nächsten großen Ort eine Pause einzulegen. Dort soll es eine Schmiede geben, daneben eine herausragende Gastwirtschaft, sogar einen Postvorsteher, der ihnen ein Telegramm nach Mannheim drahten könnte.

Endlich in Bruchsal angekommen, machen sie entkräftet Rast. Misstrauische Blicke beobachten sie. Mitleidig. Unangenehm. Schnell läuft Bertha zum Postmann und sendet folgende Nachricht an Carl: »Das Mittagessen in Bruchsal schmeckt. Alles ist wunderbar! Die Sonne scheint …« Das schreibt sie, obwohl gerade ein leichter sommerlicher Regenschauer niedergegangen ist. Aber Carl soll sich nicht unnötig Sorgen machen. Vermutlich starb er bereits jetzt vor Angst; vor Angst, dass ein Polizist herbeischlendern und sie nach der Fahrerlaubnis befragen würde; vor Angst, dass man den Motorwagen beschlagnahmen könnte; vor Angst, wie er sich dann rechtfertigen sollte.

Während Bertha die Botschaft an Carl auf den Weg bringt, erkundigen sich Eugen und Richard nach einem Schuster, der sein Handwerk verstehe und ihnen robustes Leder auf die Klotzbremsen nageln könnte. Ein paar Kilometer noch, heißt es, da gebe es einen guten. Der, sonst eher mit Taschen, Schuhen und Sattelzeug beschäftigt, guckt nicht schlecht, welche ausgefallenen Wünsche seine Kundschaft neuerdings hat, und fragt sich, wohin das noch führen solle, wenn die Wagen jetzt ohne Gäule fahren würden.

Als die Sonne sich zum Untergang neigt und der Abend beginnt, fängt für Bertha und ihre Söhne der schwerste Teil der Reise an. Wenn sie heute noch ankommen wollen, ist es nicht mehr möglich, auf den Umweg über die Täler auszuweichen, sondern sie müssen über den steilen »Sieh dich für«, ein unwegsames Gelände, das Wegelagerer seit jeher für sich zu nutzen wussten.

»Verdammt und dreimal Teufelsdreck!« Oben im Feld stampft ein kleiner, barfüßiger Junge wütend auf. »Verdammt, verdammt und noch mal verdammt!« Er habe keine Lust mehr, dieses blöde Heu zu machen, schreit er in hohen, quietschenden Tönen. Dann wirft er seinen Rechen ins Gras und stampft noch einmal mit dem Fuß.

Er solle den – er wisse schon, wen – nicht mit seinen Flüchen rufen. Das habe er ihm so oft schon gesagt, stänkert daraufhin sein Bruder, der mit ihm auf dem Acker zugange ist und seine Sense zum Schwung anhebt, um eine neue Ladung Gras niederzufällen. Da kracht es auf einmal und lärmt und faucht wie aus heiterem Himmel. Entsetzt schauen sich die Jungen an, die nie vorher derartige Geräusche vernommen haben. Erschrocken flüchten sie hinter eine alte, knorrige Eiche, die in unmittelbarer Nähe steht. Dort kauern sie sich nieder und hoffen, nicht entdeckt zu werden. »Der Leibhaftige!« Der Junge mit der Sense zittert am ganzen Körper, er habe es immer gesagt. Eines Tages würde sich der Höllenfürst nicht mehr vergeblich rufen und necken lassen, dann stünde der Widersacher Gottes tatsächlich mit seinen roten Hörnern und Augen aus Glühkohle da.

Noch lauter ertönt das Knallen und Knattern, noch heftiger ist ein Schnaufen zu hören. »Der Teufel, der Teufel!« Nun bibbert auch der kleinere Junge und klappert mit den Zähnen, weil er es war, der den Herrn über alles Böse mit seinen Flüchen herbeigerufen hat. Hilflos versucht er, sich hinter seinem Rechen zu verstecken, seine Beine schlottern. Derweil stößt der andere stotternd Stoßgebete aus: »V-V-Va-ter unser ... v-v-vergib uns ... d-d-die Schuld ... und alle Bubenstreiche ... den Kuss für die Magd ... den gestohlenen Apfel ... Ave Maria« – Maria, hieß so nicht auch die Magd, der er den Kuss gegeben hatte? Doch weiter, nur beten kann jetzt noch helfen. Das hat die Mutter bei schweren Gewittern auch immer gesagt. »Ave Maria ... vergib uns ... Maria ... Maria«, stammelt nun auch der kleinere Kerl – beide ziemlich sicher, dass gerade ihr letztes Stündlein geschlagen hat. Noch einmal läuft ihr kurzes Bubenleben mit all den harmlosen Sünden vor ihrem inneren Auge ab, und gemeinsam flehen sie: Würde der Satan sie dieses eine Mal verschonen, gelobten sie Besserung! Nie wieder würden sie fluchen, ihn rufen oder seinen Namen auch nur in Gedanken nennen!

Doch offenbar kennt der Geist der Finsternis kein Erbarmen, das hat ja der Pfarrer auch schon immer gesagt, denn jetzt pufft es ohrenbetäubend, ein beißender Geruch breitet sich aus. »Pech und Schwefel!«, jammert der Größere der beiden, alle Hoffnungen fahrenlassend. »Bläulich weiß und stinkend«, ergänzt der Kleine, halbtot vor Angst. Genau so, wie es in jeder Sonntagspredigt beschrieben wurde. Nun sei es aus! Im nächsten Moment würde Luzifer sie am Kragen packen. Deutlich sei zu hören, wie er nicht weit von ihnen entfernt bedrohlich mit den Ketten rassle. Gleich wäre der schwarze Dämon hier und würde sie an diesen schweren Ketten in die Hölle schleppen. Tränen der Angst fließen über schreckensbleiche Wangen.

Da hört schlagartig das Knattern auf. Stille. Dann erklingt die Stimme einer Frau. Spricht so der Teufel? Ist er etwa ganz und gar als Weib verkleidet? Das Böse in Gestalt einer Frau? So, wie es Onkel Adam schon immer vermutet hat! Wieder die Frauenstimme, dann ein Kinderlachen. Langsam weicht die Furcht der Neugier, und die beiden Buben wagen sich hinter dem Baum hervor. Sie sehen eine Dame in recht vornehmen, wenn auch schmutzigen Kleidern und zwei Jungen, die nur wenig älter sind als sie. Dazu ein Gestell mit nur drei Rädern.

Was das für ein Ungeheuer sei?, fragen sie zaghaft.

Kein Ungeheuer, aber mitschieben, das könnten sie, sich nützlich machen, sagt Bertha beherzt. Wenn sie ihnen über den »Sieh dich für« helfen würden, könnten sie sich ein paar Mark verdienen.

Die Bauernburschen schauen erst sich und dann die Frau ängstlich an. Doch dann lockt die Aussicht auf das versprochene Geld, und sie packen kräftig zu, vergessen, dass sie eben noch Angst vor dem Wagen hatten, vergessen, dass sie viel zu spät nach Hause kommen werden und ihnen eine Ohrfeige des Vaters sicher sein wird. Gemeinsam schiebend, schaffen die fünf den letzten großen Berg vor Pforzheim. Erleichtert winken die beiden Burschen am Ende Bertha und dem Explosionskarren hinterher, und dann kichern sie ausgelassen über den davonfahrenden, krachenden Wagen, den sie als Ausgeburt des Leibhaftigen wahrgenommen hatten.

Die Kleider fleckig und zerrissen, alles verdreckt von Staub und Öl und gänzlich durchgeschwitzt von der Hitze des Tages, der hinter ihnen liegt, kommen Eugen, Richard und Bertha in die Stadt. Sie können nicht sagen, ob sie jemals zuvor in ihrem Leben so glücklich waren. Sicher ist: Jetzt sind sie es.

Weil es schon spät ist, entscheiden die drei, nicht mehr bei Berthas Mutter anzuklopfen. Sie werden sie morgen früh mit dem Wagen überraschen. Jetzt führt sie ihr Weg in Richtung Leopoldplatz zum Hotel »Zur Post«, wo sie übernachten können. Bertha beschließt, gerade dort Quartier zu nehmen, weil hier die Sammelstelle für alle Postkutschen und andere Pferdewagen ist. Der richtige Ort, um sich zu präsentieren. Außerdem kann sie von hier aus noch ein Telegramm an Carl senden über ihre glückliche Ankunft in Pforzheim. Noch herrscht Leben auf diesem Platz. Mit voller Geschwindigkeit rollt Bertha an den zur Seite tretenden Passanten vorbei.

»In Deckung!«, ruft ein alter Mann mit Eisernem Kreuz an der Brust, der einst tapfer im Krieg gegen die Franzosen gekämpft haben muss. »Das explodiert gleich!«, ätzt eine Frau, die das Ganze von ihrem Fenster aus beobachtet. Doch die drei lassen sich nach ihrer gelungenen Fernfahrt mit den vielen ungewöhnlichen Begegnungen nicht mehr irremachen. Selbstsicher steuern sie den Brunnen an, an dem sonst die Pferde getränkt werden. Hier schöpft Eugen Wasser für den Kühler. Richard und Bertha waschen sich demonstrativ die schmierigen Hände. Sollen die Kutscher doch sehen, wem die Zukunft gehört, und die Schmuckeinkäufer und Reisenden aus aller Herren Länder erfahren, was es Neues gibt.

Auch in ihrer Heimatstadt Pforzheim (Abbildung um 1888) sorgt Bertha Benz mit dem wie von selbst fahrenden Ungeheuer für eine Sensation.

Als Bertha spätabends, es ist fast Mitternacht, im Bett liegt und den Tag noch einmal Revue passieren lässt, fällt ihr plötzlich auf, dass gar kein Polizist sie angehalten hat. »Merkwürdig«, sagt sie zu Eugen und Richard, die auch noch nicht einschlafen können.

Er habe sehr wohl einige Ordnungshüter wahrgenommen, meint Eugen. Komischerweise hätten die sofort ihre Köpfe weggedreht oder seien in die entgegengesetzte Richtung weggegangen, wenn sie die Mutter gesehen hätten. Eine Frau mit Kindern am Steuer, das war ihnen wohl doch zu ungeheuer! Alle drei müssen über diesen gereimten Ausspruch lachen.

Wie sie wüssten, sei es noch keinem Polizisten gelungen, ein wahrhaftes Ungeheuer dingfest zu machen, ergänzt Bertha, und so oder ähnlich kaspern sie übermütig weiter bis in die frühen Morgenstunden.

Zur selben Zeit öffnet Carl in Mannheim Berthas Telegramm, das sie ihm, wie vereinbart, unmittelbar nach ihrer Ankunft geschickt hat: »Pforzheim glücklich angekommen«, liest er und ist außer sich. Sie haben es also tatsächlich geschafft, die lange Strecke von Mannheim nach Pforzheim mit seinem Motorwagen. Nun brennt er darauf, mehr über diese erste Fernfahrt zu erfahren. Und jetzt steht für ihn fest, was er am Morgen, bei der Abfahrt der drei Wagemutigen noch bei Gott und allen Wunderwerken der Technik geschworen hat: Wenn Bertha mit den Buben zurück ist, wird er nach München zur Gewerbeausstellung fahren!

Es dauert noch vier Tage, bis sich die drei Fernfahrer wieder auf die Rückreise machen. Zunächst findet die Taufe statt, dann bietet Eugen für alle Verwandten und Bekannten aus Pforzheim Chauffeurdienste an. Lustige Tage. Jeder will wenigstens ein Mal mit dem neumodischen Wagen fahren.

Das geht so lange gut, bis auch sein beleibter Onkel Theodor Hoheisen am dritten Tag versucht, in den zierlichen Straßenwagen zu steigen. Da biegen sich bedrohlich die Räder, und der Maschine gelingt es bei diesem Gewicht nicht mehr, voranzukommen. Der Onkel muss wieder absteigen. Pforzheim krümmt die Bäuche vor Lachen.

Danach beschließt Bertha, mit den Fahrten lieber eine Pause zu machen und den Motorwagen zu schonen, weil er ja noch die Fahrt zurück nach Mannheim bestehen soll. Sie kann es kaum erwarten, bald wieder bei Carl zu sein. Nicht nur, weil sie ihm dann endlich von ihren Erlebnissen auf der ersten Fernfahrt erzählen kann, sondern weil sie ihm dann auch erzählen muss, dass sie gehört und gelesen hat, dass ein Mann namens Daimler ganz in der Nähe von Pforzheim, in Cannstatt, ähnliche Motorwagen baue.

Nur eine Enttäuschung muss Bertha in diesen unbeschwerten Tagen verkraften. Sie kann ihrer Mutter den pferdelosen Wagen nicht demonstrieren, die musste leider zu einer Beerdigung reisen. Wie gern hätte Bertha ihr vorgeführt, dass letztlich doch Wirklichkeit geworden ist, was ihr einst in der Kutsche vor zwanzig Jahren allenfalls wie eine verrückte Idee eines versponnenen jungen Mannes klang. Mehr und mehr hatte sich ihre Mutter danach für Carls Erfindung begeistert, weil sie eine so große Pferdeliebhaberin war und immer Mitleid mit den Tieren bekam, vor allem, wenn sie die steilen Pforzheimer Berge hinaufgepeitscht wurden. Wie glücklich wäre sie gewesen, mit eigenen Augen zu sehen, wie nun die Pferdekraft durch die Kraft der Maschinen abgelöst werden konnte.

Als das Wochenende vorüber und es wieder Montag geworden ist, treten Bertha und ihre Söhne am 6. August 1888 unter fröhlichem Abschiedswinken vieler Pforz-

Familienausflug im Jahr 1895: vorn im kleinen »Velo« Thilde und Ellen, dahinter im vornehmen Victoria Carl Benz und Sohn Richard mit Bertha und ihrer Mutter auf der Rückbank.

heimer Bürger die Rückfahrt an. Diesmal wählen sie die kürzere Strecke über Bauschlott und Gondelsheim, so wie es ihnen ein Postkutscher empfahl, der ihrer tollkühnen Bewegungsart erstaunlicherweise wohlgesonnen war, obwohl er auf die Zugkraft von Pferden setzen musste und ihn kein Motor schieben konnte. Ausgerechnet an diesem Montag aber findet der Brettener Viehmarkt statt. Für die drei Motorisierten eine Herausforderung, weil wieder einmal Gänse und Enten und anderes Getier vor die Räder laufen, Hunde verrücktspielen und Pferde scheuen. »Die Straße ist doch kein Bauernhof!«, schreit Bertha wütend. Doch es nützt wenig, und noch furchtbarer wird es, als die Ochsen kommen. Für lange Zeit können sie keinen Meter mehr vorwärtsfahren.

Sie wisse nicht zu sagen, wer schlimmer sei, die Ochsen oder die Menschen, berichtet Bertha ihrem Mann, als sie unbeschadet wieder in Mannheim gelandet sind. Beide, Ochse und Mensch, würden sich gern mitten auf den Weg stellen und dann keine Bewegung mehr machen. Furchtbar sei das, ganz furchtbar, diese starr-dumm-glotzende Unbeweglichkeit!

Jetzt beruhigt Carl ausnahmsweise mal Bertha, die so Großes für ihn geleistet hat. Das Wichtigste sei doch, sie beide wären ein gutes Gespann, das habe er die ganze Zeit, als sie weg war, gedacht. Er sei zwar der Erfinder des Wagens, aber sie, sie habe das Ganze immer wieder ins Rollen gebracht. Nur ihr starker Wille – er vermeidet das Wort »Dickkopf« – und ihr unerschütterlicher Glaube an das Gelingen hätten diesen Erfolg der ersten Fernfahrt möglich gemacht. Darauf habe er nicht zu hoffen gewagt. Der Rest werde von allein kommen. Auch erzählt er ihr, wie gut die Geschichte von der »heimlichen« Fernfahrt bei dem Redakteur der *Badischen Landeszeitung* angekommen sei, obwohl es ja ein wenig geflunkert war. Der sei schier außer sich vor Begeisterung gewesen, ihre Finte sei offenbar besser als die Wahrheit. Das Gelächter von Bertha und Carl ist in dieser Nacht noch lange zu hören, sogar bis ins Kinderzimmer.

Dort schauen sich Eugen und Richard vielsagend an. Die Fahrt war abenteuerlich. Die Pannen noch abenteuerlicher. »Und hätte ich nicht ab und zu mit der Maschine gesprochen und sie sanft berührt, wäre es nicht gelungen.« Darauf beharrt Richard am Ende der Reise. »Unfug!«, belehrt ihn Eugen, »aber wie auch immer, wir haben über zweihundert Kilometer geschafft. Über zweihundert Kilometer – unvorstellbar ist das!« Und wäre er nicht selbst dabeigewesen, er würde es nicht glauben, dass eine solche Überlandfahrt mit einem Motorwagen möglich sei.

Doch trotz aller Begeisterung – es braucht wohl noch einige Zeit, bis sich der pferdelose Wagen bei der Allgemeinheit

durchsetzen wird. Die Hindernisse auf dem Weg zur Ziel-
geraden sind nicht zu unterschätzen. Eines aber steht nach
dem Abenteuer der drei fest: Bertha Benz hat die Erfindung
ihres Mannes auf den Weg zum Weltruhm gefahren.

Ab welcher Geschwindigkeit platzt der Mensch?

*Ausgerechnet Carl Benz
wird vom Fortschritt überholt*

»Ab welcher Geschwindigkeit platzt der Mensch?« – Die Zuhörerschaft lauscht verblüfft. Kein Geräusch ist im Saal zu hören. Angespannte Aufmerksamkeit herrscht. Ab welcher Geschwindigkeit der Mensch platze, dies sei die entscheidende Frage, die allen anderen Überlegungen vorangestellt werden müsse und bisher nicht beantwortet werden könne, verkündet der Professor am Pult mit ernstem Gesichtsausdruck. Er ist Medizinalrat und ein Fachmann auf dem Gebiet der Inneren Medizin. Heute Abend referiert er in der Gesellschaft des Wissens, vor einem kleinen Kreis interessierter Bürger aus Industrie und Wirtschaft sowie Gelehrter der Universität, der sich regelmäßig trifft, um den Verlust der Akademie der Wissenschaften wenigstens geistig auszugleichen. Diese war im Zuge der Übersiedlung des Kurfürsten nach Bayern von Mannheim nach München verlegt worden.

»Um entscheiden zu können, ab welcher Geschwindigkeit es den Menschen auseinanderreißt oder gar seine inneren Organe zerfetzt werden, müssen dringend weitere Experimente unternommen werden«, erläutert der Professor. Auch eine substanzielle Erörterung auf höchstem theoretischem

Niveau tue not, die kläre, wie schnell der Mensch unbeschadet vorankommen könne. Bedrohlich blickt er bei diesen Worten ins Publikum, als wolle er alle halbgaren Theoretiker zurechtweisen. Dann referiert er weiter: »Gegenwärtig steht fest, Herz, Magen, Därme und Nieren – sie alle werden durch die motorisierte Fahrerei durcheinandergebracht, wahrscheinlich sogar auseinandergetrieben durch die gewaltigen Kräfte, die der Motor beim Vorandrängen entfacht. Bisher wurden nur wenige Studien ausgewertet, die aber belegen, dass man bereits beim Start heftig geschüttelt wird, der ganze Körper vibriert, später, beim Fahren, wird in jeder Kurve der Mittelpunkt im Innern gänzlich aus seinem Zentrum gebracht.«

Der Professor macht eine kurze Pause und fährt fort: Mehr wisse man derzeit nicht zu sagen. Allerdings dürfe man nicht ungeduldig sein, eine solide Forschung dauere vermutlich weitere fünf, vielleicht sogar zehn Jahre. Erst dann könne eine abschließende Beurteilung gewagt werden. Und bis es so weit sei, empfehle er zumindest dem gemeinen Laien sicherheitshalber, lieber doch nur mit der Kutsche zu fahren. Womit er aber nichts gegen die Erfindung des Motorwagens gesagt haben möchte, der zweifellos ein technisches Meisterwerk sei. Eine faszinierende Spielerei für Ingenieure und Maschinenbauer. Die Fernfahrt neulich jedoch, von Mannheim nach Pforzheim, müsse unter medizinischen Gesichtspunkten als absolutes Risiko für Leib und Leben eingeordnet werden. Vermutlich aber sei sie gar nicht ernst zu nehmen, da er aus zuverlässiger Quelle erfahren habe, dass der Wagen, nun ja, mehr geschoben als gefahren worden sei.

Kurze Unmutsbekundungen ertönen daraufhin im Saal, was den Medizinalrat veranlasst, lieber schnell seine Ausführungen mit einem Verweis auf seine Publikationen zu beenden, seinen Vortrag, den er wie üblich monoton und mit nasaler Stimme gehalten hat, was stets ein wenig verschnupft klingt. Danach verlässt er unter magerem Beifall das Rednerpult, bedankt sich mit einer umso tieferen Verbeugung, bei der seine Halbglatze mit dem braunen Leberfleck sichtbar wird, die eingerahmt ist von kurzgeschnittenen, grauen Haaren. Passend dazu schmückt ihn ein sauber rasierter Backenbart, der bis zum Kinn hinunterreicht.

Auch an diesem Abend riecht er unangenehm aus dem Mund, was jeder, der ihn zu sprechen wünscht, nach wenigen Sätzen bemerkt. Deshalb begehren nur wenige, ausführliche Konversation mit ihm zu betreiben. Und auch der Professor selbst vermeidet von sich aus Nähe, er weiß seine olfaktorische Wirkung einzuschätzen. Mangelnde Bewegung, kaum frische Luft und zu wenig Stoffwechsel hatte sein persönlicher Hausarzt diagnostiziert.

Von seinem Referat ermattet, nimmt der Herr Medizinalrat schließlich am ersten runden Tisch neben der Rednerbühne seinen Platz ein, dort, wo immer für die Honoratioren eingedeckt ist. Die nicken ihm anerkennend zu. Wissen sie doch, dass es in wissenschaftlichen Kreisen nicht selbstverständlich ist, sich auf neues, unbekanntes Terrain zu wagen und sich auf Inhalte einzulassen, die nicht schon tausend andere mit ihrem Für und Wider durchgekaut haben.

Wie oft war es in dieser Runde Tischgespräch, dass es äußerst riskant sei, Positionen zu besetzen, die noch nicht endgültig durchdacht worden waren und über deren Relevanz erst die Zukunft entscheiden würde. Wie oft hatten sie gemeinsam darüber geschmunzelt, dass sich mancher auf dem Weg dahin am Ende als Narr erwiesen habe, wenn er vorzeitig behauptete, im Besitz der wahren und einzig möglichen Erkenntnis zu sein. Zu vieles hatte die Menschheit bereits zu wissen geglaubt: Die Erde sei eine Scheibe, wie ein Teller, von dessen Rand man ins Nichts stürzen könne, die Sonne drehe sich darum und nicht umgekehrt, und im Innern des Planeten sei es eiskalt … Generationen danach wurden eines Besseren belehrt. Experten von gestern erschienen auf einmal lächerlich. Hätten sie sich lieber eines Urteils enthalten, zumal sich auf lange Sicht nur weniges als wahrhaft sicher herausstellte. »*Si tacuisses philosophus mansisses.* – Hättest du geschwiegen, wärst du Philosoph geblieben«, ergänzt einer der Honoratioren genüsslich. »Man muss sich ja nicht seiner bizarren Ideen enthalten, wie sich was in der Welt womöglich verhalte, nur mit dem Anspruch auf Wahrheit, damit sollte man vorsichtig sein.« Wissen sei immer im Fluss, da könne keiner ans Ziel kommen, merkt ein älterer Herr mit Brille beiläufig an, nur Etappen seien erreichbar.

Carl Benz, der in der hintersten Ecke des Raumes gleich neben der Tür sitzt, amüsiert sich über die Ausführungen der Herren Professoren, obwohl sie ja eher abschätzig über seinen Motorwagen urteilen. Aber heute hat er guten Grund, bester Laune zu sein, heute kann ihm niemand ans Fell. Außerdem haben diese Herren Alleswisser in seinen Augen von seiner Erfindung so viel Ahnung wie jemand, der zwar gern Brötchen isst, aber trotzdem nicht weiß, wie man sie herstellt.

Bevor nun der nächste Vortrag zum Thema »Der Mensch und die Schnelligkeit« beginnt, stößt die Gelehrtengesellschaft mit einem Aperitif auf ihr geistiges Wohlergehen an und auf künftige wissenschaftliche Glanzleistungen. Danach ergreift ein renommierter Physiker das Wort, der sich, naturwissenschaftlich universal gebildet, auch etliche Kenntnisse aus dem medizinischen Bereich angeeignet hat.

Es gehe also um die Geschwindigkeit, sagt er etwas maniriert am Anfang seines Vortrags, wie jeder wisse, ein komplexes System aus Weg und Zeit. Dazu komme das Leben, und alles müsse in Übereinstimmung gebracht werden.

Er wiederhole: der Weg, das Leben und die Zeit. Dabei dürfe man sich nicht verrennen. »Das ist die neue Krankheit: das Leben immer im Galopp nehmen zu wollen! Dies ist die Quintessenz!«, mahnt er mit durchdringender Stimme. Wenigstens hier, in diesem Kreis der Wissenden, müsse man zu der Einsicht gelangen: »Nur der geübte Reiter ist zum Galopp in der Lage!« Dann schaut der Forscher ins Publikum, prüft, ob die Männer, wie immer, unter sich sind, und fügt verschmitzt hinzu: »Das weiß man ja von …«, er schnarrt anzüglich, »von gewissen Erfahrungen, nun ja, auf anderen Spielwiesen.« Lächelnd hält er einen kurzen Moment inne und blickt in reaktionslose Gesichter. Enttäuscht muss er erkennen, dass wohl kaum einer seinen Spaß gutheißt.

Mit einem inbrünstigen Räuspern besinnt er sich deshalb auf sein eigentliches Thema: »Leider aber neigt inzwischen auch der gewöhnliche Mensch dazu, sich und seine Möglichkeiten zu überschätzen, und überdehnt ganz gern das Material. Dabei leben die meisten bislang sinnvollerweise im gemächlichen Fußgängerschritt, weil ihr Körper physikalisch nun einmal dafür ausgelegt ist. Er besteht bekanntlich vorwiegend aus Wasser und anderer Flüssigkeit, das verlangt bei der Bewegung nach einer gewissen Langsamkeit.« Bei diesen Sätzen reißt der Professor plötzlich den rechten Arm nach oben und hebt die Tonlage seiner Stimme, um zu betonen: »Seit Jahrtausenden, ja seit Jahrtausenden geht der Mensch zu Fuß. Von der Nahrungsaufnahme bis hin zur Verdauung ist er seit seiner Erschaffung auf dieses Tempo eingestellt. Der sich jetzt aber abzeichnende Geschwindigkeitswahn wird alles, ganz und gar alles, was Gott sich einst ausgedacht hat, kaputt machen.« Um seine Rede zu unterstreichen, stellt er sich neben das Pult und zieht zur Demonstration mit der Hand eine Linie vom Mund über den Hals bis hinunter zum Magen. Am Bauch angekommen, fängt er eine Drehbewegung in Uhrzeigerrichtung an. Erst langsam, wohlig gemächlich. Dann hektisch, verstört.

Danach geht er zurück zu seinen Vortragsunterlagen und erklärt: Genau deswegen müsse er eindringlich, er sage es noch einmal, eindringlich vor dem Motorwagen warnen! Mit einer Schnelligkeit von jetzt vielleicht dreißig, demnächst aber schon fünfzig Kilometern pro Stunde sei für den Normalsterblichen die Geschwindigkeitsgrenze mehr als erreicht! Man sei nur deshalb von der Fernfahrt neulich unbeschadet zurückgekommen, weil das Tempo noch gering gewesen und, wie sein Vorredner schon ausgeführt habe, man oft auch gelaufen sei.

»Zugegeben!«, ruft er jetzt laut in den Raum, um alles Raunen zu übertönen: »Man fährt mit einiger Rasanz bereits mit der Eisenbahn. Aber aufgepasst, die ist mit dem Straßenwagen überhaupt nicht zu vergleichen. Bei der Bahn sitzt man in einem großen, komfortablen Wagen, der von einer Lokomotive gezogen wird, und man ist eingebettet, ja förmlich gehalten vom Schienenstrang.« Und dann erzählt er zur besseren Demonstration, wie man das Problem Eisenbahn versus Straßenwagen im fortschrittlichen Großbritannien handhabt: Dort nämlich dürften die Züge ihre Geschwindigkeit ungehindert ausfahren, während es für alle Straßenwagen Vorschrift sei, dass ihnen ein Mann im gemächlichen Laufschritt mit roter Flagge voranschreite. Diese Bestimmung begrenze ganz natürlich die Schnelligkeit und schaffe für alle auf den Straßen Sicherheit. Dabei erwähnt der Professor nicht, dass es die Eisenbahnlobbyisten waren, die dem Gesetzgeber in Großbritannien diese Vorschrift einflüsterten, um den Konkurrenten im Verkehr auszubremsen. Und er vergisst ebenso, darauf hinzuweisen, dass er selbst als Gutachter für das Kaiserliche Eisenbahnamt tätig ist.

Stattdessen schlussfolgert er: Selbst wenn man in diesen

motorisierten Erschütterungsmaschinen nicht platze, die gesundheitlichen Nebenwirkungen dieser atemberaubenden Geschwindigkeit auf der Straße seien auf jeden Fall beachtlich. Man nehme Raum und Zeit doppelt oder gar dreimal so schnell wie gewohnt, das müsse Folgen haben! »Auch weiß man bislang nicht mit Exaktheit zu sagen, ob das Gehirn so eine Rasanz vertragen kann. Vielmehr muss man berechtigte Zweifel daran haben, dass es noch funktioniert, wenn die Eindrücke ständig wechseln durch die eilige Ortsveränderung mit dem Motorwagen, bei dem der Fahrweg nicht durch Schienen geregelt ist. Schwindelerregend ist das, meine Herren, wahrlich schwindelerregend!« Diesen letzten Satz schreit der Professor fast hysterisch. Dann holt er tief Luft, beruhigt sich wieder und verweist darauf, dass man gerade mit wissenschaftlichen Studien zum sogenannten »Motorwagengesicht« begonnen habe.

Danach holt er zu seinem Schlusswort aus. »Entscheidend ist«, sagt er gedehnt, und dann betont er jedes Wort: »Die Qualität der menschlichen Handlungen hängt nicht davon ab, wie zügig sie erfolgen! Und Sprint ist doch nur entscheidend beim Sport. Wir alle, verehrte Zuhörer, wissen, dafür sind nur wenige geeignet. Deshalb gilt: Gut Ding, Ausnahmen bestätigen die Regel, will Weile haben. Wie, meine hochgeschätzten Herren, schon die alten Römer beteuerten: *Festina lente!* – Eile mit Weile!« Mehr gebe es für ihn nicht zu sagen.

»Brillant geschlussfolgert«, raunt es aus der Zuhörerschaft, »äußerst brillant.« Erneut applaudiert das Publikum. Der Professor setzt sich zu seinen gelehrten Brüdern im Geiste, wie man sich hier gerne nennt, denn es ist Zeit für die Vorspeise. Danach wird der Hauptgang serviert. Und erst, als alle Bäuche gefüllt sind, erhebt sich der wohlgenährte und in seiner Statur gewaltige Präsident der Wissensgesellschaft, um das Gehörte vor dem Dessert in seiner behäbigen Art zusammenzufassen. Zunächst schnappt er etwas nach Atem, dann hebt er zum Resümee an: »Mit der hurtigen Fortbewegung«, beginnt er, »mit der neumodischen In-null-Komma-nichts-Geschwindigkeit muss man offenbar Geduld haben.« So jedenfalls möchte er es nach all den Ausführungen der wahrhaft hochverehrten, wahrhaft herausragenden Wissenschaftler resümieren. »Mit dem flotten Vorankommen, also mit dem Eiligsein, sollte man besser warten. Abwarten, um genau zu sein. Nach derzeitiger wissenschaftlicher Erkenntnis ist es also unmöglich, dem Motorwagen ein positives Zeugnis auszustellen. Jawohl, unmöglich ist das! Allerdings besteht keinerlei Grund zur Panik, es ist keine Katastrophe, denn schließlich ist alles erfunden, was lebenswichtig ist. Deshalb muss man sich mit der Weiterentwicklung, mit dem Erfinden, auch nicht überschlagen.«

Gier sei ohnehin eine der sieben Todsünden, eine von sieben, aber das nur nebenbei. Ganz, ganz wichtig sei aber, und jetzt betont er Satz für Satz: »Man darf nicht vergessen, nicht vernachlässigen darf man: Es braucht auch noch etwas Energie, um die Traditionen zu bewahren. Das Wissen von gestern zu schätzen. Nicht nur der Fortschritt ist wertvoll, nein, wertvoll sind auch die Beharrungskräfte, das Festhalten an dem, was einem wichtig geworden ist.« Er für seine Person und in seiner bescheidenen Funktion als Präsident wolle nun den Abend mit einer versöhnlichen Botschaft beschließen, einem Trost für alle: »Nur der ist ein wahrhaft souveräner Streiter für die Wissenschaft und so auch für den Fortschritt, der damit leben kann, gönnerhaft zu sein und zu sagen: Das Neue findet manchmal woanders statt! Das ist allemal akzeptabler, als Leib und Glieder aufs Spiel zu setzen, Hals und Kopf zu riskieren, so wie neulich bei dieser Fernfahrt mit dem Motorwagen.« Man habe großes Glück gehabt. Damit dürfe man nie kalkulieren.

So also ist es, wundert sich Carl Benz. Erst durch die Wissenschaft hat er sein theoretisches Rüstzeug erhalten, um den Wagen ohne Rösser mit der bewegenden Kraft des Motors zu bauen, und nun sind es ausgerechnet Vertreter der Wissenschaft, die sich ihm entgegenstellen, die lieber auf dem Stand der Gegenwart verharren, als Spitze des Fortschritts zu sein. »Nichts ist so feuerfest wie die Dummheit«, hatte in frühester Jugend seine Mutter einmal zu ihm gesagt, und der Spruch ging noch weiter: Der Dumme sei zwar in der Lage, sein Leben zu beenden, doch die Dummheit sterbe nie, die lebe ewiglich.

Warum ihm das ausgerechnet jetzt einfällt, weiß Carl Benz nicht. Müde und mit dickem Schädel sitzt er am Frühstückstisch, nachdem er die ganze Nacht über den Abend der »Ignoranten« nachgedacht hat, so jedenfalls bezeichnet Bertha das Treffen der Gesellschaft des Wissens, bei der Frauen unerwünscht waren. Dass sie keinen Zutritt hatte, hielt Bertha nicht davon ab, sich anhand von Carls Schilderungen ihr eigenes Bild von diesem erlauchten Verein zu machen. Der Präsident komme ihr wie ein mit Weisheit ausgestopfter Vogel vor, war ihr vor ein paar Wochen herausgerutscht. Carl erinnert sich jetzt daran und schmunzelt. »Mit Weisheit ausgestopft ... totes Wissen ...« Das alles könnte ihm egal sein, solange Widerstände dieser Art nicht dazu führten, dass kaum einer seinen Wagen kaufen wolle. Dabei war am Abend zuvor nur über den Geschwindigkeitswahn und die aussetzenden Gehirnfunktionen beim Dahinsausen gesprochen worden, noch nicht einmal über die Benzinfurcht, die ebenso verbreitet ist. Benzin sei so gefährlich wie Dynamit und würde darüber hinaus die inneren Organe angreifen, hatte erst neulich ein Forscher behauptet und als »wissenschaftlich geprüfte« Tatsache verkauft.

»Zurücknehmen! Ich fordere Sie auf, den Wagen sofort

zurückzunehmen!« Auf dem Werkstatthof tobt ein hagerer Mann, und weil gerade nur Bertha zugegen ist, brüllt er sie hemmungslos an: »Mein Sohn ist überspannt! Ein Phantast! Ein hoffnungsloser Spinner sogar! Der Kauf muss sofort rückgängig gemacht werden, weil mein Sohn nicht zurechnungsfähig ist, hat man das denn nicht bemerkt?«

Hastig läuft Carl auf den Hof, um Bertha beizustehen. Die starrt den älteren Herrn fassungslos an, der weiter ein grobes Geschrei veranstaltet: »Ein Irrer, ein Spinner, ein Idiot!«

Verlegen erklärt sich Carl Benz: Der junge Mann sei restlos begeistert gewesen von dem Motorwagen, er habe viele kluge Fragen gestellt, ganz angenehm sei er aufgetreten, an jedem Detail interessiert.

»Er ist ein Verrückter, das steht fest!«, erregt sich der Vater noch heftiger, man könne ihn nicht unter Kontrolle bringen. Heute laufe er los und kaufe drei Kutschen auf einmal, morgen sei der Motorwagen dran. Dazwischen falle er in eine unendliche Traurigkeit, in der er nichts mehr wissen wolle und keine Erklärungen für seine Käufe abgeben könne. Das Familienvermögen sei in Gefahr, und deshalb werde er seinen Sohn jetzt auch entmündigen lassen und in ein Irrenhaus stecken. Schriftlich könne Benz das bekommen, wenn er an seinen Worten zweifle.

Ganz fürchterlich höre sich das alles an und äußerst bedauernswert, erwidert Carl Benz, ihm sei nur aufgefallen, der junge Käufer habe immerfort »Ach so« gemurmelt … und dann wieder »Ach so«. Aber er könne natürlich nicht beurteilen, ob das Ausdruck einer Geisteskrankheit sei. Dennoch solle der gnädige Herr ein paar Minuten warten, natürlich werde er ihm das Geld für die Anzahlung erstatten, wenn er selbst nicht an so einer Anschaffung, die das Leben erleichtert und vorankommen hilft, interessiert sei.

»Um Gottes willen!« Der Vater schlägt die Hände überm Kopf zusammen, er habe genug Verrücktheit im Haus.

Resigniert, den Rücken krumm, schlurft Carl Benz in sein Büro. Bertha folgt ihm. »Noch gestern bin ich so glücklich gewesen über den ersten Käufer des Motorwagens im Deutschen Reich«, sagt er leise und traurig. Mehr als nur ein Glas Wein habe er sich und dann auch den anderen an seinem Tisch beim Treffen der Wissensgesellschaft entgegen seinen sonstigen Gewohnheiten spendiert. Bei jeder neuen Bestellung vergnügt »Zur Feier des Tages!« gedacht und seinen Tischnachbarn fröhlich zugeprostet. Die waren natürlich vollkommen konsterniert, weshalb er, Carl Benz, dessen Erfindung gerade madig gemacht wurde, zum Feiern zumute war. Sie wussten ja nicht, dass er just an diesem Tag in Mannheim seinen ersten Motorwagen an einen Deutschen verkauft hatte.

Streng hatte Bertha geblickt, als er mitten in der Nacht betrunken und nach vergärtem Alkohol riechend nach Hause kam und nur noch lallend herausbrachte: »Der erste deutsche Käufer, was für ein Glück ...«

Jetzt war es auch mit dieser Freude aus und vorbei und das kaufmännische Resultat, drei Jahre nachdem sein Motorwagen zum ersten Mal über den Hof gefahren war: Der Einzige, der überhaupt einen Motorwagen erworben hatte, war Emile Roger aus Frankreich. Das war im vergangenen Jahr 1887, also ein Jahr nach der Patentierung im Deutschen Kaiserreich. Frankreich war das Land in Europa, das neben England die Fortbewegung unabhängig von Pferden vorantrieb, wobei die Engländer eher noch auf Dampfwagen setzten. Für die Franzosen war es zwar leider ein Deutscher, der den Motorwagen erfunden hatte, aber sie waren es, die seine Bedeutung als Erste erkannten.

Wie verwundert war Monsieur Roger bei seiner Ankunft

in Mannheim gewesen, als ihm auf dem Weg zu Carl Benz nicht ein einziger Kraftwagen entgegenkam. Er hatte geglaubt, in der Stadt des Erfinders würde nahezu jeder mit einem pferdelosen Wagen herumfahren.

Als er mit einer gewöhnlichen Pferdekutsche endlich die Benz-Fabrik in der Waldhofstraße erreichte, kaufte er nach kurzer Begutachtung sofort den neu entwickelten Straßenwagen. Und in Teile zerlegt, in vier Kisten verpackt – nur so war der Zoll bezahlbar – ließ sich Emile Roger seinen frisch erworbenen Wagen dann nach Frankreich schicken. Allerdings schaffte er es nicht, ihn dort wieder zusammenzubauen. Dabei wollte er unbedingt der Erste sein, der ein benzinbetriebenes Mobile auf den Pariser Straßen präsentierte. Also musste Carl Benz wohl oder übel extra für ihn nach Paris reisen, um das motorisierte Dreirad wieder straßentauglich zu machen. Eine heikle Mission, denn sowohl in Frankreich als auch in England – beides Länder, die viel früher als Deutschland den Übergang von der Agrar- zur Industrienation geschafft hatten – galten Produkte aus Deutschland als Schundware. »Made in Germany« bedeutete: hässlich und billig, nachgemacht und kaum zu gebrauchen. Gegen solche Vorurteile kämpfte der Erfinder des Motorwagens mit seiner Wertarbeit an.

Der clevere Emile Roger wusste aber längst, dass die Benz-Kalesche alles andere als ein nachgeahmtes Billigteil war. In den vergangenen Jahren hatte er etliche Benz-Motoren zum Weiterverkauf in Frankreich erworben und mit der herausragenden Qualität sehr gute Erfahrungen gemacht. Trotzdem überredete er Benz, nicht ganz uneigennützig, den Straßenwagen in Frankreich lieber unter seinem eigenen Namen laufen zu lassen. Nur am Motor versteckt glänzte das Schild der Benz-Fabrik aus Mannheim. Schon bald nach dem Kauf heimste der trickreiche Verkäufer Roger in Frankreich Auszeichnungen und Verehrung ein. Dass »sein Kind« somit ausgerechnet in der französischen Fremde so viel Bewunderung fand, während es in seiner Heimat nur Befremden auslöste, darüber beklagte sich Carl Benz mehrfach bei Bertha. Das alles werde sich ändern, sagte sie in solchen Augenblicken immer und immer wieder.

»Hab Vertrauen, das wird sich ändern«, ermuntert sie ihn auch jetzt, als er sichtlich bekümmert wieder ins Büro gelaufen kommt, nachdem er den Kaufpreis zurückgegeben hat, und sich wie ein nasser Sack auf seinen Schreibtischstuhl fallen lässt. Dann verschließt er die Kasse, aus der er eben noch das Geld genommen hat.

»Es wird sich ändern!« Das sei so sicher wie das Amen in der Kirche, beschwört ihn Bertha noch einmal, nicht umsonst habe sie die spektakuläre Fernfahrt nach Pforzheim gemacht. Die Presse habe wohlwollend berichtet und nichts von ihrer Verschwörung bemerkt. Und erstaunlicherweise sei auch von Amts wegen keine einzige Nachfrage oder gar Strafe gekommen. Auch das – ein gutes Zeichen! Während Bertha das sagt, geht sie zu Carl an den Schreibtisch hinüber und will ihn umarmen. Mit gedämpfter Stimme spricht sie ihm ins Ohr: »Vergiss nicht, aufgrund der Zeitungsberichte ist der junge Käufer gekommen. Selbst wenn das nun zufällig ein Verrückter war, schon morgen steht ein neuer, ein besserer Kunde da.« Und übermorgen erst, da wird er nach München zur Industrieausstellung fahren und mit frischen Bestellungen zurück nach Mannheim kommen.

»Lass mich in Ruhe!«, wiegelt Carl ab und entzieht sich wütend Berthas Armen. Dann stolpert er aus dem Zimmer und denkt, wie satt er ihre ständige Überlegenheit habe, ja dass sie ihn mit ihrem unerschütterlichen Optimismus noch jämmerlicher mache, als er sich ohnehin schon fühle – mit seiner fertigen Mobilitätsmaschine, die keiner kaufen wolle.

»Ich werde jetzt nach München reisen und beweisen, dass ich auch *allein* aus meinem Motorwagen einen Erfolg machen kann!«, ruft Carl, schon fast wieder auf dem Hof, sich noch einmal umdrehend zu Bertha.

Mitten in München, am Isartorplatz, findet in diesem Sommer 1888 eine große »Kraft- und Arbeitsmaschinenausstellung« statt, die, wie die Zeitung schrieb, von der »allerdurchlauchtigsten Königlichen Hoheit, dem Prinzregenten Luitpold von Bayern, am 27. Juli 1888 allergnädigst eröffnet« worden ist und unter seinem Protektorat steht. In Uniform oder im Frack mit weißer Binde hätten »in allerehrfurchtsvoller Weise die Herren des Gewerbevereins ein Spalier gebildet« und sich eifrig bemüht, ihren Dank abzustatten. Hauptanliegen sei nicht der materielle Erfolg der Ausstellung, bekundeten sie sich gegenseitig, sie solle vor allem für die Besucher förderlich und anregend sein. Deshalb bot man für wenig begüterte Arbeiter verbilligte Eintrittskarten an. Aus etlichen Gegenden kamen Sonderzüge in die bayerische Residenzstadt.

Carl Benz, der sich erst nach Berthas erfolgreicher Fernfahrt entschlossen hatte, seinen Motorwagen auf dieser Ausstellung zu zeigen, kam sechs Wochen nach der Eröffnung im September in München an. Aufgrund der Bedeutung der Ausstellung verbesserte er vorher noch einiges am Wagen – Anregungen, die ihm Bertha und seine Söhne nach ihrer Pforzheimreise gegeben hatten. So wurde ein zweiter Gang eingebaut, um auch Berge erklimmen zu können. Der Motorraum erhielt eine neue Verkleidung, denn so machte der Wagen nicht ganz so viel Krach. Auch verschmutzte die Kleidung der Benutzer weniger, weil das Öl nicht mehr frei herumspritzen konnte. Die Sitzbank wurde weicher gepolstert, auf Wunsch konnte man als Zubehör sogar einen Fußsack kaufen. Der Motor leistete nicht mehr wie am Anfang nur rund eine, sondern an die drei Pferdestärken, und der Kupferbehälter, eine Art Tank, fasste inzwischen an die acht Liter Kraftstoff, der für rund vierzig Kilometer reichte. Der Verbrauch lag also im Durchschnitt bei zwanzig Litern.

Schon vor einiger Zeit hatte Carl Benz mit seinen Leuten über dem Vorderrad eine zweite Sitzbank montiert, die der Fahrerbank gegenüber angeordnet war. So wirkte der Wagen nicht mehr wie eine Kutsche, der man Deichsel und Pferde gestohlen hatte. Außerdem fanden nicht nur zwei, sondern vier Personen Platz. Ein feines Verdeck aus Leder bot Schutz vor Regen, Sonne oder Wind. Damit ließ sich der Selbstfahrer bei jeder Witterung nutzen, was vor allem für Landärzte oder Handelsvertreter von Bedeutung sein konnte. Die Kosten für den Wagen betrugen um die zweitausend Mark,

Zeichnung des Motorwagens in München im September 1888 aus der Leipziger Illustrierten Zeitung, *die damals viele wissenschaftlich-technische Beiträge lieferte.*

damit war er in etwa so teuer wie drei Klaviere. Auf lange Sicht gesehen, hieß es, sei so ein Motorwagen preiswerter als die kostspielige Haltung von Pferden, zumindest wenn keine teuren Reparaturen anfielen.

Doch Carl Benz ahnt, diese Argumente allein genügen nicht, um seinen Wagen in München zum Erfolg werden zu lassen. Es reicht nicht, ihn ähnlich wie jedes andere Fuhrwerk einfach in der Ausstellungshalle abzustellen. Die Menschen müssen sehen und erleben, wie er fährt und dass diese Fortbewegung einfach und gefahrlos ist. Und davon muss er zunächst erst einmal die zuständige Polizeidienststelle überzeugen, die er als Erstes in München aufsucht. Keine einfache Angelegenheit. Keiner dort hat je zuvor einen Motorwagen gesehen, geschweige denn Erfahrungen damit gemacht, und was es nicht gibt, dafür kann es natürlich auch keinen Paragraphen geben. Folglich auch keine Bereitschaft, den Wagen auf Münchens Straßen fahren zu lassen. Diesmal aber will sich Carl Benz durchsetzen.

Deshalb erzählt er dem zuständigen Polizeihauptmann, der aussieht wie die Verkörperung eines durch nichts zu erschütternden bequemen Beamten, was für ein großartiges Studium er am Polytechnikum in Karlsruhe genossen habe. Dann zeigt er ihm lebhaft die ganze Geschichte der Maschinentheorie auf und begeistert mit ausführlichen Darstellungen seiner Jahre in der Werkstatt – ein Ort, dessen Faszination auf beinahe jeden Mann ausstrahlt. Bewusst versucht Carl, dem Hauptmann den Eindruck zu vermitteln, dass er ein über viele Jahre erprobter Fachmann sei, der wisse, was er tue und nahezu jede Gefahr durch tausend erfolgreiche Experimente ausgeschlossen habe.

Im Umgang mit dem Polizeihauptmann beweist er durchaus eine originelle Hartnäckigkeit, packt den Beamten schließlich als Mensch, spricht ihn, nachdem er ihn mit

seinen Geschichten aufgewärmt hat, nicht mehr als Amts-
diener an. So schwärmt er ihm vor, dass der selbstbeweg-
liche Wagen für ihn sehr viel mehr als nur eine Maschine sei.
Dieser Wagen sei die Verwirklichung all seiner Erfinderträu-
me seit seiner frühesten Jugendzeit, und auch seine beiden
Söhne seien bereits von der Motorenwelt angesteckt. Als er
bemerkt, wie der Beamte seine Haltung langsam verändert,
setzt er nach und berichtet ihm von einer Wette, die er mit
seinen Kindern abgeschlossen habe. Denen hätte er erzählt,
dass man in München ganz sicher fortschrittlich und aufgeschlossen für die Zukunft sei und es wohl kein Problem
wäre, ihn mit dem Motorwagen fahren zu lassen. Seine Buben hätten zwar nicht glauben wollen, dass man im schönen
Bayern so weltoffen sei, und hätten heftig protestiert, er aber
habe dagegengehalten. Nun zeige er zwar Verständnis dafür,
wenn man ihm in München aus lauteren Beweggründen mit
seinem neuen Verkehrsmittel den Weg zur Menschheit ver-
sperre, aber die entscheidende Frage sei, ob man ihn darüber
hinaus auch noch zum Verlierer der Wette machen wolle.
Wie stünde München dann im Vergleich zu Mannheim da?

Carl Benz gibt alles. Bertha soll sehen, dass er auch ohne
sie etwas erreichen kann. Der leitende Polizist, selbst Vater
zweier Söhne, lässt sich erweichen und erteilt Carl Benz,
den er am Ende für vertrauenswürdig hält, eine inoffizielle
mündliche Genehmigung für zwei Tage. Er dürfe am Samstag und Sonntag, am 15. und 16. September 1888, in der Zeit
zwischen 14 und 16 Uhr in München auf der Straße fahren.
Dann könne er seinen Wagen vorführen, weil am Wochenende die meisten seiner Polizisten eine längere Mittagspau-
se machten, manche sogar einen Mittagsschlaf. Die anderen
würde er anweisen, die Straßen, auf denen er unterwegs sei,
zu meiden oder bei einer zufälligen Begegnung wegzuschau-
en. Falls aber ein Unfall oder ein Unglück passiere, würden

sie hart, sehr hart, durchgreifen. Kurz: Ginge alles gut, habe er die Erlaubnis gegeben. Passiere etwas, wolle er von nichts gewusst haben. Im Übrigen lehne er jede Verantwortung ab. Und nun solle der forsche Maschinenbauer beim Leben seiner Söhne schwören, dass man sich auf ihn verlassen könne, dass er vorsichtig sei. Carl Benz willigt ein und ist überglücklich. Fröhlich pfeifend verlässt er die Polizeiwache.

»Erspart den Kutscher«. Diesen Werbetext hat er sich als Lockmittel für die Passanten ausgedacht: »Vollständiger Ersatz für Wagen mit Pferden! Immer sogleich betriebsbereit! Bequem! Absolut gefahrlos! Keine besondere Bedienung nötig! Sehr geringe Betriebskosten!«, steht auf seinem Werbeblatt.

Beschwingt erklimmt Carl Benz am Mittag des 15. September den Führersitz seines Wagens. Dann rattert und knattert er los. Den Kopf erhoben, seiner selbst gewiss und sicher, dass er Großartiges zu bieten hat. Souverän lenkt er den Straßenwagen, der gut funktioniert und den er bei jeder Gefahr umgehend bremsen kann. Käme es zu Schäden, hätte er durch seine vielfältigen Erlebnisse in Mannheim ausreichend Erfahrung, wie diese zu regeln sind.

Es dauert nicht lange, da versammeln sich links und rechts von ihm neugierige Passanten, und von Zeit zu Zeit hält Benz an und erklärt den Umstehenden geduldig seinen Wagen. Danach rumpelt er weiter. Die harte Holz- und Eisenbereifung macht ordentlich Lärm auf den Pflastersteinen. Außerdem stinkt es nach Abgasen. Aber nur wenige stören sich an diesem Sonnabend daran, die meisten sind von dem neuartigen Fortbewegungsmittel angetan. Auch die Presse berichtet ausführlich. Gleich mehrere Zeitungen schreiben vom vorzüglichen, ja glänzenden Erfolg des Motorwagens, der an jeder Pferdekutsche vorbeifliegen könne. Einen der

Zeitgenössisches Werbeplakat für den Patent-Motorwagen.

Zeitungsartikel hebt Carl auf, um ihn für Bertha mit nach Mannheim zu nehmen. Mehrmals am Tag setzt er sich hin und liest noch einmal, was im *Neuen Münchner Tageblatt* über seinen Erfolg geschrieben steht:

Selbstfahrende Wagen. Wohl selten oder noch nie bot sich den Passanten in den Straßen unserer Stadt ein verblüffenderer Anblick als im Laufe des Samstagnachmittags, wo von der Sendlingerlandtsraße über den Sendlingerthorplatz, durch die Herzog-Wilhelm-Straße in strengem Lauf ein sogenanntes Einspänner-Chaischen ohne Pferd und Deichsel mit ausgespanntem Dache, unter welchem ein Herr saß, auf drei Rädern – ein Vorder- und zwei Hinterräder – dem Inneren der Stadt zueilte. Es war ein patentierter Motorwagen der Firma Benz & Co in Mannheim, wie eine solche viersitzige Kalesche in der Kraftmaschinenausstellung auf dem Isartorplatz zu sehen ist. Ohne eine bewegende Kraft durch Erzeugung von Dampf, ohne Kraftanstrengung der Füße von Seiten des Fahrgastes, wie bei den Velozipeden, rollte der Wagen, ohne Anstand alle Kurven nehmend und den entgegenkommenden Fuhrwerken und den verschiedenen Fußgängern ausweichend, dahin, gefolgt von einer großen Zahl atemlos nacheilender junger Leute. Die Bewunderung sämtlicher Passanten, welche sich momentan über das ihnen gebotene Bild kaum zu fassen vermochten, war ebenso allgemein als groß. Der unter dem Sitze angebrachte Benzinmotor ist die bewegende Kraft, die sich nach den mit eigenen Augen gesehenen, gelungenen Versuchen auf verkehrsreichen Straßen aufs Beste bewährt hat.

Mit einer Goldmedaille, dem höchsten Preis, den die Ausstellungsleitung zu vergeben hat, kehrt Carl Benz zu Bertha zurück. In der Begründung der Jury heißt es: »Für einen leistungsfähigen Gasmotor von wohldurchdachter Konstruktion, eingebaut in einen eigenartigen Motorwagen mit Benzinbetrieb.«

Bertha bewundert ihren Carl, umgarnt ihn mit liebevollen Worten, schaut ihn zärtlich an wie lange nicht mehr.

Und Carl genießt die Anerkennung, freut sich, dass seine Frau gleich dreimal hintereinander sein Leibgericht kocht: Pflaumenklöße, die den vier Kindern allerdings am dritten Tag zum Hals heraushängen. Es ist ein munteres Plaudern, wenn Carl von seinen Tagen in München berichtet und von dem Gespräch mit dem Polizeihauptmann. Bertha gibt zu, das mit der Wette wäre ihr niemals eingefallen, das habe Carl wirklich ausgezeichnet gemacht. Alle hegen neue Hoffnungen, dass sich jetzt Käufer für den Wagen finden. Doch erneut müssen sie Geduld haben und warten. Nur der erfolgreiche Verkauf der Motoren sichert den Fortbestand der Firma.

Ein Jahr später, am 6. Mai 1889, eröffnet die Pariser Weltausstellung. Auch Carl Benz ist vor Ort, will mit der Präsentation seines Motorwagens an den Erfolg von München anknüpfen. Zum vierten Mal findet die Gesamtschau der technischen Meisterleistungen in Paris statt, so oft wie in keiner anderen Stadt der Welt. Ein Großereignis, mit dem die Franzosen diesmal sich und den Sieg der Revolution vor einhundert Jahren ausgelassen feiern. Alle sind beherrscht von dem Gefühl, Technik und Wissenschaft, Kultur und Kunst könnten kaum noch überboten werden. Das Leben habe triumphale Höhen erreicht. Zum Symbol dafür avanciert das bislang kühnste statische Ingenieurwerk, ein über dreihundert Meter hoher Turm aus Stahl, gebaut von dem französischen Brückenbauer Alexandre Gustave Eiffel.

Das höchste Bauwerk der Welt, aus über achtzehntausend Einzelteilen in den Himmel errichtet, fasziniert den Techniker Carl Benz über die Maßen. Viele Pariser dagegen beschweren sich, die Schönheit ihrer Metropole, ja das Herz ihrer Hauptstadt sei ruiniert durch dieses riesenhafte Metallungeheuer mitten im Zentrum unweit der Seine. Doch die Gäste aus dem Ausland sind begeistert von dem neuen Wahrzeichen der Stadt. Alle Erwartungen werden weit übertroffen. An die dreißig Millionen Besucher sollen zur Weltausstellung geströmt sein. Man zelebriert den Aufbruch in eine neue Epoche.

Aber der tatsächliche Keim der neuen technischen Revolution, der motorisierte Wagen, der die Welt in den kommenden Jahren rasant verändern wird, bleibt in diesen Tagen nahezu unbeachtet. Das erlebt Carl Benz, das erlebt aber auch Gottlieb Daimler, der mit seinem Stahlradwagen nach Paris gekommen ist. Ihre Wagen sind bei den Kutschen abgestellt, kaum einer bemerkt die Neuheit, auch wenn in Paris schon ab und an durch die Vermittlung von Emile Roger Benz-Wagen herumfahren. Nur ein paar wissenschaftliche Fachblätter nehmen anerkennend Notiz davon. Ohne nennenswerte Triumphe muss der Erfinder aus Mannheim wieder abreisen.

Was er allerdings aus Paris mitbringt, ist ein neues Wort: *vehiculum automobile* – lateinisch, der von selbst fahrende Wagen – und die französische Variante, *véhicule automobile*. Durch seine Mutter Josefine von Kindesbeinen an mit der französischen Sprache vertraut, gefällt ihm das Wort *automobile*. Die Bezeichnung »Automobil« wird sich auch im deutschen Alltag mehr und mehr durchsetzen.

»Achtung, die Fee kommt!« So alarmiert Richard, der jüngste Sohn der Benzens, der an der Eingangstür zum »Werkstättel«, einem gemütlichen Raum vor der großen Werkhalle, Schmiere steht, die Arbeiter, die dort am Esstisch sitzen. Das ist das Signal. Zur Sicherheit pfeift er dazu kräftig. Hektik bricht aus. Alle, die um den Tisch versammelt sind, schieben hastig ihre Spielkarten zusammen und verstauen sie in ihren blauen Arbeitsjacken. Einer versucht, noch zu verstecken, was bereits ausgelegt ist. Unruhe dominiert den kleinen Raum. Flüche sind zu hören. Ein Glas geht zu Bruch. Der braune Tee ergießt sich über die Spielfläche, bevor er an der Tischkante herunterläuft. Dann trifft alle ein gebieterischer Blick. »Keine falsche Eile!«, zischt Bertha spitz, als sie mit wehenden Kleidern angesaust kommt. Sie wisse sehr wohl, was hier gespielt werde, auch wenn man offenbar meine, ihr eine andere Vorstellung bieten zu können. Nur, als Schauspieler seien sie alle zusammen gänzlich untalentiert, schon bei dieser einen Aufführung hier durchgefallen.

Verlegen senken die Werkstattarbeiter den Blick, verlegen schaut auch Carl. Geduckt und mucksmäuschenstill schleichen die Arbeiter in Richtung Werkbank davon. Ihren Mann aber beordert Bertha zu sich, um ihm eine Standpauke zu halten: Ob er nichts Ernsthaftes zu tun habe? Warum er seine Zeit hier beim Glücksspiel totschlage? Ob sie ihn an die Hand nehmen müsse, um ihm zu zeigen, was noch zu schaffen sei?, herrscht sie ihn an. Weshalb er seinen Erfolg vertrödeln wolle? Er solle nicht vergessen, was er ihr außer der dürftigen Resonanz und einem schönen neuen Wort aus Paris noch beschert habe und was nun ihren Bauch und ihre Brüste runder mache.

Das ist das Letzte, was Carl für drei Tage von Bertha hört. Er weiß, sie ist wieder schwanger. Ihr fünftes Kind wird nach acht Jahren Pause im kommenden Frühjahr erwartet. Auf Mitte März 1890 hat die Hebamme den Tag der Geburt geschätzt und ihm unter vier Augen eingeschärft, dass er Rücksicht nehmen solle auf seine kleine Frau, schließlich sei sie schon vierzig Jahre alt, also in einem Alter, in dem andere sich ans Sterben machten! In ihrer raubeinigen Art ermahnt sie Carl und fügt ebenso uncharmant hinzu: Andere legten sich zur ewigen Ruhe, hier aber komme ein Nachzügler auf die Welt, na ja.

Bertha hatte ihre ganze Unzufriedenheit in ihre garstigen Worte gepackt. Nach all den Jahren war sie tatsächlich erschöpft und ausgelaugt von den permanenten Schwierigkeiten. Nun warf sie Carl alles an den Kopf, was sich in ihr aufgestaut hatte. Über vier Jahre lag die Fertigstellung des ersten Motorwagens zurück, kaum einer war bisher verkauft worden. Vergeblich hofften sie auf den Durchbruch, stattdessen bahnten sich neue Auseinandersetzungen mit den Geschäftspartnern an, die, das hörte sie mehr als einmal am Tag, nicht mehr bereit waren, weiter in Carls Erfindung zu investieren. Unheil lag in der Luft, das spürte Bertha.

Es dauert auch nicht lange, bis Rose und Esslinger an diesem Nachmittag, vom ungewöhnlichen Lärm in der Werkstatt angelockt, neugierig angestapft kommen. Man beschwöre ihn jetzt ein letztes Mal, attackieren sie Carl Benz, den nichtsnutzigen Wagen aufzugeben, endgültig die Finger von dieser kostspieligen Spielerei zu lassen. Man werde einer schlechten Sache kein gutes Geld mehr hinterherwerfen. Man müsse ihn an seine Pflichten erinnern!

»Ich«, entgegnet er pampig, »ich bin nur Gott und meiner Frau verpflichtet!« – Das sei mehr als ausreichend. Damit lässt er seine Geschäftspartner stehen und empfiehlt sich. Die Situation scheint wieder einmal verfahren, ausweglos.

Da bekommt der Motorwagen einen gewaltigen Schub von völlig unerwarteter Seite: Friedrich von Fischer und Julius Ganß, zwei erfahrene Unternehmer, die seit längerer Zeit ein Auge auf das Automobil geworfen haben, melden sich bei Carl Benz, um eine gemeinsame Zukunft zu erörtern. Der ist gerade zum fünften Mal Vater geworden.

Schon wenige Wochen nach der Geburt von Tochter Ellen am 16. März 1890 sind sich die neuen Geschäftspartner handelseinig. Rose und Esslinger werden ausbezahlt, Fischer und Ganß übernehmen. Der eine ein Kaufmann, der zunächst in Frankreich, dann fünfzehn Jahre in Japan mit Seidenwaren gehandelt und ein beachtliches Vermögen erworben hat; der andere baute in Paris als Brauereivertreter erfolgreich ein Geschäft auf und hat sich so einen Namen gemacht. Beide sind eloquent und weltgewandt und erkennen das große Potenzial der Motorwagen, die für sie Zukunftskarren sind. Während sich Friedrich von Fischer auf die Neuorganisation der Benz-Fabrik konzentriert, die künftig neben den Motoren viele Wagen produzieren soll, entwickelt sich Julius Ganß zum Verkäufer allererster Klasse.

Selbstbewusst und mit kräftigen Argumenten tritt er auf. Wenn er redet, ist es den Interessenten nicht mehr möglich, weitere Einwände zu erheben. Einwände, die bisher Carl Benz selbst seinen potenziellen Käufern eingeredet hat, ständig geplagt von Zweifeln an der Vollkommenheit seiner Wagen und getrieben von dem Wissen, dass man vieles besser machen könne. Doch nun übernimmt Julius Ganß das Verkaufsgeschäft, der kein Problem damit hat, überzeugend zu übertreiben und in den Himmel zu loben, was man erreicht hat. Einmal wird er von einem Kunden gefragt, ob der Wagen auch einen Berg hochkomme. »Einen Berg?«, fragt Ganß da mit größter Verwunderung und so, als ob ein Berg eine lächerliche Angelegenheit sei. »Jeden Kirchturm kommt das Auto rauf! Jeden Kirchturm … bis auf die Spitze!«, verkündet er im Brustton der Überzeugung und so, als wäre auf Kirchtürme zu fahren nichts weiter als eine kinderleichte Sache. So schafft er es, sämtliche Kaufwiderstände aus dem Weg zu räumen. Dass Bertha es bei ihrer Fernfahrt vor zwei Jahren nicht schaffte, einen Hügel hinaufzukommen, ist Vergangenheit. Auf ihre Anregung hin wurde ja ein weiterer Gang eingebaut. Jetzt sind auch Berge, vielleicht sogar Kirchtürme zu schaffen. Man muss es einfach ausprobieren.

Für Bertha und Carl beginnt eine unbeschwerte Zeit. Zum ersten Mal seit zwanzig Jahren. Sie erleben, was sie bisher nur erträumt haben: Der Einsatz für den technischen Fortschritt bedeutet zugleich auch wirtschaftliches Vorankommen. Die Fabrik ist in guten Händen. Sie wird umstrukturiert hin zur Herstellung von Automobilen in größerer Stückzahl. Alle finanziellen Sorgen weichen für lange Zeit. Und Carls Erfindergeist erwacht von neuem. Endlich gelingt es ihm, eine Konstruktion zu entwickeln, die den Wagen auch auf vier Rädern leicht lenkbar macht. Am 28. Februar 1893 erhält er ein Patent auf seine neu entwickelte Achsschenkellenkung, die das Auto der Zukunft bestimmen wird. Zum ersten Mal baut er sie in einen Wagen ein, den er stolz *Victoria* nennt, weil den Sieg über ein gravierendes Problem errungen hat. Es ist der Wagentyp, den er bis zu seinem Lebensende am liebsten fährt. Er kostet stolze viertausendfünfhundert Mark.

Parallel dazu entwirft er einen kleinen, leichten Wagen, den *Velo*, der auf die Masse zielt und für zweitausend Mark zu haben ist. Ein Verkaufsschlager. Besonders beliebt in Frankreich, wo er als »Fluchtmittel für Schäferstündchen« angepriesen wird.

»Hoppla! Na, das nenn ich einen exklusiven Empfang!« Mit diesen Worten stürzt ein schlaksiger Bursche auf den Fabrikhof, hebt seinen runden Hut zum Gruß und blickt sich frech nach allein Seiten um, bis er Carl Benz entdeckt. Der steht, mit Frack und Zylinder, vor einem festlich geschmückten Victoria. Ein paar Meter neben ihm Bertha im allerfeinsten Sonntagsgewand, ebenso ihre fünf Kinder. Überall grüßen

Carl Benz mit seinen fünf Kindern Richard, Thilde, Ellen, Clara und Eugen (v. l. n. r.) im Jahr 1894 mit dem Modell »Velo« auf dem Fabrikgelände in Mannheim.

Blumen und Schleifen, ein kleiner Chor stimmt gerade die badische Volkshymne an: »Heil unserm Fürsten, Heil! Dem Edlen Heil!«

Er fühle sich aufs Allerungeheuerlichste geehrt, verkündet der junge Mann mit einem fröhlichen Lachen und tritt zu Carl Benz.

Der bedauert: Es tue ihm leid. Heute könne er keine Kunden empfangen. Der Großherzog komme sogleich. Für den würde man hier so stehen und warten.

»Na, umso besser und hopsala!«, juchzt der lange Bursche und vollführt beim Reden einen kleinen, gekonnten Trippelschritt, als wenn er gleich lostanzen wollte. Bertha tritt, davon angelockt und neugierig geworden, ein wenig näher. Sie will wissen, was das für ein Besucher ist, der so munter daherkommt.

Er sei gänzlich zur falschen Zeit vom Himmel gefallen, versucht Carl Benz noch einmal, den jungen Kerl abzuwimmeln. Der aber bleibt penetrant: Er sei extra aus dem fernen Böhmen angereist, um solch einen Wunderwagen zu kaufen. In vier Stunden bereits fahre sein Zug zurück, deshalb wolle er schnell eine Probefahrt machen. Falle die überzeugend aus, sei das Geschäft besiegelt.

»Jetzt? Eine Probefahrt?«, stammelt Benz verblüfft. Da mischt sich Bertha ein: Der edle Fürst werde erst in einer Viertelstunde erwartet, genügend Zeit, eine Runde aus dem Hof hinaus und wieder zurück zu fahren. Ob der junge Herr ausreichend Geld für die Anzahlung dabeihabe? Das wären tausendfünfhundert Mark, weitere dreitausend Mark müsste er bei der Lieferung bezahlen. Carl, mit ernster Miene, versucht zu intervenieren: Das Ganze komme ihm doch ein wenig übermütig vor, zu vorschnell, ja zu überraschend und der junge Mann, mit Verlaub, wie einer, der das Lausbubenalter noch nicht gänzlich überwunden habe. Doch da hat von Liebieg schon mit einem »Na hoppla!« seine Karte überreicht und dazu einen dicken Umschlag mit Geldscheinen. »Baron Theodor von Liebieg, Wollwarenfabrikant und Webereibesitzer in Reichenberg in Böhmen«, liest Bértha vor. Das gefällt ihr, jemand, der fest entschlossen ist und sich von seinen Vorhaben nicht abbringen lässt.

Die Blicke der beiden berühren sich. Bertha zuckt zusammen. Was war das? Ihre Augen blicken plötzlich erschrocken. Innere Leidenschaft erwacht. Bloß gut, dass Carl und der Baron mit der kleinen Probefahrt beschäftigt sind und gerade den Motor anwerfen.

»Na hoppla!« und »Hopsala!« erklingt es über den Hof. Dann rattern die beiden davon, und noch bevor Großherzog Friedrich I. mit Gattin Louise die Fabrik erreicht, ist der Handschlag zum Kauf des Wagens gemacht. Mit feurigen

Worten erzählt der Baron vor seiner Abreise noch, dass er vorhabe, im nächsten Sommer 1894 mit dem Benz-Victoria vom Böhmerland bis an den Moselstrand zu fahren, so weit wie keiner zuvor mit einem Benzinwagen. Dann werde er auch hier wieder vorbeikommen.

Er meine, erwidert Carl Benz misstrauisch, dass er noch ein wenig zu unerfahren für solch ein Abenteuer sei, und er könne nicht garantieren, dass sein Wagen für eine so lange Strecke gerüstet sei. Bisher habe man nur über zweihundert Kilometer Gewissheit, durch Berthas Fernfahrt.

»Ja hoppla, hoppla!« Die Fernfahrt nach Pforzheim, er habe davon gehört, sagt von Liebig respektvoll und blickt anerkennend zu Bertha. Gleichgesinnte erkennen sich. Wieder Hitze im Bauch. Was für ein Brennen ist das?

Schneller, als ihm lieb ist, wendet Theodor von Liebieg seine Augen wieder auf Carl Benz und hört sich sprechen, während er in Gedanken noch bei dieser außergewöhnlichen Frau verblieben ist, die ihn magisch anzieht. Der Herr Benz könne die Verantwortung getrost ihm überlassen. Er vertrete die Generation, die seine Pferdelosen mit einem kräftigen »Hoppla!« zum großen Erfolg fahren wird. Seine bewundernswerte Frau habe damit ja schon angefangen. Tage- und nächtelang sei er in seiner böhmischen Heimat nicht von seinen Träumen losgekommen, nur sehnen konnte er sich nach dem Wagen.

Dabei zwinkert er keck zu Bertha. Er habe ausreichend über den Lauf der Dinge nachgedacht. Nun sei er sicher, in hundert Jahren benzten schon Säuglinge auf den Straßen herum, die ganze Welt würde dann rattern und knattern, und wo jetzt noch die Stille regiere, herrsche bald der Lärm der motorisierten Geschäftigkeit. Was für ein köstlicher Aufschwung der Menschheit sei das! Was für ein Höhepunkt ihrer Betriebsamkeit! Ein Höhepunkt!, betont er noch einmal dandyhaft und schaut verwegen zu Bertha, die etwas in ihrem Wesen hat, das ihn fesselt.

Zum Antworten aber bleibt keine Zeit. Das Gefolge des regierenden Fürsten erscheint. Ein Gedränge entsteht, bei dem es zwischen Bertha und Theodor von Liebieg zu einer zufälligen Annäherung kommt, ihre Hände und dann auch ihre Körper berühren sich. Feuergefühl. Ein Lodern im Herzen. Übereinstimmung trotz Sprachlosigkeit. Mehr!, schreit es, mehr! Und aus der zufälligen Berührung wird ein scheinbar zufälliges Anschmiegen. Kurz nur. Eine kurze wohlige Nähe, die lange wirkt. Dann der Großherzog. Der Abschied. Bis zum Wiedersehen? – Bis zum Wiedersehen! Von den euphorischsten Gefühlen erfasst, verlässt der Baron mit seinen langen Beinen tänzelnd den Hof. Danach schmerzt Sehnsucht.

Das sei selten, sie so aufgewühlt zu erleben, stellt Carl am Abend fest und schaut Bertha an. Was so ein Besuch des Herzogs bewirken kann! Auch seine Arbeiter seien gänzlich übergeschnappt, und keiner habe mehr etwas Vernünftiges leisten können an diesem Tag. Bertha errötet leicht.

Eine Woche später erreicht die Benzens ein Brief aus Böhmen auf feinstem Büttenpapier. Mit hitzigen Sätzen berichtet von Liebieg, wie er die Ankunft seiner neuen großen Liebe bei sich in Reichenberg kaum erwarten könne. Er schreibt von der Triebkraft des Motorwagens. Doch Bertha vermag beim Lesen nichts anderes als die Triebkraft der Herzen zu erkennen. Aber es bleiben nur Gedanken. Heimlich gedacht und eingeschlossen in der festen Hülle ihrer Seele. Niemals würde sie über ihre inneren Anwandlungen sprechen. Niemals! Nur die Gedanken sind frei. Sehr frei. Ganz frei. Sie ist jetzt vierundvierzig und erlaubt es sich, noch einmal zu entflammen. Es belebt ihre Tage, davon zu träumen, wie der junge Baron mit seinem ungestümen Hoppla und

Hopsala in einem Jahr wiederkommt. In den Fabrikhof hinein, zu ihr, mit dem Victoria. *Victoria amoris! Omnia vincit amor! Vincitne? O, amoris victima.*

Mit einem Siegerlachen und seinem unverwechselbaren »Hoppla« kehrt Theodor von Liebieg im Sommer 1894 tatsächlich nach Mannheim zurück. Über zweitausend Kilometer hat er inzwischen mit dem »Rattergestell« – so nennt er den Wagen jetzt – in nur wenigen Wochen zusammen mit einem Freund, Franz Stransky, der ihm assistierte, zurückgelegt: Von Böhmen über Deutschland bis nach Frankreich sind sie gefahren. Ein Weltrekord! Als Erste der Welt haben sie drei Länder mit einem Automobil bereist. Er sei ein »Kilometerfresser«, ganz und gar »fahrsüchtig«, dem »Kilometerfieber« erlegen! So begrüßt er alle auf dem Benz-Gelände und sucht mit seinen Augen nach Bertha, die von weitem angelaufen kommt. Einmal sei er sogar über sechsundzwanzig Stunden am Stück durch die laue Mondnacht gefahren. »Wunderbar! Romantisch!« Wieder fällt ein provokanter Blick auf Bertha. Dann springt er mit einem »Hoppla!« vom Wagen und greift nach ihrer Hand, macht eine Verbeugung, als wollte er sie zum Tanz auffordern. Bertha hat eine Träne im Auge. Monate hat sie auf diesen Moment gewartet, nach »Hoppla!« und »Hopsala!« verlangte es in ihr. Drängend und obwohl ihr solche Gefühle unheimlich waren. Erneut macht der Baron seinen Trippelschritt, genau so, wie Bertha es das ganze Jahr über wieder und wieder vor ihrem inneren Auge gesehen hat. »Nun, wenn ich hier so stehe«, verkündet von Liebieg, »möchte ich behaupten: Ich war fahrsüchtig und dem Kilometerfieber erlegen. Doch in diesem Augenblick bin ich geheilt!« Hier und jetzt finde er zur Ruhe. Er habe seinen Bestimmungsort erreicht.

Und wie er da so steht – fordernd, drahtig, erfolgsverwöhnt

und mit Blicken fast nur für Bertha –, lodert in ihr ein Verlangen auf. Wie fiebrig spricht sie zu sich: »Was ist die Macht der Jahre gegen die Kraft der Phantasie?« Fünfundzwanzig Jahre kennt sie Carl jetzt. Und auf einmal erwachen unvorhergesehene Sehnsüchte. Planlos, aber zielsicher. Ungeniert verlangen sie danach, befriedigt zu werden. *Amoris victima? Victima certe!*

»Was für ein Glück!«, jubiliert Carl Benz, und der ganze Hof fällt in seinen Jubel ein. Was für ein Glück, wie er mit seinem Victoria die Welt erobert habe! Er wünschte sich, auch andere würden vom »Fahrerfieber« und der »Kilometersucht« erfasst! Ach, könnte er nur mit jedem Automobil zugleich diesen heiteren Mut des Barons mitverkaufen! »Aber es gibt wohl nur wenige, die in der Lage sind, sich einem Wagnis so auszuliefern wie er und das Unbekannte so zu lieben«, resümiert der Erfinder des Motorwagens und greift nach von Liebiegs Hand. Er, ja er, der Baron, müsse ein Liebender sein, niemals sonst hätte er so viel Geduld und Leidenschaft für den Benziner aufgebracht, so viel Leidensbereitschaft für die Strapazen einer so langen Reise.

Er, ein Liebender? Er, ein Eroberer? Na hoppla! Von Liebieg tänzelt kurz auf der Stelle, bevor er ausruft: »Ja! Ja, es stimmt.« Er habe auf seiner Länderfahrt viele reizvolle Landschaften entdeckt, aber die größte Entdeckung seien tatsächlich seine liebenden Gefühle. Die seien das größte Glück! Herausfordernd schaut er zu Bertha. »Aber sich ausliefern? Sich einem Wagnis ausliefern? Nein, bei aller Liebe, der Wagen ist mir ausgeliefert, nicht ich ihm!«

Es dauert einen Tag, bis der Victoria des Barons nach den Hunderten von Kilometern in der Benz-Werkstatt wieder auf Vordermann gebracht und für die Rückreise nach Böhmen gerüstet ist. Diesen einen Tag genießen Bertha und Theodor von Liebieg. Sie haben Zeit, sich wie zufällig zu berühren. Dabei erzählt er ihr von den Abenteuern seiner Dreiländerfahrt, wie sie verspottet und auch bewundert wurden, wie ihnen Steine hinterherflogen oder Blumen überreicht wurden, wie sie schieben und reparieren mussten, wie die Zündung streikte, die Kette absprang, die Bremsen versagten. Bertha hört begierig zu und träumt sich dabei mit auf diese Reise. Wehmütig. So wehmütig wie diese ganze unerfüllbare Liebelei.

Doch noch ehe sie sich ihren traurigen Gedanken hingeben kann, reißt der Baron sie wieder aus ihren Grübeleien. Am lustigsten sei die Geschichte vom Zolldirektor, muntert er Bertha auf, der habe sich an der Grenze den Kopf darüber zermartert, wie denn dieser Wagen, der in keinen Papieren verzeichnet war, zu verzollen sei und habe sich geweigert, ihn mit dem Automobil nach Frankreich hineinzulassen. Stunden seien vergangen, in denen der dicke Zöllner spitzfindig hin und her überlegt habe, ob dieses Stinkemobil als Dampfwagen zu deklarieren sei oder unter »Gemischtwaren« eingeordnet werden müsse. Es habe einige Überredungskunst gebraucht, den Herrn an der Grenze dahin zu bringen, einmal Zoll für ein Fuhrwerk zu berechnen und dazu den Zoll für einen Motor, womit das Gefährt alles in allem ganz gut verhandelt sei, meint von Liebieg fröhlich zu Bertha.

Dann spielen beide, sie und der »Benz-Baron«, wie sie ihn jetzt nennt, die Szene an der Grenze nach. Vor allem, wie der Beamte mit misstrauischen Blicken doch noch den Passierschein ausgestellt hat. Dazu führt Bertha für Theodor von Liebieg die Schreibhand, zittrig und unsicher. »Aber eine neue Zeit verlangt nach neuen Unterschriften!«, sagt sie mit verstellter Stimme. Daraufhin greift der Baron nach seiner von ihr gehaltenen Hand und fasst damit zugleich auch ihre, selbstverständlich wie aus Versehen. »Eine neue Zeit verlangt danach, dass man Grenzen überschreitet«, sagt der Baron jetzt ganz nah an Berthas Gesicht.

Zu einem Kuss kommt es nicht. Bertha ist schließlich verheiratet. Doch sie sind nur Millimeter davon entfernt. Dieser Augenblick bleibt lange unvergessen.

Vom Überschwang erfasst, kriecht der schlaksige Baron dann mit einem »Hoppla!« unter den Wohnzimmertisch und demonstriert, wie er einmal in einem Graben gelandet ist. Ein Polizist sei gekommen und habe ihn in strengstem Ton gefragt, was er da Übles mache. – Es sei von Nöten, sich den Wagen einmal von unten anzuschauen, habe er dem verblüfften Mann mit größter Selbstverständlichkeit gesagt, von unten sehe nämlich vieles auch ganz nett aus! Wieder ein provozierender Blick des Barons auf Bertha. Sie gehe davon aus, dass er seine Entdeckerlust in den letzten Wochen ausreichend befriedigt habe, kokettiert sie schamrot und be-

Ausfahrt mit Baron Theodor von Liebieg im Sommer 1894. Links im Victoria auf der Rückbank Bertha Benz; ihr Mann Carl lehnt am Wagen. Im rechten Auto über das Verdeck gebeugt der »Benz-Baron«.

deutet ihm, er möge unter dem Tisch hervorkommen, und bietet ihm einen Platz auf dem Sofa an.

Als es Zeit ist für die Heimfahrt nach Böhmen, begleitet die ganze Familie Benz den Baron noch bis nach Gernsheim. Es war Carls Idee. »Aus Dankbarkeit«, hat er gesagt. Geschwind setzt sich Theodor von Liebig beim Abschiedstrunk neben Bertha. Nähe, noch einmal, ein letztes Mal etwas Nähe. Und sei es auch nur eine verrückte Spielerei. Carl sitzt den beiden gegenüber und berichtet dem Baron ungefragt von den Leiden und Freuden der Erfinderjahre, von den vielen Enttäuschungen und wie sehr er seine Frau dafür verehre, dass sie all die Jahre an seiner Seite durchgehalten habe.

»Auch ich bewundere Sie, gnädige Frau!«, sagt von Liebig in diesem Moment, und das Wort »bewundern« spricht er mit amourösem Hauch. In ihren Ohren klingt es wie: »Auch ich begehre Sie, Bertha!« Ein letztes Mal sitzen sie wie zufällig dicht nebeneinander, drücken sich möglichst oft und möglichst unauffällig. Gefühlvoll. Und in dem Moment, als Carl gerade einen Bekannten begrüßt, greift von Liebig kurz und verstohlen nach Berthas Hand.

»Ja, auch ich schätze meine Frau«, erklärt Carl, wieder den beiden zugewandt, mit einem fast überhörbaren Seufzer. Dann schaut er Bertha an. Wie jung und mädchenhaft sie heute aussieht, denkt er. Meine Frau, Mitte vierzig, gereift, aber schöner denn je! Auch Bertha mustert Carl in diesem Augenblick. Wie müde er wirkt, geht es ihr durch den Kopf, wie blass sein Gesicht! Dann spürt sie einen zarten Druck an ihren Beinen. Wärme durchflutet sie.

Am Ende bringt Bertha nur noch ein einziges Wort über die Lippen: »Fertig?«, fragt sie Baron von Liebig. »Fertig!«, antwortet er. Und dieses Jeweils-nur-ein-Wort-Sagen ist das letzte Zeichen ihres inneren Verbundenseins. Zugleich klingt das rohe Wort »Fertig!« wie ein Befehl. Wie das letzte Wort nach allen begierigen Fragen.

Endlich gehen neue Bestellungen für Motorwagen bei Benz & Cie. ein, angeregt nicht zuletzt durch die aufsehenerregende Fahrt des Barons Theodor von Liebieg. Die meisten Käufer kommen aus dem Adelsstand, sind Industrielle oder Bankiers. Vertreter der Oberschicht, die das nötige Geld für eine solche Anschaffung übrig haben. Bertha schaut sie prüfend an, sagt aber nichts. Es wirkt auf sie, als würde das Auto auf einmal zum neuen Spielzeug für Millionäre; als ginge es darum, zu beweisen, dass man nicht mehr verstaubt und rückständig sei, sondern auf dem neuesten Stand der technischen Entwicklung angekommen. Alles, was nicht auf einem Motorwagen dahinsaust, sind untergeordnete Wesen. Die Rangordnung ist wiederhergestellt. Doch noch merkwürdiger benehmen sich in Berthas Augen die Neureichen. Süchtig nach Ruhm und Anerkennung, suchen sie den Kitzel der Sensation, jagen mit ihren Motorwagen dem noch nie Erlebten nach.

Bertha, die eine scharfe Beobachtungsgabe hat, mokiert sich darüber, wie die neuen Besitzer auf ihrem Fahrzeug sitzen wie auf einem Thron und dann mit höfischen Gesten vom Fabrikgelände fahren. Die Majestät und ihre Maschine. Ein Bild für die Götter, schüttelt sie oft den Kopf. Und wenn sie ganz ausgelassen ist, nimmt sie einen Stuhl und ahmt vor ihren Kindern und Carl die vornehm gelangweilten Blicke nach, die vom Führerbock aus signalisieren sollen, dass man den gewöhnlichen Sterblichen überlegen sei. Man erlebe sich befreit vom kollektiven Zwang der Eisenbahn, erörtert Bertha mit gekünstelt nasaler Stimme, bereit zur individuellen Eroberung der Straße und der Welt. So habe es übrigens auch der Benz-Baron zu ihr gesagt.

»Der Benz-Baron, aha, der Eroberer ...«, kommentiert Carl. Doch das überhört Bertha und kippelt mit einem fröhlichen »Hoppla!« sehr zur Begeisterung ihrer kleinen Töchter mit ihrem Stuhl davon. Vom Wohnzimmer in die Bibliothek und zurück, dabei demonstrierend, wie es die neuen Wagenbesitzer genießen, lospreschen zu können, ohne erst Pferde anspannen oder wechseln zu müssen; wie sie damit prahlen, dass nicht mehr die Erschöpfung der Tiere darüber entscheide, ob man eine Ruhepause einlegen müsse, sondern nur sie selbst; wie sie vom Stolz ergriffen sind, anders als beim Zugfahren über jeden Halt selbst bestimmen zu können. Und wie diese neuen Käufer begehren, als Herrscher über ihr Lenkrad und über ihr Auto zu imponieren. Berthas drei Töchter spielen übermütig mit. Ihnen gefällt das Theater. Sie haben Spaß. Selbst Carl kann sich das Witzeln nicht verkneifen.

Durch die neuen Käufer wandelt sich zugleich der Bezug zum eigenen Wagen, den Carl einst als reines Gebrauchsgut erdacht hatte. Das Auto wird zum Repräsentationsobjekt, zum Statussymbol, und von diesem Zeitpunkt an mit vielerlei neuen Bedeutungen aufgeladen. Das zeigt sich auch bei der neu aufkommenden Automode, die es bisher im Straßenbild nicht gab. Betuchte Männer ziehen für eine Ausfahrt plötzlich lange, dunkle Gummimäntel an und tragen schnittige Ledermützen, verlangen nach einer straßentauglichen Schutzbekleidung. Bedrohlich sehen sie damit aus. Die Damen dagegen suchen nach modischen Umhängen, die Regen und Wind abfangen, und gefallen sich mit Hutkreationen auf dem Kopf, die verspielt und putzig sind. Selbst für Hunde wird passende Ausfahrmode geschneidert. Und weil noch keine Windschutzscheiben erfunden sind, hilft ein skurriles Sortiment an Schutzbrillen, die Augen frei von Staub und Dreck zu halten. Gespenstisch sehen sie manch-

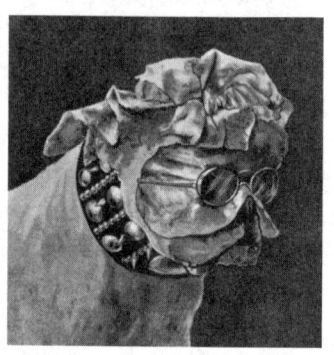

Die neue, bislang noch nie dagewesene Automode für Mensch und Hund
sorgt bei vielen Passanten auf der Straße für Entsetzen oder Gelächter.

mal aus, die Autofahrer, die beim Fußvolk nicht selten für
Entsetzen sorgen. Auch für Ärger. Vor allem, wenn versucht
wird, mangelndes Fahrvermögen durch auffällige Kleidung
wettzumachen. Bertha lästert: »Je untalentierter der Fahrer,
desto extravaganter die Garderobe.«

»Sie ausgekommenes Rindvieh!« »Sie Riesenkamel von
Rhinozeros!« »Saudummes Menschenvieh!« Derartige Be-

schimpfungen sind zunehmend auf der Straße zu hören. Der Kampf um die Vorfahrt beginnt. Und die Polizisten, selbst noch zu Fuß oder Pferd unterwegs, sind die ärgsten Feinde der Autofahrer, stoppen sie, wann und wo immer sie können, und dann wird abkassiert. Ganze Ortschaften werden neu saniert von den Strafgeldern für zu schnelles Fahren, zu arges Staubaufwirbeln oder das Verursachen von Unfällen. Sich an Vorschriften zu halten passt den neuen Herrschern der Straße aber nicht. Die gerade erst mobil gewordene Oberschicht verlangt: Pferd und Fußgänger sollen sich *ihnen* unterordnen. Und für Schäden oder andere Katastrophen könne man, bitte schön, nicht das Auto verantwortlich machen, argumentieren sie, schuld seien die anderen Verkehrsteilnehmer, die einem in die Quere kämen.

Selbst Kaiser Wilhelm II., der bislang noch mehr von

Prinz Heinrich auf einer der nach ihm benannten »Prinz-Heinrich-Fahrten« – hier im Jahr 1911. Seine Hoheit kniet vor dem geliebten Wagen und legt selbst Hand an.

der Schiffsflotte als von den Motorwagen hält, mischt sich in diese Auseinandersetzung ein: »Die Straße gehört dem Pferd!«, sagt er gewohnt herablassend. Solange er warme Pferde habe, besteige er keinen derartigen Stinkekarren. Dabei ist er beeinflusst vom Bibliothekar des Kaiserlichen Patentamtes, der im *Jahrbuch der Naturwissenschaften* neulich noch geschrieben hat, dass die Anwendung des Wagens mit Verbrennungsmotor ebenso wenig zukunftsreich sei wie die des Dampfes auf die Fortbewegung von Straßenfuhrwerken. Auch in Lexika der Zeit ist zu lesen: »Ganz aussichtslos erscheint nach allen bisherigen Versuchen die Idee der sogenannten Benzinwagen.«

Nur wenige Jahre später jedoch wird Prinz Heinrich von Preußen zum Förderer der Automobilität, und auch der Kaiser lässt sich eines Besseren belehren. 1903 nimmt er eine Parade von dreihundert Fahrzeugen ab und beschafft sich nun selbst einen großen Wagenpark mit über zwanzig Kraftfahrzeugen. Es sind vor allem die Söhne des Monarchen, die dafür sorgen, dass der Königliche Marstall, in dem sonst nur edle Pferde standen, zur Garage umgerüstet wird. Statt nach Hafer und Pferdedung riecht es fortan nach Benzinmotoren, und die Stallburschen, die bislang nur munteres Wiehern gewohnt waren, müssen sich auf den Krach der knatternden Ungetüme umstellen.

Die Kaiserin aber vermag dem motorisierten Gefährt erst dann Sympathie entgegenzubringen, als die Wagen nicht mehr offen, sondern geschlossen sind. Vorher waren ihr die durch den Straßenstaub verdreckten Kleider zuwider.

1899 gründet sich der erste Deutsche Automobil-Club, der 1900 die erste Internationale Automobilausstellung in Frankfurt am Main organisiert. Vorläufer war eine kleine Ausstellung 1897 in Berlin, wo im Hotel Bristol acht Wagen ausgestellt wurden, unter ihnen welche von Benz, aber auch von Daimler. Ab 1904 übernimmt sogar Kaiser Wilhelm II. die Schirmherrschaft, und der Club darf sich fortan »Kaiserlicher Automobil-Club« nennen. Ebenso streng monarchistisch agieren die Mitglieder, die meist blaublütig und standesbewusst sind. Da fühlt sich Carl Benz eher im Schnauferl-Club wohl, der sich in geselliger Runde während eines Spargelessens im Juni 1900 gegründet hat und einige Zeit sogar eine Spargelstange im Clubwappen zeigte. Carl wird Ehrenmitglied, auch die Benz-Söhne sind oft bei den Treffen dabei. In dieser Vereinigung der Schnauferl-Brüder geht es vor allem darum, die vielen Strafmandate der Polizei, die den Autofreunden zufliegen wie die Blätter im Herbst, mit Humor oder Galgenhumor zu ertragen.

Ständig werden bei den Benz-Wagen Verbesserungen erzielt. Bald ersetzt eine Andrehkurbel das große Schwungrad. Ein Rückwärtsgang wird eingebaut, die Zündung optimiert und gute Beleuchtung ans Fahrzeug angebracht. Die Räder sind nicht mehr aus Holz, Gummi oder Eisen, sie erhalten eine neuartige Luftbereifung. Julius Ganß holt die besten Fachkräfte nach Mannheim, darunter auch August Horch, der viele Gemeinsamkeiten mit Meister Benz hat. Auch er wuchs als Kind in einer Schmiede auf. Auch er hat sich schon früh für das Hochrad begeistert und wollte ebenso wie Benz zunächst Lokomotivführer werden. Nur ungern lässt Carl Benz ihn nach nur wenigen Jahren Fabrikzugehörigkeit ziehen. Doch August Horch folgt, ähnlich wie einst Meister Benz, seinem Drang, sich selbständig zu machen, zunächst in Köln, dann in Sachsen, wo er erfolgreich seine Horch-Wagen baut, später Audis. Genauso wie sein Vorbild Benz muss auch er erleben, wie er von Geschäftspartnern und Bankiers über den Tisch gezogen wird.

Mitarbeiter von Carl Benz aus der Wagenabteilung im Jahr 1897 mit dem Verkaufsschlager »Velo« (rechts) und dem Modell »Victoria« für die Wohlhabenden (links).

In der Benz-Fabrik brummt um die Jahrhundertwende das Geschäft. Carl und Bertha erleben eine wirtschaftliche Blütezeit. Bald gibt es Benz-Vertretungen in der ganzen Welt, von New York bis Afrika. Carl weiß, dass er diesen Weltruhm seiner Frau Bertha zu verdanken hat, und sie ist sicher, hätte Carl nicht immer auf Wertarbeit gesetzt, würde man nicht weltweit ausgerechnet auf seine Autos schwören. Noch bis 1898 kommen die meisten Käufer aus dem Ausland: aus Frankreich, England, Belgien, der Schweiz und Österreich. Selbst eine junge Volksschullehrerin aus Ungarn bestellt einen Wagen, auch wenn ihre Finanzkraft in keinem rechten Verhältnis zu ihrer Begeisterung für das Fahrzeug steht. Doch im Jahr 1899 wendet sich das Blatt, zum ersten Mal werden die meisten der 572 in diesem Jahr hergestellten Benz-Wagen im Deutschen Kaiserreich verkauft.

Benz & Cie. wird für eine Zeit lang zur größten Automobilfabrik der Welt, eine Aktiengesellschaft mit aufgestocktem Stammkapital. Aus der einst überschaubaren Werkstatt des Erfinders wächst ein Industriebetrieb, der Weltgeltung erlangt. Und Carl Benz, der es liebte, jeden Wagen persönlich zu prüfen, bevor er vom Hof rollt, wird in den Hintergrund gedrängt. Nun kann er nicht mehr von der Schraube bis zum fertigen Automobil alles selber herstellen und überwachen. Die Wagen werden zunehmend maschinell produziert. Und sie werden immer schneller. Faszination des Risikos. Der Rennsport wird zur Volksbelustigung und zum Symbol für Leistungsfähigkeit und Fortschritt. Als

Erstes internationales Bahnrennen in Frankfurt am Main am 29. Juni 1900; einer der Teilnehmer war Baron Theodor von Liebieg.

das Jahrhundert vom 19. zum 20. wechselt, durchschreiten die Rennwagen erstmals die magische Grenze von hundert Stundenkilometern. Es werden Geschwindigkeitsmaschinen. Und es folgen: Ermüdungsbrüche. Kontrollverluste. Die ersten Toten.

Aber nach jedem Autorennen verlangen die Käufer nach der Wagenmarke, die siegreich gewesen ist. Auch auf den gewöhnlichen Straßen wird das Auto mehr und mehr zum Angriffsmittel und zugleich zur Schutzhülle vor dem Feind da draußen auf der Gegenfahrbahn.

Eine neue Epoche beginnt, in der die Menschen verrückt werden nach Welteroberung. Überall löst sich Vertrautes auf: in der Kunst, in der Medizin, in der Wissenschaft. Alles wird fragmentiert und aufgesplittert, durchleuchtet und relativiert. Und der Wettkampf um neue technische Höchstleistungen wird auch auf den Luftraum übertragen. In den letzten Jahren des alten Jahrhunderts hatte Otto Lilienthal bei seinen Gleitflügen erstaunliches Wissen gesammelt. Nun hob am 2. Juli 1900, vor den Augen von etwa zwölftausend Zuschauern, das erste Luftschiff ab. Bald folgten motorisierte Flieger. Der Wettstreit zu Wasser, zu Land und in der Luft geht in immer neue Runden: immer schneller, immer höher, immer weiter.

Und Carl Benz wird reich, sehr reich. Zum ersten Mal legt er Geld außerhalb seiner Firma an. Er kauft etliche Grundstücke im benachbarten Ladenburg, und er liebt es, bei seinen Sonntagsausflügen daran vorbeizufahren. Auch Bertha genießt diese Ausflüge, die für sie eine Erinnerung an ihre Kinderzeit sind, nur der Tannenduft des Schwarzwalds fehlt ihr.

Zugleich aber müssen beide erleben, wie ihnen die Weiterentwicklung des Motorwagens mehr und mehr aus der Hand genommen wird. Carl Benz verabscheut den Geschwindigkeitsrausch, setzt lieber auf Zuverlässigkeit und Wirtschaftlichkeit. Den Wettrennen, an denen auch seine Söhne mit Erfolg teilnehmen, vermag er nichts abzugewinnen. Er verweigert sich, tadelt die Sucht, sich mit immer höheren Geschwindigkeiten überbieten zu wollen. So wird in den Jahren zwischen 1901 und 1903 die Entwicklung von PS-starken Motorwagen verpasst. Jetzt übernehmen andere Hersteller die Marktführung. Das Benz-Unternehmen gerät in eine Krise. Der Umsatz bricht ein. Als der bislang immer ausgleichende Geschäftspartner Friedrich von Fischer stirbt, fühlt sich Julius Ganß ermächtigt, ein paar tempoversessene Franzosen ins Unternehmen zu holen. Eine Provokation und Beleidigung für Carl Benz, die er zunächst damit kontert, dass er parallel mit seinen besten Mitarbeitern an seinen Modellen weiterarbeitet.

Doch die Welt hat sich weitergedreht. Keine zehn Jahre ist es her, als Carl Benz in der Gesellschaft des Wissens saß, in der »Akademie der Ignoranten«, wie Bertha es nannte, und sich anhören musste, dass der Mensch bei einer zu hohen Geschwindigkeit möglicherweise platzen könnte. Eben noch überwog mit Blick auf den Motorwagen permanente Katastrophenerwartung, jetzt eine ausgelassene Besinnungslosigkeit. Nun kann es nicht flott genug gehen, man könnte ja etwas verpassen. Eben noch war Schnelligkeit eine Gefahr, nun erliegen die Menschen dem Rausch der Geschwindigkeit. Versäumnisangst herrscht. War Carl Benz gestern noch seiner Zeit voraus, hinkt er heute hinterher. Der Avantgardist von einst verkümmerte scheinbar zum Bedenkenträger.

»Warum muss man achtzig oder hundert Stundenkilometer fahren, wenn es mit fünfzig so angenehm ist? Warum will man immer schneller sein, wenn einem dann doch nur die Wagenteile ins Gesicht fliegen?«, fragt er Bertha wieder und wieder. Die hört zu, hat aber vorerst keine Antworten. Es mache ihn wütend, dieses ständige Gerede vom Tempo, dieses Franzosengequatsche. Er wolle nicht dafür verantwortlich sein, dass jemand durch das Auto sein Leben verliere, weder der Fahrer noch die Passanten. Für alle Unfälle und alle Toten gebe er sich die Schuld, weil er nun einmal der Erfinder des Autos sei. Sein Vater habe sein Leben verloren, weil er meinte, die Zeit einholen zu müssen, sein Tempowille habe ihm den Tod gebracht!

Deshalb ist Carl Benz der Umgang mit der Zeit wichtig geworden. Noch immer holt er gern seine Uhren aus dem Schreibtisch und verfolgt, wie die Zeit vergeht; lässt sich auf das regelmäßige Ticken ein; und denkt nach über die Zeit; die Zeit, die entweder vor oder hinter einem liegt. Und nun überholt sie ihn, diese ihm vertraute Zeit, und zeigt ein neues Gesicht. Zeit, dominiert von der Sucht nach Geschwindigkeit. Gibt es eine fliehende Zeit, der man hinterhereilen muss?

»Alles wird immer kurzatmiger, immer hektischer, immer nervöser«, sagt Bertha in solchen Augenblicken. Es komme ihr vor wie ein Aufbruch in ein eiliges Jahrhundert. Stürmische Zeiten stünden bevor. Und Geduld? Geduld sei ein rares Gut geworden. Und die Vernuft? Wo bleibt die Vernunft?

»*Tempi passati*«, entgegnet Carl verzweifelt. »Wie verrückt wird die Welt noch werden? Wer hat schon je eine Zeiteinsparung durch Geschwindigkeitserhöhung beobachtet?« Mehr Geschwindigkeit bedeute doch nur, noch mehr Ziele noch schneller erreichen zu wollen. Ziele, die noch weiter weg liegen als jemals zuvor. Ist Freiheit dagegen nicht offene Zeit?

Carl Benz kann denken, was er will, er muss einsehen, dass er mit seinen Argumenten den Zeitgeist nicht beeinflussen kann. Enttäuscht verlässt er seine Fabrik. Bertha fügt sich und geht mit ihm. Wieder einmal schmeißt er also hin. Wieder lässt er alles hinter sich. Und wieder müssen sie deshalb von vorn anfangen.

Erfinden ist schöner als erfunden haben

Im alten Europa
gehen die Lichter aus

Tief zieht sie die Luft in sich hinein; hebt dann geschwind den rechten Arm mit dem Signalhorn in der Hand, setzt es an ihre Lippen und bläst; bläst mit aller Kraft. Niemand hätte der zarten Person am Fenster einen so lauten Ton zugetraut. Auf den ersten Blick wirkt Bertha Benz in diesen Tagen zerbrechlich. Die Aufregung der vergangenen Jahre hat sie gezeichnet. Doch sie ist zäh.

Noch einmal erklingt das Horn. Alarmierend. Durchdringend. Unüberhörbar in den nahe gelegenen Häusern und unüberhörbar in der ganzen Straße. Alle Nachbarn kennen inzwischen den Klang der Fanfare, mit der die kleine Frau aus der großen Villa ihren Mann zu sich ruft. Mitunter mehrmals am Tag. Sie steht dabei im verglasten Vorbau ihres herrschaftlichen Hauses und blickt auf den großen Garten, während er am anderen Ende des weitläufigen Grundstücks hinter den Mauern seiner Werkstattgarage hockt, die er für sich bauen ließ. Dort ist sein Reich.

Diese burgähnliche Garage sei sein wahres Zuhause, lästern die Nachbarn hinter vorgehaltener Hand, wenn sie am Garten vorbeigehen. Und behaupten, die Benz-Garage sei die älteste der Welt. Wer sollte das auch überprüfen können? Rein äußerlich zeigt die Garage tatsächlich den Charme längst vergangener Zeiten. Sie gleicht einer mittelalterlichen Trutzburg mit Zinnen und Schießscharten, und oben, an den Ecken, sind kleine Wehrtürme aufgesetzt, vier insgesamt, scheinbar bereit zur Verteidigung gegen mögliche Angriffe aus allen Himmelsrichtungen. Mehrere Stockwerke hat die Garagenburg. Unten im Erdgeschoss parkt hinter hohen Holztüren ein Victoria, das Lieblingsauto von Carl Benz. In der Etage darüber befindet sich sein Arbeitsplatz. Ein riesiger Tisch zum Zeichnen und Konstruieren. Alles liegt dort durcheinander. »Mein Studierzimmer«, erklärt Carl den wenigen Besuchern, die Einlass erhalten.

Meist nämlich verschanzt er sich hier, abgeschirmt vom Rest der Welt und von Bertha. Je älter er wird, desto weniger verspürt er die Notwendigkeit, sich den Vorstellungen der anderen anzupassen. Eine Eigenschaft, die in seinem bisherigen Leben ohnehin nicht sehr ausgeprägt war. »Gehst wieder buddeln da vorne?« Mit dieser Frage entlässt Bertha ihn immer, sobald er sich auf den Weg nach draußen macht. Und weil er in seiner Trutzburg ihr Rufen nicht hören kann, wenn er versunken ist in seine Gedanken und vergraben in seiner Arbeit, hat sie sich das Signal mit der Fanfare ausgedacht, so, wie es auch die Männer bei der Eisenbahn benutzen, wenn sie vor Zügen warnen wollen. Das funktioniert. Jeden Tag aufs Neue.

In diesem Augenblick ertönt wieder der Ruf der Fanfare. Grell. Ermahnend. Unangenehm. Carl zuckt zusammen. Aber er will noch nicht in die Villa zurück. Ihn bewegen ganz andere Gedanken. Einen Moment lang noch innehalten. Für sich sein. Nachdenken. Denn sein letzter Lebensabschnitt hat begonnen. Wirr und ruhelos fing er an. Unrund viele Tage. Manchmal schien es ihm, als sei sein Leben mit dem überstürzten Weggang aus Mannheim vor mehr als sechs Jahren, im Januar 1903, aus dem Tritt gekommen. Hals über

Kopf und rot vor Ärger ist er damals vor der Realität weg-gelaufen. Fluchtartig hat er mit seiner Familie die Wohnung in der Waldhofstraße verlassen. Die ständigen Streitereien, die andauernden Querelen mit seinem Vorstand Julius Ganß, all das hatte ihn mürbe gemacht. Dünnhäutig. Was muss-te er sich nicht alles vorwerfen lassen: Seine Konstruktio-nen – veraltet. Seine Vorstellungen von Fahrgeschwindig-keit – überholt. Vorwürfe wie Peitschenhiebe. Auch Bertha konnte ihn da nicht trösten und vor dem Schlimmsten bewahren. Das Fass lief über, als die Geschäftsleitung einen Franzosen für viel Geld von Renault abwarb.

Marius Barbarou hieß der Mann, der alles besser machen sollte. Noch heute wird Carl übel, sobald er diesen Namen hört. Ein Franzose als Chefkonstrukteur bei Benz, und das, obwohl die Franzosen versuchten, ihm den Rang als Erfinder des Automobils streitig zu machen. Eine Gemeinheit! Eine Niedertracht! Und ein Affront gegen ihn, den Altmeister und einstigen Firmengründer. Bertha hatte versucht, ihn zu beruhigen. Es gelang ihr nicht. Freilich, seine zuverlässigen Wagen für die Landstraße hätte er gern weitergebaut in seiner Mannheimer Fabrik. Doch mit diesen verdammten Rennwagen wollte er nichts zu tun haben, diesen todbrin-genden Maschinen zum Rasen, dieser blöden Franzosen-mode. So etwas wollte er nicht konstruieren.

Aber sie hatten ihn nicht nur als Erfinder entehrt, auch als Vater und Lehrmeister wurde er gedemütigt. Anders war nicht zu interpretieren, dass man seinen ältesten Sohn Eugen, dem er alles beigebracht hatte und der damals kurz vor seinem dreißigsten Geburtstag stand, nicht zum Zuge kommen ließ, als er einen neuen Gasmotor vorstellte. Was für eine Frechheit! Was für eine Ignoranz! Genug der Be-schämung. Es reichte. Erzürnt zog er mit seiner Familie nach Darmstadt, obwohl Bertha gern in Mannheim geblieben wäre. Nach Darmstadt. Carl muss schmunzeln, als er sich erinnert. Warum ausgerechnet Darmstadt? Das hatten damals viele gefragt. Auch Bertha. Eine überzeugende Antwort gab es nicht. Er wollte einfach weg, weit weg. Der Umzug sollte ein Neuanfang werden. Später dann fanden sich Erklärungen, je öfter er gefragt wurde, desto mehr: Sohn Eugen hatte hier Ende des Jahrhunderts an der Großherzoglichen Technischen Hochschule studiert. Und seit kurzem gab es an der Hochschule einen neugeschaffenen Lehrstuhl für Mechanische Technologie und Motorenbau, an dem man sich mit Fragen befasste, die Carl aufs Höchste interessierten: mit der Rolle von Materialfehlern und Materialermüdung. Die Prüfmaschinen, die der Professor für seine Forschungen verwendete, baute ihm Karl Schenk. Dieser wiederum hatte vor Jahren die Mannheimer Fabrik gekauft, in der Carl einst seine ersten beruflichen Erfahrungen sammelte. Zu guter Letzt lebten auch ein paar entfernte Verwandte in Darmstadt. Kurz, es war eine überschaubare Stadt, in der man sich zurechtfinden konnte. Und Frankfurt am Main, die bedeutende Handelsstadt, lag auch nicht weit. Das immerhin versöhnte Bertha mit dem unfreiwilligen Umzug. Auch wenn es eigentlich kein Zeichen für Wohlfühlen ist, wenn man erst Gründe suchen muss, um an einem Ort zu verbleiben.

Es kam ihnen entgegen, dass sich schnell in einer vornehmen und schönen Gegend eine passende Bleibe fand, im modernen Jugendstilviertel Mathildenhöhe, im Nikolaiweg 8, nur ein paar Straßen von der Eisenbahnlinie entfernt.

Es sei ein Ausdruck seiner bockbeinigen Widerborstigkeit, wetterte Bertha, als er am 29. Januar 1903, ausgerechnet der Tag, an dem ihm siebzehn Jahre zuvor das Patent auf seinen Motorwagen erteilt worden war, auf dem Meldebogen der Stadt unter »Stand und Beruf« »Rentner« notieren ließ, obwohl er gerade erst achtundfünfzig Jahre alt war. Er hätte auch »Partikulier« angeben können, schließlich gehörte ihm noch ein beträchtlicher Teil von Benz & Cie. Aber er wollte in diesen Tagen nichts mehr mit seiner alten Fabrik zu tun haben, wollte keine Angaben zur Dienstbehörde oder zum Arbeitgeber in Mannheim machen. Er wollte nur eines: den Bruch. Abbruch und Aufbruch. Hals über Kopf. Und dann folgte nach nur einem Jahr wieder ein Abbruch, wieder ein Aufbruch. Denn ebenso unvermittelt, wie er nach Darmstadt gegangen war, ebenso hals-über-kopfartig verließ er es wieder.

Erneut ertönt die Fanfare. Fortissimo. Unterbricht seine Gedanken. Es klingt, als würde seine Frau näher kommen. Bertha, seine Gefährtin seit vierzig Jahren. Was wäre er ohne sie? Als sein früherer Geschäftspartner Julius Ganß, mit dem er heillos zerstritten war, gehen musste, weil sein französischer Rennwagenbastler keine Erfolge vorweisen konnte, hatte sie ihn bedrängt, in den Aufsichtsrat von Benz & Cie. zurückzukehren. Empört ereiferte sich Bertha darüber, dass es zu allem Ärger nun auch noch sehr viel Geld brauchte, diesen Monsieur aus Frankreich wieder loszuwerden, nachdem man ihn zuvor für viel Geld abgeworben hatte. Diese Chance aber müsse er ergreifen, ermahnte ihn seine beste Ratgeberin damals, nur so könne er wieder Herr über seine Erfindungen werden. Lange genug sei er unleidlich und verdrießlich herumgestapft. Er sei nicht geeignet dafür, Rentner zu sein.

Immer dann, wenn Bertha ihn auf diese Weise bedrängte, versagten seine Argumente, und er gab besiegt auf. So auch damals. Er kehrte zurück in die Geschäftsleitung von Benz & Cie., die Familie aber zog nicht zurück nach Mannheim. Diese Blöße wollte man sich auf keinen Fall geben nach dem furiosen Abgang vor nur einem Jahr. So wählten sie Ladenburg als neuen Wohnort, die alte Römerstadt, seit eh und je ein Knotenpunkt zwischen Frankfurt und Worms, Frankreich und den Donauländern, idyllisch gelegen an den Ausläufern des Odenwalds und am Neckar. Hier, nahe am Fluss, hatte Carl Benz in den vergangenen Jahren von dem reichlichen Geld, das er verdiente, etliche Grundstücke gekauft. Auch Bertha gefiel Ladenburg gleich auf den ersten Blick. Schon bei ihrer ersten Fernfahrt vor mehr als zwanzig Jahren hatte sie gedacht, man müsste sich später einmal an diesem schönen Ort niederlassen. Sie mochte die beschauliche Stadt mit den hohen Kirchtürmen und den reichverzierten Fachwerkhäusern. Die alte Stadtmauer strahlte Geborgenheit und Ruhe aus. Ladenburg wirkte zuweilen angenehm verschlafen und war doch auch lebensfroh. »Eine Stadt mit Grauschleier und Spinnweben«, stichelten die Kinder. Gott sei Dank lägen Heidelberg und Mannheim nicht weit. Allerdings zogen nur Eugen, Richard und Ellen mit nach Ladenburg. Clara und Thilde lebten nach ihrer Hochzeit in Frankenthal und Überlingen, wo ihre Ehemänner ihre Heimat hatten.

Eine erste Wohnung fanden die Benzens nach ihrem Umzug im März 1904 in der Bahnhofstraße. Ein Jahr später erwarb Bertha für stolze 47 000 Goldmark eine herrschaftliche Villa mit großzügigem Park. Zur Sicherheit hatte sie sich im Zuge von Carls Ausstieg aus der Geschäftsleitung durch einen zweiten Ehevertrag, den sie »Errungenschaftsvertrag« nannte, einen beträchtlichen Teil des Vermögens überschreiben lassen. »Man kann ja nie wissen«, belehrte sie Carl. Die Erfahrung, aufgrund seiner geschäftlichen Risiken wieder ohne alles dazustehen, wollte sie nach den mehrfach erlebten Pleiten nie mehr machen. Achtzehn Zimmer konnten sie jetzt bewohnen in ihrem zweistöckigen Herrschaftshaus.

Plötzlich wieder ein kurzer Stoß aus der Fanfare. Ohrenbetäubender Lärm. Ob er jetzt auch noch schwer hören würde?, zetert Bertha in sein Ohr, die Worte laut und langgezogen. Carl erschrickt. So tief war er in seinen Gedanken,

Vor der Ladenburger Villa in einem C. Benz Söhne-Wagen. Auf der Rückbank in der Mitte Bertha Benz, auf dem Gehsteig Tochter Clara, Sohn Eugen und Vater Carl (v. l. n. r.).

dass er ihr Kommen nicht bemerkt hatte. Zumindest an ihrem Geburtstag könne er wenigstens einmal pünktlich an der Kaffeetafel sein. Wozu die ganzen Uhren, wenn er dann doch die Zeit verpasse? Wie eine Furie packt sie ihren Mann und schiebt ihn aus seiner Festung. Nach Liebe sieht das nicht aus, eher nach Kasernenhof. Bertha entwickelt sich mit fortschreitendem Alter mehr denn je zu einer entschlossenen, ja nahezu dominanten Ehefrau, obwohl sie äußerlich geschwächt und zierlich wirkt. Doch schon mit ihrer Fernfahrt im Sommer 1888 hatte sie bewiesen, zu was eine Frau mit starkem Willen in der Lage ist.

Mit Carl im Schlepptau geht es in den Salon der Villa, in dem eine lange Tafel eingedeckt worden ist, weil Bertha heute ihren sechzigsten Geburtstag feiert. Weißes Tischtuch, festlicher Schmuck mit Blüten und Schleifen. Der Kaffee dampft in feinen Tassen aus Meißner Porzellan. Sein Duft vermengt sich mit dem süßlichen Geruch von Torte, Pralinen und Kuchen. Auch der Wein und die Gläser zum Anstoßen stehen bereit. Heißhungrig sitzt hier der Rest der Familie und wartet, dass man endlich beginnen kann. Die beiden Söhne Eugen und Richard heute ausnahmsweise in eleganten Anzügen. Wer beide nur in Werkstattkleidung kennt, hat Mühe, sie zu erkennen. Auch die drei Töchter Clara, Thilde und Ellen haben sich sichtlich aufgehübscht. In feinem Zwirn auch die zwei Schwiegersöhne, repräsentabel in der Runde sitzend. Daneben zappeln die ersten beiden Enkelkinder, drei und fünf Jahre alt. An ihren Mündern ist zu erkennen, dass sie bereits Süßes genascht haben. Nur ein Stuhl bleibt leer.

Noch im vergangenen Jahr hatte hier Berthas Mutter gesessen und mit ihnen gefeiert. Vier Tage später war sie tot. Sie starb zwar im gesegneten Alter von fünfundachtzig Jahren, aber am Ende kam der Tod dennoch überraschend. Bertha trauerte immer noch und machte sich Vorwürfe, dass sie das Verhältnis zur Mutter in den letzten Lebensjahren wegen eines alten Schuldscheins belastet hatte. Die Mutter hatte ihn in einer Schublade gefunden und angemahnt, obwohl Bertha und Carl die Schulden längst abbezahlt hatten. Ein Missverständnis. Doch im ersten Augenblick reagierte Bertha barsch und ungehalten, als die Mutter nachfragte. Danach war die Stimmung gereizt und die Beziehung abgekühlt. Jetzt schaut Bertha wehmütig auf den leeren Stuhl neben der Tafel, wo sonst immer Auguste Friederike Ringer mit ihrer ganzen Körperfülle gethront hat. Wie gern hätte sie ihr unbeherrschtes Verhalten jetzt gutgemacht!

Das Klappern von Kaffeegeschirr reißt Bertha aus ihren Gedanken. Vor ihrem Gedeck, in der Mitte der Tafel, steht eine Vase mit sechs roten Rosen. Eine für jedes Jahrzehnt, begründete Carl am Morgen die Auswahl, als er den Geburtstagsstrauß überreichte. Sechzig rote Rosen hätten ein prachtvolles Bouquet ergeben, Fülle und Üppigkeit dargestellt. Diese sechs dagegen wirken mickrig und verloren in ihrer Vase. Aber sie sind ein Ausdruck von bescheidener Freude. Vernünftiger Sparsamkeit. Maßhalten – das passt zu Bertha und Carl, so bevorzugen sie es; auch wenn die Töchter durchaus abschätzig auf den dürftigen Blumengruß schauen. Bertha jedoch freut sich, mehr als alles andere hasst sie verschwenderische Ausgaben. Wie oft ermahnte sie ihre Familie, man sei zwar reich geworden, aber deshalb müsse man noch lange nicht das Geld zum Fenster herausschmeißen. Die Jahre des permanenten Geldmangels sind nicht vergessen.

In diesem Sinn erzieht Bertha auch ihr Personal. Wenn das Hausmädchen statt der bestellten zweihundert Gramm Aufschnitt dreißig Gramm mehr in die Küche bringt, zieht Bertha ihr den Aufpreis des zu viel Gekauften von ihrem Lohn ab. Haushalten ist oberste Pflicht. Knausern auch. Die kleine Elisabeth Lackert, die täglich die frischgemolkene Milch vom Bauernhof ihrer Eltern in einem Kännchen in die Villa bringt, bekommt, wenn Frau Benz gut gelaunt ist, am Ende der Woche zur Belohnung ein Plätzchen. Und zwar ein altes. Im Sommer eines, das von Weihnachten übrig geblieben ist, im Winter verschenkt Frau Benz die ranzig gewordenen Kekse von Ostern. Sie riechen muffig und schmecken staubig, und einmal traut sich die kleine Elisabeth vorlaut zu fragen: »Sind die knochenharten Guzeln auch von 1888?« Diese Frage hatte sie von ihrer Mutter aufgeschnappt, als sie ihr einmal eines der Plätzchen gab, weil sie selbst es nicht essen mochte. Mit solchen Geschichten wird Bertha für ihren Geiz stadtbekannt und bleibt es über ihren Tod hinaus.

Doch heute, an ihrem Geburtstag, spendiert sie frischen Kuchen und duftende Süßspeisen. Und wie jedes Mal bei

den Benzens dauert es nicht lange, bis sich die Tischgesprä-
che nur noch um eines drehen, das Autofahren. Mit seiner
Fabrik in Mannheim verbindet Carl Benz zwar nicht sehr
viel mehr als sein Posten im Aufsichtsrat, aber in Ladenburg
hat er sich zusammen mit seinen Söhnen eine neue Fabrik
aufgebaut, mit Schmiede und Eisengießerei, auf einem der
Grundstücke, die ihm gehören. Einige Anfangsschwierig-
keiten mussten bewältigt werden, doch dann wurden hier
die C.-Benz-Söhne-Wagen gebaut. Ursprünglich war zwar
der Plan gewesen, nun endlich den von Eugen entwickelten
Gasmotor herzustellen, aber dieses Geschäft lief nicht mehr.
Die durch den Weggang nach Darmstadt verlorene Zeit war
nicht einzuholen.

Inzwischen hatte Rudolf Diesel einen sparsamen Roh-
ölmotor entwickelt, nach dem nun alle verlangten. Außerdem waren Elektromotoren populär. Die Benz-Gasmotoren
dagegen veraltet, ehe im Unternehmen die Produktion richtig angelaufen war. So kam es zum Umstieg auf den Auto-
bau. Vor einem Jahr wurde der erste Wagen fertiggestellt.

Carl Benz konnte wieder zufrieden sein. In wenigen Wochen würde Sohn Richard mit einem verbesserten Modell
die Prinz-Heinrich-Fahrt bestreiten. Prinz Heinrich, der
jüngere Bruder des Kaisers, den sie alle verehrten, weil er
ein begeisterter Autofreund war. Er hatte sogar einen Schei-
benwischer erfunden und dafür ein Patent erhalten.

Von nun an gab es im Deutschen Reich zwei verschie-
dene Benz-Marken: Die C.-Benz-Söhne-Wagen aus Ladenburg und die Benz-Autos aus Mannheim; wobei man dort
gerade mit einem stromlinienförmigen Blitzen-Benz mit
200 PS Furore machte. Kaum war nach der Jahrhundertwende die magische Geschwindigkeitsgrenze von einhundert Kilometern pro Stunde durchbrochen worden, ging es
keine zehn Jahre später darum, die Grenze von über zwei-

Ein Blick in die Fabrikhalle von C. Benz Söhne in Ladenburg um 1913.

hundert Stundenkilometern zu schaffen und damit schneller als die wenigen Flugzeuge oder die Eisenbahn zu sein. Der Geschwindigkeitsweltrekord des Blitzen-Benz wurde über viele Jahre hinweg trotz aller Konkurrenten gehalten.

Um all das drehen sich die Gespräche bei Tisch, bis Carl Benz schließlich von seinem Stuhl aufsteht, mit einem Löffel an sein Glas schlägt und um Ruhe bittet. Er werde nicht viele Worte machen, jeder wisse, das liege ihm nicht. Das Wichtigste sei: »Die Gesundheit! Und damit zum Wohl, meine liebe Bertha, liebe Mama, ein langes Leben möge dir gegönnt sein!« Die Familie applaudiert und blickt zustimmend auf Bertha. Carl erhebt sein Glas, nickt freundlich, und alle stoßen miteinander an. Doch anstatt sich, wie erwartet, zu setzen, spricht er plötzlich weiter. Seine Stimme wird dabei sogar leidenschaftlich: »Nichts gegen einen guten Wein – sehr zum Wohl!« Ganz und gar abscheulich aber empfinde er die Trunkenbolde der Geschwindigkeit, die nie Befriedigung finden könnten. Erst gestern noch hätten fünfzig Stundenkilometer für Angst und Schrecken gesorgt, die Gemüter erhitzt. Heute sei man daran gewöhnt. Morgen schon töne es: Langweilig! Und übermorgen reiche dieses Tempo nicht mehr. Aber so, wie ein Trinker nie genug vom berauschenden Wein in sich hineinstürzen könne, so schlinge der süchtige Raser die Straßen in sich hinein. Verroht und verbohrt durchhetze er seine Tage. Der Gefahrenlust ergeben, im ständigen Verfolgungswahn. Bald schon würden die Fahrbahnen zu Blutbahnen, getränkt von den Opfern der Schnelligkeit …

Bertha, die durchaus für eine schnelle Fahrt zu begeistern ist, verdreht die Augen. Offenbar hat Carl in seiner Werkstatt wieder einmal zu viel Zeit zum Nachdenken gehabt. Jetzt redet er sich in Rage, was immer nur bei diesem Thema passiert; wenn er nur einmal bei seinen Liebeserklärungen so ausschweifend wäre! Da ist er eher mundfaul. Ein Segen, dass Eugen jetzt aufsteht und ihm ins Wort fällt: Auch er schließe sich den Wünschen für die Mama an und möchte ansonsten noch ergänzen: »Wahrlich, ganze Dramen spielen sich derzeit auf deutschen Straßen ab! Das Publikum wird immer verrückter!« So ereifert sich der älteste Sohn von Bertha und Carl, der mit den Jahren und dem wachsenden Wohlstand stämmig geworden ist, sodass die Knöpfe von seiner Weste abzuplatzen drohen. Vor zwei Tagen erst ist er sechsunddreißig geworden.

Gern unterbricht er in letzter Zeit die Kommentare seines Vaters zum Autoverkehr, nicht ohne sich dabei ein wenig über den Alten lustig zu machen. Früher, da wäre er ab und an mit Steinen beworfen oder auch mal verprügelt worden. Manch einer hätte einen Baumstamm quer über die

Fahrbahn gelegt, um die Autos zu stoppen. Aber heute, es sei wahrhaft dramatisch, da würde sogar auf Automobilisten geschossen! Und neulich, in einem abgelegenen Dorf, habe man ein Drahtseil über die Straße gespannt. Mit dem seien bei der rasanten Durchfahrt – es sei fürchterlich – der Besitzer des Wagens und sein Chauffeur geköpft worden. »Ratsch! Ratsch!«, habe es gemacht. Ganz schnell sei es gegangen. »Ratsch! Ratsch!« Dann sei das Auto mit den Kopflosen weitergefahren und erst einige hundert Meter entfernt, ausgerechnet an einer Friedhofsmauer, zum Stehen gekommen. Die beiden Geköpften, noch immer auf ihren Sitzen, hätten dafür allerdings keinen Blick mehr gehabt.

»Entsetzlich!«, raunt es durch die Runde. Bertha schaut abweisend, weil sie die Schilderung von derartig brutalen Katastrophen nicht mag, schon gar nicht vor den Enkelkindern. »Grauenvoll erregend, wahrhaft grauenvoll, erregend«, murmelt Richard und grinst seltsam.

Ellen, die jüngste Tochter, vor zwei Monaten neunzehn geworden, schüttelt den Kopf, betupft mit ihrem Taschentuch Mund und Nase und verlässt die Tischgemeinschaft. Ihr sei übel, gibt sie beim Gehen als Erklärung ab. Dann spricht Clara, die älteste Tochter von Bertha und Carl, geboren 1877, im Jahr der Pleite – ein Kind, das von Geburt an ein wenig melancholisch ist. Mit traurigem Blick erzählt sie: Tante Emily aus Milwaukee habe geschrieben, dass ein Amerikaner eine richtige Kanone zum Beschießen von Autofahrern entwickelt und zum Patent angemeldet habe. Die neuen Helden am Steuer erlebe man auch drüben, einmal über den großen Teich, als rechte Ruhestörer. Das Rattern der Motoren, das Quäken der Hupen – das sei nun einmal nicht nach jedermanns Geschmack. Unglücklich und verloren schauen ihre Augen, während sie das sagt.

Richard, der sich nur selten äußert und lieber heimlich

amüsiert, der noch nie mit einem Fräulein angebandelt hat, sich aber an den hübschen Jungen aus der Werkstatt erfreut, seiner Meinung nach äußerst unauffällig, berichtet nun von einem Arzt mit bemerkenswert athletischer Figur, der den Einfluss des beständigen Schüttelns im Automobil auf den menschlichen Körper untersucht und als Idealform der passiven Bewegung diagnostiziert habe. Das Tuckern des Wagens, so der Mediziner, sei für die Mitfahrenden eine wohltuende Schaukelmassage. Es rege die Verdauung an, wirke Muskelkrämpfen entgegen und bewahre den Arterien ihre Elastizität. Außerdem würden die Säfte von Galle und Leber angeregt. Deshalb sei Autofahren insbesondere für Männer ab fünfzig ein bevorzugter Sport zur Belebung der inneren Organe. Aber auch für das weibliche Geschlecht solle es wohltuend sein. Wie sich jeder denken könne, kenne er, Richard, sich in diesem Bereich nicht aus, aber es heiße, ab einem bestimmten Alter sei das Zirkulationssystem bedroht, die Frauen von Vertrocknungen belastet.

Bertha protestiert. Nun ja, er könne da natürlich nicht mitreden, er wolle nur wiedergeben, was der Mediziner referiert habe. Der habe sogar die Behauptung aufgestellt: Hätte der von Verstopfungen gepeinigte Voltaire ein Auto besessen, hätte ihn das aufgelockert, und seine Traktate wären nicht so bittergallig geworden. Seinen nächsten Vortrag übrigens werde der Arzt über die belebende Wirkung des Benzins halten. Ein Kraftstoff, dessen Gebrauch erst durch die pferdelosen Wagen in Mode gekommen sei. Die Tischrunde bricht in Gelächter aus. Benzinsucht, man fasst es nicht! Und Ellen, die eben erst wieder ins Zimmer gekommen ist, ahmt ein Benzin-Delirium nach, das sie langsam vom Stuhl rutschen lässt. Die Augen verdreht.

Dann kramt Thilde, die mittlere Tochter, einen Artikel aus ihrer Handtasche, den sie in einer der neumodischen

Autozeitschriften gefunden hat unter der Überschrift: »Das Automobilgesicht«. Sie liest mit mokanter Stimme vor, während fast jeder am Tisch zu ihren Ausführungen Fratzen macht: »Regelmäßiges Autofahren führt zu einem strengen Automobilgesicht. Der Blick beim Fahren ist stechend. Wie ein Adler schaut der Fahrer im Habitus der ständigen Aufmerksamkeit. Jeder Lenker so eines Wagens demonstriert immerfort Angespanntheit. Man verkrampft durch die permanente Konzentration auf die Bedienung der Maschine und vom dauernden Abschätzen der Distanzen und Gefahren. Deshalb zeigt das Gesicht scharfe und hartkantige Züge. Die Physiognomie ist geprägt von den tausend Katastrophen, die sich beinahe ereignet hätten. Tiefe Furchen graben sich in die Stirn, und krause Falten bilden sich um die Mundpartie. Die Augen flackern im Rhythmus der vorbeiziehenden Eindrücke. In solchen Autovisagen hinterlassen Lärm, Gestank und Straßendreck ihre Spuren ...«

Begeistert mimen Eugen, Richard, Ellen und die beiden Enkelkinder Automobilgesichter. Kindisches Kaspern und Feixen. Bertha und die Schwiegersöhne halten sich die Bäuche vor Lachen. Und Carl erinnert sich an den Abend in der Gesellschaft des Wissens vor etlichen Jahren, als man Studien zum Thema »Motorwagengesicht« angekündigt hatte. Nur Clara schafft kaum ein Schmunzeln, wobei ihr mageres, verunglücktes Lächeln die anderen noch mehr erheitert. Mit schallendem Lachen weist Eugen auf sie: Schaut, eine verzerrte Autovisage! Alle vergnügen sich, außer Clara, die sich Tränen verkneifen muss.

Plötzlich wird der Besuch von Fräulein Elisabeth Trippmacher gemeldet. Und kurz darauf steht sie in der Tür und gratuliert Bertha auf das Herzlichste. Dann begrüßt sie Carl Benz und den Rest der Familie. Anfang dreißig ist sie, eine alleinstehende Frau, die ein hartes Schicksal hinter sich hat.

Ganz Ladenburg plaudert über die Geschichte, wie sie einst von den Toten auferstanden ist. In frühester Kindheit wurde ihr nämlich mit einer Impfung ein Keim übertragen. Ein Arm schwoll bedrohlich an. Eine anschließende Operation verschlimmerte ihren Zustand. Fortan waren Hände und Füße gelähmt. Mit furchtbaren Schmerzen hat sie viele Jahre im Bett zugebracht. Einzig die Märchen, von Mutter und Großmutter vorgelesen, halfen ihr in dieser Zeit. Wenn das »Es war einmal ...« begann, träumte sie sich weg aus ihrem Krankenbett und hinein in Wunderländer und Zauberreiche, in denen sie sich unbeschwert und leicht bewegen konnte und ihr Elend vergaß. Als sie alt genug war, selbst lesen zu können, entdeckte sie die Welt der Bücher und fand Trost darin.

Obwohl nach Aussagen der Ärzte dem Tod bedrohlich nahe und bereits mit dem Heiligen Abendmahl versehen, begann sich ihr Zustand auf einmal auf wundersame Weise zu bessern. Die Lähmung verschwand. Mit neunzehn galt sie als vollkommen geheilt. Nie wieder wird sie diesen Moment vergessen. Seitdem hält Fräulein Trippmacher den Büchern und der Phantasiewelt die Treue, schwört geradezu auf die Kraft der Worte und Gedanken, die ihr über die schwere Krankheit hinweggeholfen haben. Ja, seit ihrer Heilung ist sie überzeugt von ihrem festen Willen und glaubt an die grandiose Wirkung ihrer Einbildungskraft. Regelmäßig schreibt sie nun Artikel für die Zeitung, sendet Bittbriefe mit allen möglichen und unmöglichen Anliegen in die weite Welt und arbeitet als Schriftstellerin.

Heute gastiert sie bei Bertha Benz, um über den sechzigsten Geburtstag der Frau zu berichten, die Mitschöpferin des Autos ist und erste Fernfahrerin der Welt. Nicht jeder in Ladenburg mag Fräulein Trippmacher, die klein und pummelig ist und meistens sonderbar angezogen, worüber sich Eugen

Elisabeth Trippmacher, Freundin und Vertraute von Bertha Benz, in ihren späteren Lebensjahren; im Hintergrund (links) ein Foto von Carl Benz, den sie sehr verehrte.

Benz gern lustig macht. Manche Kinder halten sie sogar für eine Hexe, vor der man Angst haben muss. »Greischt nedd so, die Trippmacher denkt«, kriegen sie oft zu hören und rennen dann erst recht mit wildem Kreischen und Toben davon. Oder sie werden ermahnt, lieber ihre Gusche zu halten, denn die dickliche Dame würde immer alles aufschreiben. Andere wettern: »Die schafft nix!«, weil die belesene Jungfer für alltägliche Arbeiten nicht taugt und sich noch nie einen Namen als geschickte Hausfrau gemacht hat. Ganz und gar liederlich sei sie, heißt es im Ort. »Vieles mehr lässt sich über sie sagen«, verteidigt Bertha dann ihre Freundin, »nur eines nicht: Noch nie war es mit ihr langweilig.« Das wisse sie zu schätzen.

Auch jetzt mischt sich die Trippmacher in das muntere Gespräch über das Autofahren ein und erklärt mit provozierendem Blick auf Eugen Benz, man müsse zunächst den arroganten Herrenfahrer vom vergnügten Autler unterscheiden. Der eine fahre umher, nur um sich und seinen Wohlstand zu zeigen. Der andere gestalte das Unterwegssein zum Erlebnis, wolle nicht einfach nur transportiert werden, sondern vielmehr vergnüglich reisen. Dieser zweite Typ sei ihr ungeheuer sympathisch. Er stehe für … Sie überlegt: … für den Aufbruch ins Unbekannte … sei beglückt, mit dem Wagen hinauszuziehen … gleichsam wanderfroh, auf Rädern in Bewegung zu sein … mit fahrenden Blicken wolle er mit neuen Impressionen befruchtet werden … rolle in der Natur dahin, um Lebensfrische zu tanken … genieße das unaufhörliche Werden von Eindrücken … brauche es, den Geist durch die Fühlung von Land und Leuten zu entlasten … So blumig formuliert die Gratulantin, als wollte sie aus jedem gesprochenen Satz bald eine druckreife Erzählung machen.

Dann verzieht sie von einem Moment auf den anderen angewidert das Gesicht und verkündet mit gespitzten Lippen: Nun sei ihr aber eine neue Geisteshaltung bekannt geworden, die in jeder Hinsicht verdächtig sei. Sie müsse Familie Benz eindringlich vor den Futuristen warnen: Lebewesen wie Filippo Tommaso Marinetti, die wohl mehr funktionierende Maschinen als fühlende Menschen seien. Wo das noch hinführen solle, frage sie sich. Denn diese Futuristen verherrlichten nicht nur die Geschwindigkeit, sondern vergötterten zugleich Gewalt, Krieg und Gefahr. Lärm sei

Musik für sie. Der Krieg Welthygiene. Jeder tote Feind eine betrachtenswerte Skulptur. Und ein Rennwagen schöner als die Nike von Samothrake. Es komme ihr so vor, als werde hier ein Sturz in den Abgrund vorbereitet. Wie ein Feuer breite sich dieses Gedankengut aus, und manchmal träume sie davon, wie die ganze Welt plötzlich in Flammen steht. Ausgehauchtes Leben allüberall.

»Aber, aber, Fräulein Trippmacher«, belustigt sich Eugen Benz, »vergessen Sie die Welt! Wir leben hier in unserem friedlichen Ladenburg. Was interessieren uns die absurden Gedanken von verwöhnten Dandys, die sich langweilen?« Die meisten am Tisch nicken zustimmend, weil ihnen das Gerede zu abgehoben ist. Richard gähnt. Schließlich verabschieden sich Carl Benz und seine Söhne mit dem Hinweis, man sei im »Gasthaus zum Ochsen« verabredet, um auf Berthas Wohl anzustoßen. Ach ja, und darauf, dass nun just an diesem heutigen Tag endlich von Kaiser Wilhelm II. das »Gesetz über den Verkehr mit Kraftfahrzeugen« abgesegnet worden sei. Der Willkür so mancher Gemeinde würden damit Grenzen gesetzt, Autofahrer könnten nicht mehr nach Belieben abkassiert werden.

Dass Carl und seine Söhne allein, ohne Bertha, losziehen, ist in diesen Zeiten üblich. Frauen sind in solchen Männerrunden fehl am Platz. Regelmäßig trifft sich im »Gasthaus zum Ochsen« die bessere Gesellschaft von Ladenburg, um am Stammtisch bei einem Schoppen Wein neueste Nachrichten auszutauschen, wie heute jene von der Verkehrsordnung. Ein anderer weiß dann zu ergänzen, dass demnächst so etwas wie ein »Führerschein« für jeden Autofahrer eingeführt werden soll. Derartige Plaudereien und diese Geselligkeit gefallen Carl Benz, hier zeigt er sich spendabel, gibt gern mal eine Runde aus.

Ein paarmal im Jahr finden in einem Nebenraum der

Wirtsstube auch die Abende der »Casinogesellschaft« statt, eine Zusammenkunft der gehobenen Kreise. Man singt, man tanzt, man feiert Fasching oder hört sich Vorträge an. Bertha jedoch ist selten dabei. Sie verbringt ihre Zeit lieber allein, manchmal mit der Trippmacherin, die im Lauf der Jahre zur Vertrauten und einzigen Freundin wird. Unnötige Sätze verliert Bertha zwar auch bei diesen Treffen nie, selbst mit Worten ist sie nicht gerade freigebig, doch das stört die Redselige nicht. Auch dass Bertha Benz streng und energisch auftritt, gesteht sie ihr zu. Immerhin ist sie fast dreißig Jahre älter, könnte ihre Mutter sein.

So vergehen die Jahre in Ladenburg geruhsam, gemütlich und nahezu ereignislos. Es gibt Hochzeiten, wobei sich Eugen Benz lange nicht auf eine seiner vielen Bräute festlegen kann. Etliche Enkelkinder werden geboren. Täglich um Viertel vor neun und bei jedem Wind und Wetter läuft Carl Benz die achthundert Meter von der Villa zu seiner Fabrik, um nach dem Rechten zu sehen. Er pflegt eine enge Beziehung zu seinen Arbeitern; teilt ihre Sorgen, wird verehrt und geachtet und inzwischen liebevoll »Papa Benz« genannt. Nur eines ärgert ihn: wenn seine Leute, anstatt zu Fuß zu gehen, bei kurzen Strecken allein in ihren Autos herumfahren. So hatte er sich das nicht vorgestellt. Hätte er das gewusst, hätte er seine Erfindung besser in den Neckar geschmissen, kommentiert er solches Verhalten, halb im Spaß, halb im Ernst. Man muss doch mit den Maschinen vernünftig umgehen können, appelliert er gern, aber meistens vergebens.

Aus der Zeitung erfahren Bertha und Carl das Neueste über die langsam aufflammende Technikbegeisterung im Deutschen Reich. Sie lesen von der Eröffnung des Elbtunnels 1911 in Hamburg, staunen über den Bericht von einem Riesendampfer, »Titanic« genannt, der unsinkbar sei. Eine

Weltsensation. Neue Räume werden erobert von Afrika bis in die Antarktis. Kolonien besetzt. Die fließende Produktion in getakteten Arbeitsschritten, die es bisher nur in Chicagos Schlachthöfen gab, wird erstmalig beim Autobauer Ford in Amerika eingeführt. Das setzt neue Maßstäbe. Ab jetzt wird das genormte Arbeiten in aufgeteilten Produktionsschritten populär und zur Voraussetzung, um preiswert herstellen und billig verkaufen zu können. Carl Benz aber ist kein Freund davon, weil der Einzelne den Blick für das Ganze verliert. Er schätzt vielmehr die Handarbeit vom Anfang bis zur Vollendung. Nur so ließe sich der Sinn dessen, was man tagtäglich tue, begreifen. Und er wird nicht müde, zuverlässige Fahrzeuge einzuklagen, die störungsfrei laufen, einfach sind, aber leistungsstark – der gute Ruf, den sich Carl Benz für seine Autos dadurch erarbeitet, wirkt weit über seine Lebenszeit hinaus.

Doch auch die Benz-Fabrik muss sich auf die neue Fabrikation umstellen, wenn sie auf dem Weltmarkt bestehen will. Ein Wettlauf der Nationen beginnt. Nur der kann überleben, der Schritt hält. Zunächst wirtschaftlich, bald auch militärisch. Carl Benz schmeckt diese Übertrumpfungsbereitschaft und überhitzte Stimmung nicht. Doch noch geht es nur um Wettbewerb, noch spricht niemand von Krieg. Die Herrscherhäuser Europas, ob nun England, Frankreich, Russland oder das Deutsche Reich, sind familiär verbunden, verwandt und verschwägert, man trifft sich zu Hochzeiten und Beerdigungen und versichert sich natürlich nur das Beste. Trotzdem investiert Kaiser Wilhelm II. enorme Summen für seine geliebte Flotte, bis es geschafft ist, die stärkste Seemacht der Welt nach Großbritannien darzustellen. Nun will er auch die Luftfahrt verstärken und stiftet für seinen Geburtstag im Januar 1913 einen Kaiserpreis für die Entwicklung eines leistungsstarken Flugmotors.

Zur Verwunderung aller gewinnt das Unternehmen Benz & Cie. aus Mannheim, das sich bisher nur am Rande mit Flugmotoren beschäftigt hat, und erhält am 27. Januar 1913 den ersten Preis, dotiert mit 50 000 Goldmark, die Benz & Cie. an die Technische Hochschule in Karlsruhe weiterreicht zur Erweiterung des Lehrstuhls für Automobil-, Luftschiff- und Flugmotoren-Konstruktion. Dem Unternehmen genügt es, dass durch den Erfolg viele neue Aufträge eingehen. Stolz sind die Mitarbeiter, als Helmuth Hirth am 25. Juli 1914 mit dem neu entwickelten Flugmotor nach einem Langstreckenflug von Berlin nach Mannheim in einem Albatros-Eindecker auf dem Werkgelände landet. Arglos ist die Freude über diese technische Meisterleistung. Keiner sieht vorher, dass es nicht mehr lange dauern wird, bis man diesen Motor, so wie viele andere Errungenschaften der Ingenieurskunst, als Kriegsmaschine verwenden wird. Carl Benz, der das Glück hat, nach vielen Niederlagen doch noch zu erleben, wie sich seine Erfindungen durchsetzen, wollte, dass seine Motoren und Maschinen der Arbeitserleichterung und besseren Fortbewegung dienen. Zu welchen Zwecken und Vorhaben sie noch verwendet werden würden, hatte er nicht in der Hand. Technik ist Fertigkeit, Handhabung, Methode. Aber auch Ausrüstung, Rüstzeug, Rüstung für den Krieg.

Langsam wird spürbar, unter welcher Spannung das alte Europa steht. Überall zerstrittene Volksgruppen. Als Pulverfass gilt der Balkan mit seinen vielen kleinen Staaten, die um Unabhängigkeit kämpfen. Zum Zünder wird schließlich Serbien. Mit Entsetzen liest Bertha in der Zeitung von dem Attentat auf den Thronfolger Österreich-Ungarns, von der kaltblütigen Ermordung Franz Ferdinands und seiner Frau Sophie in Sarajevo. Krieg scheint im August 1914 unvermeidbar. Nach dreiundvierzig Friedensjahren ordnet die

Mit einem Albatros-Tauben-Eindecker Nr. 4 landete Hellmut Hirth nach einem spektakulären Langstreckenflug von Berlin nach Mannheim am 25. Juli 1914 auf dem Werksgelände von Benz & Cie.

Oberste Heeresleitung unter Zustimmung des Kaisers die Mobilmachung an. Selbst der ansonsten zerstrittene Reichstag stimmt dem Kriegstreiben zu: Jetzt gehe es nicht mehr um die Auseinandersetzungen von Parteien. Jetzt gehe es um das Wohl der Deutschen, das Wohl der ganzen Nation.

Die eben noch ausgelebte Übertrumpfungsbereitschaft schlägt in unbekümmerte Kriegslust um, fanatischer Kampfeswille erwacht. »*Pour la patrie!*«, rufen die Franzosen und freuen sich darauf, die Schande der Niederlage von 1871 wettzumachen. »*For the Empire!*«, geloben die Briten, denen die Deutschen längst zu mächtig geworden sind und die als wahre Gentlemen ihre Bündnisverpflichtungen zu Frankreich erfüllen werden. »*Pro patria! – Fürs Vaterland!*«, grölen die Deutschen, die den Habsburgern verpflichtet sind. Mit Gottes Segen und einem Lied auf den Lippen machen sie sich auf in die Schlacht, zum Töten bereit. Die Sehnsucht nach dem Krieg entspringt der Sehnsucht nach einer neuen Herausforderung. Kräfte messen. Gefahrenkitzel. Eine Mutprobe. Begeistert ziehen die jungen Soldaten an die Front. Endlich können sie auf dem Schlachtfeld der Ehre zum Manne reifen. Dieser Krieg dünkt ihnen in ihrem von reaktionären Militärs und Politikern angeheizten nationalen Wahn als Geschenk des Schicksals. Wie sonst könnte man ein Held werden? Und die Deutschen – sind sie nicht die Stärksten? »Deutschland, Deutschland über alles«, heißt es doch. Und die Feinde? Die werden nicht ernst genommen, das sind Spielzeuggegner, die verhöhnt man reimend: »Jeder Tritt – ein Britt'. Jeder Stoß – ein Franzos'. Jeder Schuss – ein Russ' …«

Befremdet erleben Bertha und Carl im bislang friedlichen Ladenburg diesen Hurrapatriotismus. Doch nur ein paar Spinner trauen sich, öffentlich zu protestieren. Sie nennen sich Pazifisten und halten den Krieg für verwerflich. Die meisten von ihnen landen in einer Nervenheilanstalt, andere werden als Landesverräter stigmatisiert oder müssen gar ihre Heimat verlassen. Krieg gilt als erlaubtes Mittel der Politik, man schwört auf seine reinigende, ja erlösende Kraft. Wer Weltgeltung will, muss zeigen, dass er sie verdient hat. Nicht von ungefähr wurde das deutsche Kaiserreich in den vergangenen Jahren unter Preußens Kommando unerbittlich militarisiert, aus vielen Heeresgruppen ein Heer geformt. Mit zackigen Aufmärschen und pompösen Militärparaden wird nun Selbstbewusstsein demonstriert. Zweifel oder Widerspruch? Die gibt es bei der vom Kaiser kontrollierten Presse nicht, also lesen auch Bertha und Carl nichts davon. Und den Soldaten wurden derartige Flausen ausgetrieben. Sie sind gedrillt auf Befehl und Kadavergehorsam: Das Denken dürften sie getrost den Pferden überlassen, weil die ohnehin die größeren Köpfe hätten. Verblendung allüberall. Und Pathos. Gerhart Hauptmann dichtet zur Einberufung seines Sohnes Ivo: »Diesen Leib, den halt ich hin –

Auch in den Benz-Werken wurde während des Ersten Weltkriegs alles auf Kriegsproduktion umgestellt. Hier die Artillerie-Kraftschlepper, die im September 1918 an die Militärverwaltung geliefert wurden.

Flintenkugeln und Granaten: eh ich nicht durchlöchert bin, kann der Feldzug nicht geraten.«

Als der Krieg für die Deutschen im August 1914 beginnt, glaubt jeder an einen schnellen Sieg, wie 1871 gegen Frankreich. Bis Weihnachten würde die Sache erledigt sein. Wintersachen für die Soldaten wurden gar nicht erst bestellt. Umso größer die Ernüchterung, als sich die Fronten festfressen. Stellungskrieg. Monatelang liegen die verfeindeten Truppen in ihren jeweiligen Schützengräben, nur auf Schussweite voneinander entfernt. Über ihren Köpfen: Trommelfeuer. Scharfschützen. Kanonendonner. Ein neues Wunderwerk der Tötungstechnik kommt zum Einsatz, die »dicke Bertha« von Krupp trägt ihre Geschosse vierzig Kilometer weit. Weil die Verluste so hoch sind, wird erstmals der Stahlhelm eingeführt. Doch auch der kann nicht verhindern, dass Hunderttausende ihr Leben lassen. Sie verrecken im

Schlamm. Mit Leichen werden sogar die Brüstungen der Festungsgräben verstärkt. Keiner kann die Toten noch beerdigen. Sie verfaulen im Niemandsland. Ratten nagen ihr Fleisch. Am Ende liegen nur noch stoffbekleidete Gerippe auf blanker Erde.

Nur wenig davon dringt nach Ladenburg, aber allein die Vorstellung von der blinden Zerstörung von Mensch und Material wird Bertha und Carl zunehmend zuwider. Anfangs haben sie den Krieg als notwendiges Übel hingenommen, im Vertrauen darauf, dass es so schlimm nicht werden wird und es darum ginge, als Volksgemeinschaft zusammenzustehen. Doch auch wenn die Zeitungen nur von Siegen schreiben, immer mehr Familien sind vom Verlust eines Vaters oder Sohnes betroffen. Unbeeindruckt davon fordert die Propaganda weiter zum Heroentum für das Vaterland auf. Alles wird auf Krieg umgestellt, auch die Produktion in den Benz-Fabriken. In Mannheim baut man Armeelastzüge, Geländeschlepper und Zugmaschinen. Flugmotoren müssen wie aus dem Nichts von einem Tag auf den anderen in Serie hergestellt werden. Der Kraftwagen dient als Kriegsmittel. Private Autos werden beschlagnahmt und an die Front gebracht.

Auf den Drehbänken in Ladenburg werden Granathülsen gefertigt, in den Montagehallen Flugzeugmotoren überholt. Und da Rohstoffe aus dem Ausland kaum noch beschafft werden können, läuft die Erprobung von Ersatzstoffen auf Hochtouren. Die Bereifung der Wagen wird aufgrund des Gummimangels wieder auf Holz und Eisen umgestellt. Ein großer Teil der bis dahin ausschließlich männlichen Belegschaft muss zum Militär. Auch Eugen Benz und Schwiegersohn Heinrich Perron ziehen in den Krieg. Frauen übernehmen Männerarbeit.

Am Ende des Jahres 1914, als nach drei Monaten Krieg bereits eine Million Menschen gefallen sind, überwiegt bei den Benzens trotz allem einen Augenblick lang die Freude. Carl Benz feiert, wie immer am 26. November, seinen siebzigsten Geburtstag und erhält wenig später, am 4. Dezember 1914, die Ehrendoktorwürde der Technischen Hochschule Karlsruhe. Eine Anerkennung der Universität, an der er einst in jungen Jahren studierte und wo ihm sein Ersatzvater, Professor Ferdinand Redtenbacher, die ersten Grundlagen des Maschinenbaus beibrachte. Diese Ehrung berührt Carl und Bertha Benz und gibt ihnen Genugtuung nach den vielen Jahren der Kämpfe und Anfeindungen.

Im folgenden Jahr erreicht der Krieg das Hinterland und wird im Alltag spürbar. Die Versorgungslage wird immer schlechter. Erstmalig werden 1915 Lebensmittelkarten ausgeteilt, Armenküchen eröffnet. Aber wenn es sein muss, hungert man fürs Vaterland und darbt für den Sieg. Als französische Flieger im Juni 1916 erneut Karlsruhe bombardieren und nicht, wie geplant, den Hauptbahnhof treffen, sondern ein Zelt des Zirkus Hagenbeck, sterben auch zahlreiche Kinder. Die Bevölkerung ist schockiert, auch im nahen Mannheim und in Ladenburg. Auf derartige, bisher nicht gekannte Angriffe aus der Luft ist man nicht vorbereitet. Doch nicht nur schwere Bomben fallen, es wird auch mit Giftgas geschossen – Verätzungen der Haut. Lungenschäden. Erblindung. Grausamer Erfindergeist ermöglicht das Buntschießen mit Gelb-, Grün- oder Blaukreuz, chemische Stoffe, die selbst durch den Filter der Gasmasken gelangen, quälen; langsam töten.

Auch diejenigen, die Giftbomben herstellen müssen, sind gefährdet. Als Carl Benz beobachtet, wie bedrückt sein Lehrling Meixner ist, spricht er ihn darauf an. Der schildert unter Tränen, dass seine Mutter in der Giftfabrik arbeiten müsse und ganz krank geworden sei. Rigoros ordnet der Firmengründer an, die Mutter solle sofort aufhören zu arbeiten, er werde doppelten Lohn zahlen.

Nach zwei Kriegsjahren werden 1916 noch einmal alle Kräfte mobilisiert. Man sammelt für die Soldaten im Feld. Viele Frauen, auch Elisabeth Trippmacher, schicken erbauliche Durchhaltebriefe an die Front, Postkarten vom Sieg oder Liebesgrüße. Bertha Benz mag nicht an fremde Männer schreiben, sie schickt nur Post an die ihr verwandten. Als die Amerikaner 1917 in den Krieg eintreten, ist die Niederlage nicht mehr aufzuhalten.

Es beginnt ein Winter, in dem es hauptsächlich Steckrübensuppe gibt. Die Menschen sind ausgezehrt, erschöpft, entkräftet. Die Spanische Grippe trifft auf ausgemergelte Gestalten. Weltweit sterben zwanzig Millionen. Der Siegeswille erlahmt. Doch der Kaiser und die Oberste Heeresleitung wollen weiterkämpfen. Da wagen Matrosen in Kiel den Aufstand. Es folgen Streiks und die Novemberrevolution. Stillstand der Waffen. Später wird es von Seiten neuer Kriegtreiber heißen: Nicht im Feld seien die Deutschen besiegt worden, vaterlandslose Gesellen aus der eigenen Heimat hätten die Streitkräfte mit einem Dolchstoß von hinten niedergestreckt.

Siebzehn Millionen Menschen fallen dem Großen Krieg zum Opfer, der erst viel später der »Erste Weltkrieg« genannt wird, weil sich damals niemand vorstellen konnte, dass es nach dem Horror zwischen 1914 bis 1918 noch einen zweiten, noch viel furchtbareren Krieg würde geben können. Familie Benz beklagt den Tod von Heinrich Perron. Der Mann ihrer Tochter Ellen fiel Ende Juni 1918 an der Westfront. Zwei kleine Kinder verloren ihren Vater. Sein Sohn, damals gerade vier Jahre alt, wird im nächsten Krieg im Februar 1944 an der Ostfront sterben. Berthas Freundin, Elisabeth Trippmacher, trauert über den Verlust ihrer drei

Brüder. Zugleich entschließt sie sich, anderen zu helfen. Mit dem Roten Kreuz versorgt sie Verwundete, kümmert sich um Witwen und Waisen, bittet in unzähligen Briefen um die Freilassung der Kriegsgefangenen. Selbstlos. Immer das Wohl der anderen im Blick.

Hunderte Milliarden Goldmark kostete der Große Krieg. Wer dafür Kriegsanleihen zeichnete, also Gold für Eisen gab, hat alles verloren. Bertha und Carl Benz haben nur wenig Geld in den Krieg investiert und sind noch immer reiche Leute. Da sie inzwischen alt sind und mit dem nahen Tod rechnen, entschließen sie sich noch im Jahr 1918, einen großen Teil ihres Vermögens unter den Kindern aufzuteilen. Die drei Töchter erhalten eine Schenkung von jeweils 28 500 Goldmark. Die beiden Söhne profitieren als Ausgleich dafür von der Firma in Ladenburg. Weiteres Geld geben die Benzens in diesen Jahren für einen Anbau an der Villa aus, eine neue Veranda mit repräsentativer Treppe wird an den Salon angebaut.

Das ganze Reich ist geschwächt durch die enormen Reparationszahlungen und Gebietsabtretungen, festgeschrieben im Versailler Vertrag, der bald als »Vertrag der Schande« bezeichnet wird. Der Wohlstand aus den Jahren der Industrialisierung ist dahin. Insbesondere Carl ist verbittert darüber; wie sehr war ihm dieses ständige Den-anderen-übertrumpfen-Wollen zuwider gewesen. Es hat nichts genützt. Das Kaiserreich ist am Ende. Wilhelm II. muss ins Exil nach Holland, die Großherzoge danken ab, nur die Ebene darunter, die Beamten in Justiz und Verwaltung, dürfen bleiben. In vielen Großstädten übernehmen Arbeiter- und Soldatenräte die Führung. Nach dem Sturz des alten, »versklavenden« Systems, wie sie es auf ihren Plakaten nennen, hoffen sie auf eine neue Zeit der Freiheit. Das Deutsche Kaiserreich wird Republik. Am 19. Januar 1919 dürfen zum ersten Mal auch

Frauen wählen gehen, Frauen, die schon während des Krieges ihren Mann stehen mussten. Die Zeit des »Leider wieder nur ein Mädchen« versinkt langsam in der Vergangenheit.

In Weimar geben sich die Deutschen eine neue Verfassung. Demokratie wird ausprobiert. Ein Vielparteienstaat entsteht, mit ständig wechselnden Regierungen. Oft herrschen nun Chaos und der Geist der Widerspenstigkeit, der belebende, aber auch zerstörende Kräfte freisetzt. Der Wiederaufbau geht nur schleppend voran. Die Wirtschaft kommt kaum nach oben. Sozialer Unfriede greift um sich, Tausende sind ohne Arbeit und verelenden. Verkrüppelte Kriegsinvaliden betteln auf den Straßen.

Lebensmittel sind nach wie vor knapp. Auch Kinder leiden unter Mangelernährung. Jede Menge Geld wird gedruckt, um die Kriegsschulden bezahlen zu können, was zu einer Hyperinflation führt. Sparguthaben verlieren rasant an Wert. Jetzt schrumpft auch das Vermögen von Familie Benz. Was bleibt, sind nur noch die Sachwerte. 1923 kostet ein Stück Butter fünfzig Millionen Mark. Der Tageslohn muss sofort gegen Essbares oder Kleidung eingelöst werden, weil es Stunde um Stunde teurer wird. Eine Million Papiermark hat im internationalen Zahlungsverkehr nur noch den Gegenwert von drei Goldpfennigen.

Auch mit der Firma C. Benz Söhne in Ladenburg geht es bergab. Im Sommer 1923 wird der letzte Wagen gebaut. Danach versucht man, sich mit Reparaturarbeiten und der Zulieferung von einzelnen Maschinenteilen über Wasser zu halten. Die Stimmung ist schlecht. Eugen und Richard haben, so wie ihr Vater, kaum kaufmännisches Geschick. Steht ein Kunde in der Tür, schieben sie sich gegenseitig vor, der andere solle das Geschäft mit ihm machen. Oft öden sie sich an ihren großen Schreibtischen in ihrem verrauchten Büro nur noch an.

»Die Sonne will dieses Jahr auch bei uns nicht zur Geltung kommen, und es ist immer so kalt, dass wir schon wegen Papa das Zimmer heizen müssen«, schreibt Bertha Anfang 1924 an ihre Tochter Thilde in Überlingen am Bodensee. Die hatte der Mutter Schinken und Butter geschickt, wofür Bertha sich bedankt. Weiter schildert sie ihrer Tochter, dass sie kein Auto mehr besäßen, sondern einen Mietwagen nehmen müssten, wenn sie zum Arzt nach Heidelberg fahren wollten, für eine Summe, die kaum aufzubringen sei. »Das Geld ist heute so sehr knapp in der Welt, dass Du jede Ausgabe, die nicht absolut nötig ist, vermeiden musst«, beschließt sie den Brief und klagt verbittert: »… dass wir uns in unseren alten Tagen so beschränken müssen.«

In dieser Zeit erstarkt eine Partei, die Ruhe und Ordnung verspricht und die Deutschen an ihren Stolz erinnert. Die Nationalsozialisten marschieren in der Feldherrenhalle auf, noch sind sie eine Splittergruppe. Ihr Führer, Adolf Hitler, wird nach einem Putschversuch verhaftet. Im Gefängnis schreibt er *Mein Kampf*, ein Buch, das wenige Jahre später in nahezu jedem deutschen Haushalt zu finden sein wird.

Das Auto gilt in Deutschland noch immer als Luxusgut, es ist mit einer hohen Steuer belegt, die Produktion aufgrund der teuren Rohstoffe kaum zu akzeptablen Preisen möglich. Die Konkurrenz aus dem Ausland drängt auf den deutschen Markt. Etliche Automarken, die sich um die Jahrhundertwende etabliert haben, müssen aufgeben. Auch das Überleben von Benz in Mannheim und Daimler in Untertürkheim steht auf dem Spiel. Einziger Ausweg wird die Gründung einer Interessengemeinschaft zwischen den Daimler- und den Benz-Werken, denn ein gemeinsamer Materialeinkauf bringt bessere Konditionen, in einer zentralen Konstruktions- und Entwicklungsabteilung können Wissen und Erfahrungen gebündelt werden, und ein einheitlicher Vertrieb spart ebenso Kosten. So weit die Pläne der Geschäftsleitung. In der alltäglichen Praxis jedoch erweist sich das Vorhaben als aufreibender Kraftakt, denn ehemalige Konkurrenten, die im Herzen Benz- oder aber Daimler-Leute sind, sollen jetzt gemeinsam herstellen und ein gemeinsames Produkt verkaufen, wo sie doch bisher Rivalen waren.

Zwei ruhmreiche Automarken werden zusammengeführt, und es entsteht eine neue: Mercedes-Benz. Eine Verbindung von Dreizackstern und rundem Lorbeerkranz. Der rechtliche Sitz des Unternehmens wird Berlin. In Untertürkheim bei Stuttgart ist die Zentrale, in Mannheim werden noch ein paar Jahre Personenwagen gebaut, in Gaggenau weiter die Lastwagen und in Sindelfingen Karosserien. Autopionier Gottlieb Daimler erlebt diese Verschmelzung nicht mehr, er ist schon im März 1900 verstorben. Für Carl Benz aber beschließt der neu zusammengestellte Vorstand einen Ehrensold, der ihm in diesen turbulenten Jahren ein wenig Sicherheit gibt. Das beruhigt auch Bertha.

Noch sind die Automobilbesitzer in Deutschland eine Minderheit. In manchen Orten sieht man wochenlang kein Auto. Doch mehr und mehr beginnt man den Erfinder des pferdelosen Wagens zu ehren. Straßen und Plätze werden nach dem Autopionier benannt. Im Juli 1925, als der Schnauferl-Club sein fünfundzwanzigjähriges Jubiläum feiert, wird ein historischer Autokorso veranstaltet. Dafür holen die Vereinsmitglieder den wohl allerersten dreirädrigen Motorwagen von 1885 aus dem Deutschen Museum in München. Stolz knattert Carl Benz, inzwischen achtzig Jahre alt, noch ein letztes Mal damit durch die Straßen, vorbei an Tausenden jubelnden Menschen, und er erinnert sich, wie er einst den Polizeihauptmann überredete, ihn unerlaubt durch Münchens Straßen fahren zu lassen. Auch Bertha und Elisabeth Trippmacher klatschen begeistert am

Autokorso in München 1925: Prinz Alfons von Bayern (links) begrüßt Bertha und Carl Benz. Vorn rechts im Bild steht Eugen Benz.

Straßenrand. Bald aber nimmt der alte Benz die winkenden Massen, die die Straßen säumen, gar nicht mehr wahr, weil er ganz und gar in die Anfangszeiten versinkt: wie er von den Kutschern verflucht und von Fußgängern mit faulen Salaten beworfen wurde; wie die Beamten ihn bestraften und wie die Zeit sie alle widerlegt hat. Hinter ihm fauchen und stinken noch einmal etliche der alten Wagen aus den letzten vierzig Jahren.

Der Erfinder des Automobils ist so gerührt, dass er an diesem Tag kaum ein Wort über die Lippen bekommt. Bertha, von seinem Schweigen peinlich berührt, versucht, das Manko ihres Mannes, so gut sie kann, auszugleichen. Zurück in Ladenburg, muss er unter Federführung Fräulein Trippmachers einen Brief an die Autofreunde schreiben:

Die Freudentage unseres lieben, frohsinnigen Schnauferl-Clubs sind vorüber, ich bin heimgekehrt in mein kleines, stilles Ladenburg. Nun drängt es mich, mei-

nen Dank auszudrücken. Wie gerne hätte ich Ihnen
in einer Rede gedankt und Ihnen gesagt, was alles in
diesen Tagen durch meine Seele zog, aber ich war zu
tief gerührt – ich, der in jahrzehntelanger Stellung in
vorderster Feuerlinie stand, gegen veraltete voreinge-
nommene Anschauungen kämpfen musste, hätte an
eine solche große allgemeine Würdigung unserer Sa-
che nicht im Traume gedacht! Wie sehr hat es mich
gefreut, ihnen allen noch einmal in meinem Leben
die Hand drücken zu dürfen! Verrauscht sind die Tage
der Freude und des Jubels, geblieben ist nur die Er-
innerung …
Mit Schnauferlheil,
Ihr ergebener Dr. Carl Benz

Ein Jahr später, 1926, verschmelzen die beiden großen deutschen Unternehmen Daimler-Motoren-Gesellschaft und
Benz & Cie zur Daimler-Benz AG. Eine strategische Maß-
nahme, um im Kampf mit Konkurrenten wie der Firma
Opel, die sich ihrerseits 1929 mit General Motors zusam-
menschloss, nicht unterzugehen. Doch diese Entwicklungen
gehen weitestgehend an Carl Benz vorbei. Großindustrie
und Profitplanung, der Aufstieg der Automobilproduktion
zu einem der größten Zweige der Weltwirtschaft – all das
interessiert ihn nicht. Er bevorzugt weiter überschaubare
Werkstätten und solide Fahrzeuge, die am besten nie eine
Reparatur benötigen; und wenn, dann sollte der Wagen so
konstruiert sein, dass auch ein Laie ohne Mühe Fehler beheben kann oder jemand wie seine Frau Bertha.

Seine späten Lebensjahre verbringt der alte Herr am
liebsten in seiner Garagenfestung, die wie in seinen Kindheitstagen seine Experimentierhöhle ist, wo er basteln und
spinnen kann. Die restliche Zeit zieht er sich in seine Familie

zurück, freut sich auf die sonntäglichen Treffen am Kaffeetisch und die quirligen Enkelkinder.

An einem solchen Sonntag quengelt Anneliese, die älteste Tochter von Sohn Eugen, am Ohr ihrer Mutter herum. Sie ist mit ihren zehn Jahren eine dunkelhaarige Schönheit, die für den Film schwärmt und später unbedingt Schauspielerin oder Sängerin werden will. Viel weiter als bis auf die Ladenburger Bühne der Casinogesellschaft wird sie es nicht schaffen. Das weiß sie allerdings noch nicht. An diesem Nachmittag nun bedrängt sie ihre Mutter, sie zu unterstützen, damit sie ins Kino gehen kann, anstatt gelangweilt im Kreis der Familie herumsitzen und den ewig gleichen Gesprächen über Autos folgen zu müssen. Ihre Mutter zeigt Verständnis, weil sie selbst eine künstlerische Ader hat und wunderbar Klavier spielen kann. Aber ihrem Mann Eugen fällt das künstlerische Gehabe und Geklimper auf die Nerven. Wieder und wieder flüstert die kleine Anneliese der Mutter zu, dass sie den Film nicht verpassen wolle.

»Was will das Kind?«, fragt plötzlich Großvater Benz mit seiner dünn gewordenen Stimme, als er die Unruhe und das Gezappel bemerkt. Erwartungsvoll blickt er auf Anneliese. Die schaut ihn nur mit großen Augen an und traut sich nicht, etwas zu sagen, weil sie schon den strengen Blick ihres Vaters Eugen gesehen hat. »Ins Kino gehen, einen Film ansehen«, antwortet die Mutter für sie. Noch im hohen Alter wird Anneliese davon erzählen, wie sehr ihr Großvater damals schimpfte, weil er nicht verstehen konnte, dass sie für einen Film – was immer das war – von dem gemütlichen Kaffeetrinken weglaufen wollte. Kino, das ist für Opa Carl ein Fremdwort, das kennt er nicht, er ist der Moderne gegenüber nicht aufgeschlossen. Damit sich der Großvater wieder beruhigt, schickt Großmutter Bertha die kleine Anneliese mit allen anderen Enkeln zum Spielen in den Park.

Am Lebensende werden Carl Benz letzte Ehrungen zuteil. An seinem zweiundachtzigsten Geburtstag, dem 26. November 1926, wird er zum ersten Ehrenbürger Ladenburgs ernannt. 1928 erhält er die Goldene Staatsmedaille des Landes Baden. Alles begleitet von der emsig schreibenden Elisabeth Trippmacher, die versucht, den Ruhm von Dr. Carl Benz mit Briefen, Artikeln und Aufforderungen zur Denkmalsetzung zu vermehren. Dass eine Clärenore Stinnes in diesen Jahren in einem Auto die Welt umrundet und dabei vierzigtausend Kilometer fährt, kommt bei den Autopionieren Bertha und Carl Benz kaum noch an. Man meint, es hätte die erste Fernfahrerin interessieren müssen, was ihre Nachfolgerin da neununddreißig Jahre später unternimmt – doch die Benzens leben in ihrer eigenen Welt. Es ist ihnen wohl auch zu verrückt, dass eine Frau durch Sibirien fährt und sich den Fahrweg in den Anden freisprengt.

Carl Benz wird langsam ein ruhebedürftiger, altersschwacher Mann, der von Bertha betreut und bevormundet wird. Noch immer ruft sie ihn mit der Fanfare, wenn er ein paar Stunden in der burgähnlichen Werkstattgarage verbringt. Nur selten noch schafft er den Weg bis zur Fabrik. Aber wenn es seine Kräfte erlauben, lässt er vorher – sehr zum Ärger von Bertha – beim Bäcker ein paar Mohrenköpfe kaufen, die er dann seinen Enkeln schenkt. Er liebt es, mit ihnen zu kaspern. Er liebt es, einen Blick in die alten Werkhallen zu werfen. Er liebt es, ein paar Worte mit den Arbeitern auszutauschen. Kündigen sich jedoch Besucher an, verweist er sie an Bertha: »Fragen Sie Mama, wenn es ihr recht ist, ist es auch mir recht.« Das wird seine Standardantwort.

Noch einmal ergreift Fräulein Trippmacher das Wort und richtet einen dramatischen Brief an das Innenministerium, in dem sie über die bescheidenen Verhältnisse erzählt, in denen

82. Geburtstag von Carl Benz 1926: im Vordergrund (v. l. n. r.) Enkeltochter Anneliese (Aly) mit Mutter Marie und Vater Eugen Benz; gegenüber das Ehepaar Carl und Bertha Benz mit Elisabeth Trippmacher und dem Enkelsohn Karl; im Hintergrund Vertreter von Vereinen und Ladenburger Bürger.

sich Dr. Carl Benz befinde. Das hätte sie besser lassen sollen. Diesmal hat sie den Bogen überspannt. Der Bürgermeister von Ladenburg muss eine Stellungnahme abgeben:

Was die persönlichen Verhältnisse des Herrn Dr. Karl Benz anlangt, so dürfte er sowohl körperlich als bis zu einem gewissen Grade auch geistig – was bei seinem Alter begreiflich erscheint – als gebrochener Mann zu bezeichnen sein. Das Augenlicht hat er nahezu ganz verloren, weshalb er auch im Gehen sehr behindert ist; das Gedächtnis hat nachgelassen. Die wirtschaftlichen Verhältnisse sind zwar geordnet, doch hat er zufolge der Inflation anscheinend sehr viel verloren. Es fällt

ihm schwer, seine öffentlichen Abgaben zu entrichten.
Wir haben ihn vor zwei Jahren zum Ehrenbürger un-
seres Städtchens ernannt und sind seinem Wunsche
auf Abgabenermäßigung oder Stundung wiederholt
schon entgegengekommen. Eine eigentliche Hilfs-
bedürftigkeit liegt indessen nicht vor, da seine Kinder
in guten Verhältnissen leben und den Eltern gegen-
über jederzeit hilfsbereit sind.

Auch die Direktion von Daimler-Benz wird aufgrund des
Briefes ans Innenministerium angerufen. Empört fordern
die Direktoren Fräulein Trippmacher auf, künftig Angaben
über die pekuniären Verhältnisse von Dr. Carl Benz zu unterlassen. Der kann sich nicht mehr wehren. Er ist ein gebrochener Mann. Zu viele Kräfte hat er fürs Kämpfen verbraucht.

Aber es hat sich gelohnt: Er zählt zu den wenigen Erfin-
dern, die in den Genuss kamen, ihre Träume verwirklicht zu
sehen. Seinen Traum vom Fahren ohne Pferde, den er mit
Bertha teilen konnte. Damit hat er nach den Jahren der Not
viel, viel Geld verdient und das meiste wieder verloren. Doch
Geld war für ihn nie eine Inspiration. Es ist vergänglich, so,
wie auch er, das weiß er. Das Auto würde bleiben.

Im Frühjahr 1929 wird Carl Benz bettlägerig. Ein Bron-
chialkatarrh schnürt ihm die Luft zum Atmen ab. Am Oster-
montag, drei Tage vor seinem Tod, wirft ein Flieger ihm zu
Ehren einen Lorbeerkranz über seiner Villa ab. Sehen kann
er es nicht, Bertha erzählt ihm davon. Und als dann draußen
im Garten ein paar Freunde des Automobils selbstgedichtete
Verse über seinen Ruhm vortragen und singen, ihn loben als
Bahnbrecher der automobilistischen Idee und als Vorkämp-
fer des motorisierten Verkehrs, hört er den Gesang, auch
wenn er nicht mehr jedes Wort verstehen kann.

An diesem Tag klingelt auch der katholische Priester an der Villa. Er will Carl Benz die letzte Ölung verabreichen. »Gott zum Gruße – die Sakramente.« Vor Bertha vollführt er mehrere Verbeugungen, flüstert etwas von *pietas, fragilitas, omnibus hominibus moriendum est* ... Bertha bleibt unnahbar. Sie hat nicht vergessen, wie traurig und verzweifelt Carl einst war, als er im Jahr 1877 nach der Pleite, nachdem ihnen nichts mehr geblieben war, vergeblich bei einem Pfarrer angeklopft hatte. Wieder nickt der Priester. Devot. Unterwürfig. Schmeichlerisch. Die Weihrauchkugeln in seinen Händen klappern. »Man empfange nicht«, erklärt Bertha Benz ungerührt und weist ihm die Tür. Unbarmherzig. Eisig. Es waren die Worte, mit denen Carl Benz einst abgewiesen worden war.

Jetzt sitzt sie still weinend an Carls Sterbebett und hält seine Hand. Stunden schon. Gleich wird es Mitternacht. Ihr Mann dämmert schwer atmend vor sich hin. Nur manchmal erwacht er plötzlich und versucht ein paar Sätze. Bertha, die ihn seit sechzig Jahren begleitet, weiß, was es bedeutet, wenn ihr Mann zum Reden anhebt. Seltene Momente. Jetzt zieht er Bilanz: Er habe sein Auto ... die Technik ... als Ergänzung gemeint; als Ergänzung für das Mangelwesen Mensch, als Organersatz ... Doch er fürchte, in Zukunft werde die Technik dominieren ... die Maschinen nicht mehr dem Menschen untergeordnet, sondern der Mensch, Sklave der Technik ... Er fürchte, der Mensch werde sich mit Hilfe der Technik ins Unermessliche steigern wollen ... Technik nicht mehr Teil der Schöpfung, so wie er es dachte ... Technik im Übermaß ... der Mensch im Schöpfungsrausch, aber der Zerstörung dienend ... Fortschrittsfreude und dann Krieg, die Natur abgerichtet ... die Natur, der Technik Untertan ... Kein Leben mehr ... eine Hetzjagd ... mitten in der Zeitersparnis ... gar keine Zeit ... Dahintoben in leerer Entfernung … einsam … öde … Das sagt er und schläft wieder für einige Minuten ein.

Als er das nächste Mal erwacht, sind seine Augen weit und klar, und es gelingt ihm, wieder kräftiger zu sprechen: »Das ist der Tod. Bertha.« Er spüre ihn und sei bereit. Zwei Frauen hätten ihm geholfen, bis hierhin zu überleben. Seine Mutter in den ersten Jahren, dann sie, Bertha. Sie habe nicht gezittert vor dem Ansturm des Lebens. Doch nun kehre er heim zu seinem Vater im Himmel, zu seinem Vater, nach dem er sich ein Leben lang gesehnt hat. Das war die große Wunde seit seiner Kindheit: der frühe Tod des Vaters. Tief im Innern immer ein Schmerz. Weder seine Mutter noch Bertha konnten hier helfen, obwohl beide ihm das Außen erträglich machten. Nun sei der Schwur erfüllt, bei Gott und allen Wunderwerken der Technik sein Dienst am Fortschritt geleistet. Und am Ende, das sei seltsam, blieben vom ganzen mühsamen Leben nur die Erinnerungen. Merkwürdig sei das. Fast nur die schönen. Er lächelt Bertha an, erschöpft und dankbar. Die schönen Erinnerungen seien wie ein Paradies, aus dem man nicht mehr vertrieben werden könne. Bertha verspürt einen sanften Druck seiner Hand. Wärme strömt. Innigkeit. Nur eines wolle er jetzt noch sagen, und für seine Nachkommen solle sie den Satz bewahren: Das Erfinden … sei unendlich viel schöner als das Erfundenhaben … Wie gern … würde er wieder von vorn anfangen …

Eine Dreiviertelstunde nach Mitternacht stirbt Carl Benz. Im November wäre er fünfundachtzig Jahre alt geworden. Lange bleibt Bertha am Sterbebett. Noch immer hält sie Carls Hand, die langsam kälter wird. Die erste Begegnung taucht vor ihrem inneren Auge auf, wie sie sich steif in der Kutsche gegenübersaßen, wie sie versuchten, den anderen mit Blicken zu erfassen, und wie er ihr einst schrieb, er bezweifle, dass er den Funken der Begeisterung für die Technik und die Maschinen auch bei ihr entfachen könne. Dann der Spaß über das oft verbrannte Essen, weil sie in der Werkstatt wieder einmal alles um sich herum vergessen hatten. Und wie sich das Verlangen nach Nahrung in andere Gelüste verwandelte, wie sie sich liebten, als die Benzinkutsche endlich gelungen war, wie sie gemeinsam litten, bei all den Niederlagen ...

Tränen laufen über Berthas Gesicht. Sie lässt es zu, jetzt, in dieser letzten gemeinsamen Nacht. Als der Morgen anbricht, nimmt sie ein feines Büttenpapier und schreibt mit zittriger Schrift: »Carl Friedrich Benz, geboren 1844, 26. November, Religion katholisch, gestorben 4. April, 12 Uhr 45 Minuten, nachts ...« Später ergänzt sie zu dem falschen, aber von Carl gewünschten Geburtsdatum noch »Karlsruhe«, was dann ein wenig gequetscht auf dem Blatt zu stehen kommt. Dann weckt sie Richard, übergibt ihm den Zettel und sagt für drei Tage nichts mehr. Für alles, was dann zu organisieren ist, sind ihre Söhne und Töchter da. Bertha trauert. Ohne Worte. Nach sechzig gemeinsamen Jahren, in denen sie nur einige wenige Tage von Carl getrennt war, muss sie sich besinnen.

Die Familie bahrt den Sarg im schönsten Salon der Villa auf. Unzählige Menschen kommen, um Carl Benz die letzte Ehre zu erweisen. Ein wunderbar duftendes Meer von Blumenkränzen umgibt den Toten. Am darauffolgenden Sonntag, drei Tage nach Carls Tod, findet die Beerdigung statt. Ein langer Leichenzug setzt sich an der Villa in Bewegung. Der Sarg wird getragen von kräftigen Männern des Athletiksportvereins, in dem Carl Benz Ehrenmitglied war. Vor ihm fährt sein geliebtes Auto, ein Benz-Victoria, hinter ihm Bertha, die Kinder und Enkelkinder in C.-Benz-Söhne-Wagen. Danach die Honoratioren der deutschen Automobilindustrie, Vertreter der Politik und Automobilverbände, auch aus dem

Beerdigung von Carl Benz, der am 4. April 1929 in Ladenburg starb;
Tausende Bürger aus dem In- und Ausland nahmen Anteil.
Im Hintergrund die Benz-Villa.

Ausland sind viele Gäste gekommen. Tausende säumen die
Straße, die zum Friedhof führt.

Am Ende des Tages liegt Carl Benz, geehrt und gefeiert,
unter einem Berg von Kränzen in seinem Grab. Nahe der
Bahnlinie. Er könnte die vorbeifahrenden Züge hören. Bertha ist auch an diesem Tag schweigsam. Nur manchmal ent-
fährt ihr ein leichter Seufzer, wenn sie bei den wortreichen
Reden, die Carls Weltruhm preisen, denkt: Hätten sie ihm
das lieber mal früher gesagt.

Als alle Reden gehalten und alle Lieder verklungen sind,
steht Bertha einen Moment lang allein vor Carls Grab.
Darum hat sie gebeten. Man möge am Ausgang des Fried-
hofs auf sie warten. Sie brauche nur einen kurzen Augenblick, dann komme auch sie mit zum Leichenschmaus, so,
wie es die Tradition verlangt.

»Was soll ich jetzt machen, allein ohne dich? Mein geliebter Mann … ohne dich, meinen Lebensmann?«, haucht sie fast tonlos und unter Tränen und steckt eine rote Rose aufrecht oben auf das Blumenmeer. Dann erhebt sie sich, ein wenig steif schon in den Gliedern. Mit Mühe richtet sie sich wieder auf, strafft ihre Schultern und geht in ihr neues Leben. Ihr neues Leben, in dem sie allein sein wird. Auch ihre Fanfare kann sie nun weglegen. Sie wird sie nicht mehr brauchen. Die letzte Strophe ihres Lebens beginnt an diesem Tag. Aus dem Duett ist ein Solo geworden.

Von der Tragik des Ruhms

Die Autokönigin und die Nazis

Plötzlich ist sie die Königin. Nachdem »Papa Benz« verstorben ist, wird seine Witwe Bertha nicht mehr nur als Mutter des Unternehmens verehrt und als Autopionierin bewundert. Jetzt gilt: Nur das Beste, nur das Neueste, nur das Modernste für sie. Sie verlangt es nicht. Aber wenn es ihr angeboten wird, nimmt sie es dankend an. So auch das Auto mit Radio. In diesen Tagen, Anfang der dreißiger Jahre, ein seltener Luxus.

Was den Wagen für »Mutter Benz« anbetrifft, den wir ihr zum Geschenk machen wollen, so werden wir Ihrer Anregung gern folgen und auch diesen Wagen mit einer Radioanlage versehen; ebenso werden wir das Fahrzeug selbstverständlich allen übrigen in der Lieferung vorziehen. – Einer von vielen Briefen, wie sie nach dem Tod von Carl zwischen dem Vorstand in Stuttgart-Untertürkheim und dem Werkleiter in Mannheim gewechselt werden. Trotz aller Unterschiede geht es vor allem darum, wie man Mutter Benz eine Freude machen könnte.

Bertha liebt die knisternden Geräusche aus dem Radio und hört gern die aufgeregten, bedeutungsschweren Stimmen der Männer, die ihr erzählen, was so alles auf der Welt neben der ihren passiert. Dann lauscht sie vergnügt, während sie zum Einkaufen auf den Markt nach Mannheim gefahren wird oder zu ihren Töchtern. Das Unternehmen achtet zwar streng auf alle Kosten – aber bei Bertha Benz, da wird nicht gespart. Dafür sorgt allen voran Vorstandsmitglied Wilhelm Kissel, der seit 1904 bei Benz tätig ist und sich vom einfachen Korrespondenten bis an die Spitze von Daimler-Benz hochgearbeitet hat. Bei allen Stationen seines Aufstiegs machte er sich mit seinen bis ins kleinste Detail reichenden Sparmaßnahmen einen Namen. Doch Frau Benz ist die große Ausnahme, für sie ist das Beste gerade gut genug, selbst wenn schwere Zeiten durchgestanden werden müssen.

Als Wilhelm Kissel zu Beginn des Jahrhunderts in Mannheim anfing, hatte er den Firmenvater Carl Benz noch persönlich kennengelernt. Begegnungen, die ihn für sein weiteres Leben prägten. Obwohl der Altmeister vierzig Jahre älter war – Kissel wurde im Jahr 1885 geboren, als Carl Benz seine ersten Fahrversuche mit dem pferdelosen Wagen machte –, gibt es viele Gemeinsamkeiten: die Herkunft aus bescheidenen Verhältnissen, den frühen Kampf um Zugang zur Bildung. Beide interessierten sich von Kindesbeinen an für die Eisenbahn und wollten beruflich dort Fuß fassen, während die Mütter jeweils von einer Beamtenlaufbahn träumten. Benz und auch Kissel waren für ihren Fleiß bekannt, arbeiteten tagsüber hart und brüteten danach noch bis tief in die Nacht über neuen Ideen. Unerbittlich. Gewissenhaft. Nur eines zählte: Qualität. Doch während Carl Benz im Umgang mit seinen Mitarbeitern meist warmherzig und nachsichtig war, ähnelt Wilhelm Kissel in diesem Punkt eher Bertha. Wie sie ist er im Auftreten distanziert, agiert oft kühl und abweisend, zuweilen sogar schroff. Dabei ist er wie Bertha im Innern gutherzig. »Man musste die beiden nur näher kennen«, sagen die wenigen Freunde, die mehr wissen als nur flüchtige Bekannte.

Jetzt, in Berthas letzten Lebensjahren, sorgt sich Wilhelm

Kissel geradezu rührend um ihr Wohlergehen. Nie vergisst er, ihr zu schreiben, auch wenn er unmenschlich viel zu tun hat. Er fühlt sich der alten Dame verpflichtet. Und er leidet mit ihr, als das Werk in Mannheim die Pkw-Produktion nach Untertürkheim abgeben muss. Die schlechte Wirtschaftslage erfordert wieder einmal Streichungen. Ausgerechnet in Mannheim, wo Bertha über dreißig Jahre lang vom ersten kleinen Werkstattschuppen bis zur Großfabrik alles miterlebt hat. Jetzt wird in Mannheim nur noch montiert und repariert, ab 1930 schrumpft die Zahl der Mitarbeiter. Wie es ist, wenn ein Mann seine Arbeit verliert, weiß Bertha seit der Pleite von 1877. Sie leidet.

Oft schon hat sie sich vorgenommen, Wilhelm Kissel auf einer ihrer Reisen zur Familie nach Pforzheim oder zur Tochter nach Überlingen am jetzigen Produktionsort am Rand von Stuttgart zu besuchen. Doch sie schafft es nicht in das Werk, dessen Gründungsvater Daimler ist und das im Wettstreit um Aufträge mehr und mehr die Oberhand gegenüber dem Werk ihres Mannes gewinnt. Einmal offenbart sie sich in einem Brief:

Hochgeehrter Herr Direktor!
… Es war ein Sonntag geplant für eine Autotour, aber
»Untertürkheim« widerstrebte mir noch immer …
Mit dem tief empfundenen Wunsch, dass das Mannheimer Werk in seinen Mauern wieder neues Leben sehen möge und mir die Bitterkeit des Verlassenseins der großen Fabrik vom Herzen nimmt und ich in meinem Leben noch den Aufschwung erblicken dürfte, seien Sie für Ihre Tätigkeit, die schon so vieles fertigbrachte, in der Anerkennung Ihres Wirkens von Herzen bedankt …

Wilhelm Kissel schuftet, aber Wunder vollbringen kann er nicht. Die deutsche Wirtschaft ächzt noch immer unter den Reparationslasten des Versailler Vertrags und ist zusätzlich deprimiert durch den Börsenkrach unlängst in Amerika, der eine Weltwirtschaftskrise verursachte. Unzählige Kleinbürger und Aktionäre haben ihr gesamtes Vermögen verloren. Chaotische Zustände herrschen. Notverordnungen werden diktiert. Die Zahl der Arbeitslosen steigt rasant, in Viererreihen stehen sie vor den Ämtern. Viele wissen nicht mehr, wovon sie leben sollen, werden hilfsbedürftig.

Bertha Benz erfüllt das mit Sorge. Ihr Leben lang hat sie erlebt, wie befriedigend selbst eine noch so geringe Tätigkeit ist, mit der man wenigstens über die Runden kommen kann, und wie zermürbend dagegen das schleichende Gift der Aussichtslosigkeit. Weil sie die langen Schlangen vor den Stempelstellen des Arbeitsamts bekümmern, greift sie mit ihren über achtzig Jahren zur Feder und schreibt an einen Redakteur der *Ladenburger Presse*:

Sehr geehrter Herr Serr,
meine Frage ist: Hat Ladenburg eine Volksbibliothek?
Wenn ja, so ist Weiteres erledigt. Wenn aber nicht, so
möchte ich Sie bitten, mit meinen als Grundstock anzusehenden Beiträgen von Zeitschriften und Büchern
baldigst eine ins Leben zu rufen. Mir sind die vielen
jungen Leute, die durch Arbeitslosigkeit die Tagesstunden nur mit Bummeln zubringen, so leid. Nun
denke ich mir, ein Buch mit unterhaltsamem und belehrendem Inhalt dürfte sicher angebracht und auch
willkommen sein. Wollen Sie mir helfen, diese Sache
ins Leben zu rufen? Eine mündliche Aussprache hierüber wäre mir angenehm, ich bin, wie es Ihre Zeit und

Beruf erlaubt, zu jeder Zeit, auch nach 20 Uhr abends,
zu sprechen und werde mich bemühen, Ihre Zeit nicht
allzu lange in Anspruch zu nehmen …

Allmählich ändert sich etwas. Immer häufiger durchqueren jetzt gepflegt und manierlich aussehende Männer mit energischen Schritten die Straßen. Das fällt auf, vor allem im Vergleich mit den Bildern der Elendstage. Die Haare akkurat geschnitten, über den Ohren kurz rasiert. Die Mienen bedeutungsvoll. Entschieden. Die meisten tragen fein gebügelte Hemden, hellbraun mit passender dunkler Krawatte, dazu luftige Hosen, in schwarze, blank gewienerte Stiefel gesteckt. Andere erscheinen in Uniformjacke und mit Schirmmütze auf dem Kopf – am linken Arm jeweils eine rote Binde, auf der in einem weißen Kreis ein Hakenkreuz zu sehen ist. Manche dieser neuen Herren begehren Einlass bei »Mutter Benz«, die schließlich einen Empfangsraum für Besucher im Erdgeschoss der großen Villa einrichtet. Ein kleines Museum mit Fotos, Fahnen, Ehrungen und einer Büste ihres Mannes. Dort begrüßt sie ab und an die vor Begeisterung geradezu glühenden Burschen.

Wie unerschrocken, wie willensstark, wie tapfer ihr Mann all die Kampfesjahre gemeistert habe, hallt es an einem dieser Besuchstage durch den Raum. Dieser wahrhaft deutsche Mut. Diese deutsche Tatkraft. Dieser deutsche Wille zum Durchhalten. Jawohl! Heldenhaft sei das!

Bertha Benz, mittlerweile eine feingliedrige alte Großmutter mit schlohweißem Haar, horcht auf, zieht die linke Augenbraue hoch und blickt erstaunt: »Ach ja«, erwidert sie nach längerem Schweigen. Sorgfältig schaut sie sich jeden Einzelnen im Zimmer an und fährt fort: »Wie soll ich es ausdrücken … Mein Mann, Dr. Carl Benz, war nicht so … markig … wie Sie. Er wurde sogar verhöhnt und verspottet.«

Bertha Benz in einem Zimmer ihrer Villa, das sie zum Gedenken an den Autoerfinder (Büste vorne links im Bild) wie ein kleines Museum einge-richtet hat.

Danach schweigt sie wieder eine Weile und begibt sich mit ihren Gedanken auf eine Reise in die Vergangenheit. Etwas zusammengesunken sitzt sie dabei auf ihrem Stuhl, mur-melt leise Sätze der Erinnerung, fast nur zu sich selbst.

Daraufhin ergreift einer der wackeren Männer das Wort: »Deutsche Helden werden verunglimpft. Bekannt. Nicht mehr lange, Mutter Benz!« Ein anderer tönt mit klarer, lauter Stimme: »Lobenswert, wie aufrecht unser deutscher Meister Carl Benz für den deutschen Fortschritt, für die deutsche Kraftfahrt geradestand – siegreich vor der ganzen Welt. Bahnbrechend!« Dann wirft ein anderer Armbindenträger ein: »Er ist unser Stammvater im Geiste!« Dabei schaut er auf die Büste von Berthas Mann, schlägt die Hacken zusammen, als wollte er salutieren. Danach feuert er seine Sätze wie Schüsse ab. Nach jedem dritten Wort ein Stiefelschlag: »Stammvater im Geiste!« Zack! »Hart im Nehmen!« Zack! »Ein herausragender Ehrenmann!« Zack! »Vorbild der Volksgemeinschaft!« Zack! »Sie, treue Helferin!« Zack! »Eine deutsche Mutter!«

Irritiert schaut Bertha auf die knallenden Schuhe, staunt, wie zackig die glänzend geputzten Stiefel im strengen Rhythmus auf den braunen Eichenholzboden stampfen; erwartet den nächsten Knall. Aber der junge Mann in Uniform sagt nichts mehr, stiert sie stattdessen wie besessen an. Todernste Blicke. »Eine deutsche Mutter«, wiederholt Bertha flüsternd und schüttelt ein wenig den Kopf. Das klingt seltsam, abartig. Vielleicht aber ist sie inzwischen zu alt für diese neue Zeit? Dennoch, diese Gedanken wirken nicht erhellend, eher wie Geschosse. Die Worte sind die Munition. Wiewohl, die Anerkennung für ihren verstorbenen Mann, das gefällt ihr. Und das Wort »Held« für Carl, das war in der Tat nicht unpassend, so, wie er gegen alle Widerstände gerackert und immer wieder durchgehalten hat. Aber der Rest dieses Auftritts? Verwirrend. Nicht einzuordnen.

Erstaunlich flink steht Bertha deshalb auf: Sie müsse sich entschuldigen. Die Mitte des Tages sei erreicht. Sie brauche etwas Ruhe nach dieser Aufregung. Die Männer im Raum nehmen Haltung an und bilden ein Spalier: »Ein dreifaches Heil – auf das neue Deutschland!«, rufen sie im Chor, strammstehend vor der schmächtigen Dame, die durch das Alter ein wenig gebeugt geht und mit der linken Hand leicht abwinkend an ihnen vorbeipassiert. Wie gewöhnlich trägt sie auch heute wieder ein schlichtes, dunkles Alltagskleid, bei dem sie jeden zweiten oder dritten Tag den weißen

Spitzeneinsatz wechselt. »Nein«, raunt sie abschließend mit gedämpfter Stimme, »das Laute und Donnernde behagen mir nicht.« Aber diese Männer, voller Energie und Tatendrang, die sie an ihre früheren Tage erinnern und sogar an ihre Tändelei mit Baron von Liebieg – wie er haben sie ihr Ziel fest vor Augen –, ja, das gefällt ihr. Das verdient ihren Respekt. Ebenso wie dieser Adolf Hitler, der diese Bewegung der Armbindenträger wohl maßgeblich mitbegründet hat und jetzt die Macht in Deutschland ergreift.

Sie hat das alles nur am Rande mitbekommen, weil sie politischen Vorgängen gemeinhin kaum Beachtung schenkt. Aber Hitlers erste Regierungserklärung hat sie sich im Radio angehört. Aussichtsreiche Worte sprach er, findet sie: »So wird es die nationale Regierung als ihre oberste und erste Aufgabe ansehen, die geistige und willensmäßige Einheit unseres Volkes wiederherzustellen. Sie wird die Fundamente wahren und verteidigen, auf denen die Kraft unserer Nation beruht. Sie wird das Christentum als Basis unserer gesamten Moral, die Familie als Keimzelle unseres Volks- und Staatskörpers in ihren festen Schutz nehmen.« – Moral. Familie. Christentum. Nach dem Durcheinander der Weimarer Republik endlich wieder: ein Volk. Ein Reich. Ein Führer. Und außerdem wandelt sich mit dem neuen Reichskanzler erfreulicherweise auch die Einstellung zum Kraftfahrzeug. Adolf Hitler hat die Bedeutung der Mobilität für seine Wahlkämpfe erkannt. Nur mit Hilfe von Auto und Flugzeug gelang es ihm, so viele Menschen an so vielen verschiedenen Orten in ganz Deutschland zu erreichen, nahezu omnipräsent zu sein. Diese neuen Verkehrsmittel nützen ihm vielfältig, sie lassen ihn modern und fortschrittlich erscheinen.

Die Kraft der Motoren symbolisiert seine Kraft. Auch er kann viel bewegen. Und der Glaube an das überlegene Potenzial deutscher Technik soll sich auf das ganze Volk übertragen, es mobil machen. Die hohe und kraftverkehrsfeindliche Luxussteuer für Automobile wird abgeschafft, ein Pforzheimer als Generalinspektor für den deutschen Straßenbau benannt. Der soll jetzt die bereits in der Weimarer Republik geplante Reichsautobahn mit Tausenden Kilometern Strecke umsetzen. Merkwürdig nur, dass die Nationalsozialisten einst, als sie noch nicht an der Macht waren, zusammen mit den Kommunisten dagegen gestimmt hatten. Aber offenbar sind diese Nazis lernfähig, denn mit den neuen Autobahnen wollen sie jetzt die deutschen Wirtschaftszentren vernetzen. Dass dabei ganz nebenbei neue Aufmarschwege für das Militär entstehen, entgeht Bertha. Für ihren Alltag ist von Bedeutung, dass das Auto, das ihr Mann vor über fünfundvierzig Jahren erfand, vorangebracht wird.

Auch an einer neuen »Reichs-Straßenverkehrs-Ordnung« wird gearbeitet, weil die aus dem Deutschen Kaiserreich von 1909 längst von den Entwicklungen der letzten Jahre überholt worden ist und ein Dickicht an ergänzenden Regeln die Verkehrsteilnehmer gänzlich verwirrt. Vor allem aber werden einheitliche Verkehrsschilder beschlossen.

»Fanget an!« oder »Wir packen es an!«. Solche Sätze von Adolf Hitler hört Bertha gern. Für jeden, wirklich jeden Menschen zu begreifen. Schnell eingängig. Leicht einprägsam. Wie oft hat sie sich selbst nach Rückschlägen und Niederlagen mit solchen Parolen wieder aufgerappelt. Und dieser Mann in Berlin scheint kein Schwätzer zu sein. Jeder kann sehen, dass seinen Worten Taten folgen. Adolf Hitler – ein eher kleiner Mann, der die Inszenierung auf der großen Bühne genauso liebt wie den Auftritt im Alltag mit dem Spaten in der Hand. Posieren nämlich kann er. Im Radio verfolgt Bertha, dass Frauen bei seinen Reden hysterisch kreischen. Doch heißt es nicht: Klappern gehört zum Handwerk? Gewiss, Carl fand diese Redewendung abgeschmackt. Aber sie hätten weniger Sorgen gehabt, hätte er sich besser aufs Klappern verstanden.

Wie raffiniert dabei im Hintergrund die Propagandamaschine agiert, wie man Hitler nach unendlich vielen Versuchen so in Szene setzt, dass man ihm verfallen kann, davon hat Bertha wie viele ihrer Landsleute nicht den Hauch einer Ahnung. Sie sieht die Fotos in der Zeitung, erkennt aber nicht, dass sie gezielt von unten aufgenommen sind, um »den Führer« mächtig erscheinen zu lassen. Sie bemerkt den forschen Blick zur Seite, nimmt aber wie viele andere nur als unbewusste Botschaft wahr, dass er auf diese Art zukunftsweisend wirkt.

Ebenso effektvoll werden Arbeitslose mit Schaufeln ausgestattet: »Wir gehen nicht stempeln, wir bauen Straßen«, lautet das Motto, das Bertha behagt. Auch ein Wagen fürs Volk kommt ins Gespräch. Wer es schaffe, fünf Mark die Woche zu sparen, habe bald sein Auto vor der Tür, schreiben die Zeitungen. Alles mehr Schein als Sein. Die Autobahnen werden unter widrigsten Umständen gebaut, zwar anfangs von Arbeitslosen, aber dann mehr und mehr von Lagerinsassen. Und die »Volkswagen«, für die eine eigene »Kraft durch Freude«-Stadt aus dem Boden gestampft wird, erreichen unter Hitler nie die Massen. Die geplante Produktion wird bald auf Kübel- und Schwimmwagen für das Militär umgestellt, um für den Krieg gerüstet zu sein. Doch dass es sich so entwickeln würde, damit haben Bertha und viele ihrer Mitbürger in diesen Tagen nicht gerechnet.

Es dauert nicht lange, bis die Propagandamaschine die Benzens für ihre Zwecke entdeckt. Ein riesiges Medienspektakel wird für Ostern 1933 organisiert: die Einweihung eines Denkmals für den Autoerfinder Carl Benz. Den Gedanken, ihn mit einem Denkmal zu ehren, hatte die beste

Freundin von Bertha, Elisabeth Trippmacher, schon zu Lebzeiten von Papa Benz mehrfach geäußert. Das schrieb sie an den Bürgermeister von Ladenburg, dafür warb sie bei Daimler-Benz, dazu kontaktierte sie Autoverbände. So wurde ein Entwurf bereits in den zwanziger Jahren angefertigt. Einzig über die Finanzierung und den Standort herrschte lange Uneinigkeit. Schließlich fällt die Entscheidung zugunsten Mannheims. Die imposante Augusta-Anlage gegenüber vom Friedrichspark wird als prominenter Platz gewählt. Eine zentrale, mehrspurige und vielbefahrene Straße in Richtung Heidelberg beginnt just hier. Bertha Benz begrüßt die Wahl, sie hatte sich eigens dafür eingesetzt: »In Ladenburg gibt es das Grabmahl, das reicht.« Das Denkmal solle lieber in der größeren, vielbesuchten Stadt Mannheim aufgestellt werden.

Noch während man in den Vorbereitungen zur Einweihung steckt, zeigen die neuen Machthaber ihr wahres Gesicht – auch in Mannheim und Ladenburg. Weil sich der sozialdemokratische Oberbürgermeister im März 1933 weigert, eine *Hakenkreuzfahne* am Mannheimer Rathaus hängen zu lassen, wird er von den Nazis öffentlich misshandelt und blutig geschlagen. Unbarmherzig. Mitleidslos. Zack! Danach muss Dr. Hermann Heimerich erst ins Krankenhaus, dann in die sogenannte »Schutzhaft«, schließlich wird er abgesetzt. Wer sich dem Willen der neuen Herren widersetzt, hat verloren. Um den Zusammenhalt des deutschen Volkes zu stärken, wird gemeinsam gesungen, gemeinsam gefeiert und aufmarschiert. Wer nicht mitmachen will oder nicht dazugehört, taugt nichts, wird ausgegrenzt. So wie die Juden: »Diese Schmarotzer, Schädlinge, Volksfeinde«, die boykottiert gehören, appellieren die Nationalsozialisten. Zack! »Deutsche, wehrt Euch! Kauft nicht bei Juden!«, brüllt es durchs Land.

In Ladenburg dringt der Aufruf für den 1. April 1933 in offene Ohren. Im vorauseilenden Gehorsam beginnt man schon am 29. März, mit den ersten Arisierungsmaßnahmen. Kein Bürger soll mehr bei Juden wie Julius Kaufmann sein Geld lassen, bis dahin das größte jüdische Geschäft am Ort. Selbst das jahrelange soziale Engagement der Familie Kaufmann, die eine Stiftung für Witwen und Kriegsgefangene gegründet hatten und Bedürftige mit Mahlzeiten versorgten, zählt nicht mehr. Kaum einer traut sich, noch bei Juden zu kaufen, manch einer freut sich sogar, dass er seine offenen Ratenzahlungen nicht mehr begleichen muss. Wie auch in anderen Orten Deutschlands werden die deutschen Staatsbürger jüdischen Glaubens zum Aufgeben gezwungen, mit Berufsverboten belegt, zu Zwangsverkäufen veranlasst. Das passiert in Ladenburg wie andernorts ohne nennenswerten Widerstand. Bertha bemerkt, wie sich in der Zeitung der Ton wandelt. Über jüdische Mitbürger wird nicht mehr berichtet, es sei denn, man hetzt über Krummnasige, die frech werden wollen.

Mit blitzartiger Geschwindigkeit verwandelt sich Deutschland in einen Terrorstaat, der von Tätern, Mitläufern, Duldern und nur wenigen Widerständigen bevölkert wird. Alternative Parteien werden verboten, abweichende Presse gleichgeschaltet oder eingestellt – die Demokratieversuche der Weimarer Republik sind gescheitert.

Obwohl sich Bertha Benz eigentlich nicht um Politik kümmert, die politischen Vorgänge im kleinen Städtchen Ladenburg können ihr nicht verborgen geblieben sein. Überliefert ist allerdings nur Persönliches. Überliefert ist, dass am 8. April 1933 Berthas Schwiegersohn Karl Volk kurz vor seinem siebenundfünfzigsten Geburtstag starb und damit alle ihre drei Töchter Witwen waren. Überliefert ist auch, dass sie in diesen Apriltagen des Jahres 1933 unglaublich ergriffen gewesen ist, weil die Ostertage zu Carl-Benz-Gedächtnistagen erklärt wurden anlässlich der Denkmaleinweihung in Mannheim. Das genießt sie:»Ich freue mich«, sagt sie mit bebender Stimme zu einem Radioreporter, der ihre Worte für die Nachwelt festhält.

Am 14.April 1933, es ist Karfreitag, zwei Wochen nach dem Boykottaufruf gegen die jüdischen Mitbürger, beginnt das lange Feierwochenende. Bertha Benz wird als erste Frau zur Ehrenbürgerin der Stadt Ladenburg ernannt. Ihrem Mann war diese Ehre 1926 schon zuteilgeworden. Auch Adolf Hitler und Paul von Hindenburg erhalten an diesem Tag die Ehrenbürgerwürde der Stadt. Am Karsamstag wird eine Gedenktafel für Carl Benz an ihrer Villa angebracht.

Höhepunkt aber sind die Einweihungsfeierlichkeiten am Ostersonntag in Mannheim, zu denen sich auch Adolf Hitler angekündigt hat. Doch er sagt kurzfristig ab – wegen Überarbeitung, wird berichtet. Er grüßt mit einem Telegramm:

Leider an der Teilnahme Carl-Benz-Feier verhindert, übermittle ich Ihnen anlässlich dieser Ehrung des großen Pioniers meine besten Glückwünsche. Die deutsche Automobilindustrie muss wieder den Platz erhalten, der ihr nach der ruhmvollen Vergangenheit zukommt. Möge Carl Benz als Wegbereiter dabei niemals vergessen werden.

Solche Worte finden Berthas Beifall. Aufatmen. Endlich scheinen fünfzig Jahre Ringen um den pferdelosen Wagen in die richtigen Bahnen zu kommen, werden anerkannt als die Leistung eines großen Deutschen.

»Der Siegeszug des deutschen Kraftwagens!«, schreit es nun auch am Ostersonntag aus den Lautsprechern in Mannheim. »Heil!«, grölt eine beträchtliche Menge. »Heil

Hitler!« Die Straßen rund um die Augusta-Anlage sind von Tausenden Schaulustigen gesäumt. Die Häuser dahinter mit wallenden Hakenkreuzfahnen geschmückt. Jedes Fenster ist mit Neugierigen besetzt. Hunderte winken von Balkonen. Von oben betrachtet, ähnelt der Platz um das Denkmal dem Gewimmel eines Ameisenhaufens. Die Karten für die besten Stehzonen sind längst ausverkauft. Die Schutz- und Ordnungstruppen bilden eine Absperrung, um die Herbeidrängenden im Zaum zu halten. Wer nicht pariert, lernt den Knüppel kennen. Zack! Dazu strahlt schönstes Osterwetter. Ballons schweben in der Luft. Fliegergeschwader kreisen über den Köpfen. Fahnen und Wimpel der wichtigsten Automobilverbände wehen. Gegen Mittag kündet ein ohrenbetäubendes Knattern der SA-Motorradstaffel den Beginn der Veranstaltung an.

An der Spitze des historischen Autokorsos reiten Polizisten, die gleichsam noch einmal die Entwicklung vom Pferd hin zur Benzinkutsche aufzeigen. Und hinter den Reitern rollen drei glänzende Automobile in Deutschlands neuen Farben: Schwarz, Weiß und Rot. Ihnen folgen die alten vor sich hin fauchenden Fahrzeuge mit Männern und Frauen in historischen Kostümen, mit großen ausladenden Hüten und viel Spitze, so wie in der Anfangszeit der Stinkekarren, und Bertha erinnert sich, dass sie einst genauso ausgesehen hat. Am Schluss der Parade grüßen zur Begeisterung der jubelnden Massen die prominenten Rennwagenfahrer von Mercedes-Benz, Rudolf Carraciola und Manfred von Brauchitsch.

Das monumentale Denkmal ist noch mit weißem Stoff verhüllt. Davor ist die Rednerbühne aufgebaut, wo Verkehrsminister Elz von Rübenach, ehemals Präsident der Reichsbahndirektion Karlsruhe, und einige Vertreter der Automobilbranche ihre Reden halten werden. Auch Eugen

Bertha Benz mit dem Ehrenbürgerbrief der Stadt Ladenburg im Jahr 1933.

Benz hat eine kleine Ansprache vorbereitet. Bertha sitzt auf der Ehrentribüne. Bewegt. Und aufgeregt.

Viele gewichtige Worte werden an diesem Tag gesprochen: vom deutschen Erfindergeist und wie sich Carl Benz mit Fleiß vom einfachen Arbeiter zum Industriellen emporgearbeitet habe; wie er vom Schlachtfeld der gewaltigen Vorurteile am Ende als Sieger hervorgegangen sei. Ja, passend zum Ostersonntag ist sogar die Rede davon, dass er, zunächst am Boden liegend, wiederauferstanden sei. Auch Deutschland – jetzt noch verarmt, geknebelt und innerlich zerrissen – werde so wie einst Carl Benz wiederauferstehen. »Heil! Heil Deutschland!«, akklamiert es begeistert. Dazu ein vielfacher Hackenschlag. Zack! Wie überhaupt die deutsche Technik einen Siegeszug rund um die Welt antreten werde. Wehrkraft und Wirtschaft hingen dabei von der Leistungskraft des Motors ab. Der Motor des Menschen, das Herz, schlage fürs Vaterland! »Heil! Sieg Heil! Heil!«, jubeln die Massen. »Unser Stammvater Carl Benz soll unser Vorbild sein – lasst uns von der Einheit des Geistes und des Willens getragen sein. Auch Mutter Benz gilt unser Gruß. Ein Symbol deutscher Treue und deutscher Mütterlichkeit.« Bilde auch Deutschland so eine Einheit aus Willen und Geist. Nur dann werde es ebenso siegreich sein. Einigkeit und Treue, daran zerschellten alle Zerstörungskräfte. Zack! »Heil – neues Deutschland, heil!«

Hätte Carl das noch erleben können, denkt Bertha, und Tränen der Rührung rollen unkontrolliert über ihre Wangen. Nur leise meldet sich ein mulmiges Gefühl. Sie übergeht es. Der Stolz über die Verehrung für ihren Mann und sie ist mächtiger. Endlich Anerkennung! Vertreter aus aller Welt haben Glückwünsche geschickt. Und ja, es stimmt doch, es gab gewaltige Schwierigkeiten, von denen man sich heute gar nicht mehr vorstellen kann, dass sie je bestanden haben.

Überwunden. Vergessen. Zum ersten Mal wird Bertha Benz an diesem Tag öffentlich erzählen, wie vor über fünfzig Jahren der Gerichtsvollzieher mit dem Pfändungsbeschluss in der Hand ihrem Mann keine einzige Bohrmaschine mehr gelassen hat und dass er die Brustleier nehmen musste, wenn er bohren wollte, und welchen Albdruck ihr das verursacht habe. Heute aber funkelt das unter Mühen geschaffene Lebenswerk wie ein geschliffener Diamant. Und die Hoffnung, die aus der Anerkennung hervorsteigt, glitzert. Selbst Bertha Benz leuchtet. Tief gerührt und überwältigt spricht sie: »Es ist mir eine Herzensfreude ... am Schlusse meines Lebens stehend, ist es ein sonniger Freudenstrahl der Abendsonne.« Auch das wird übers Radio zu hören sein.

Als schließlich der weiße Stoff von dem noch verhüllten Denkmal gezogen wird, geht ein Murren durch die Menge. Hier und da ein schallendes Lachen, das von der nächsten Festansprache wieder erstickt wird. Auch Bertha kann sich in Anbetracht der Kittelfigur auf dem Monument, die ihren Mann darstellen soll, einen Scherz nicht verkneifen. »So ein Nachthemd trug er nie!«, kichert sie leise. »Er ging auch nie barfuß.« Dabei hatte sich der Künstler Max Laeuger mit seiner Bildsprache bewusst nicht am Original, sondern an antiker Monumentalkunst orientiert, insbesondere an der ägyptischen und assyrischen Zeichensprache. Damit wollte er den Autopionier zeitlos erscheinen lassen. Klassisch. Über die Jahrhunderte hinweg gültig. Er wollte unprätentiöse, schlichte Schönheit zeigen. Größe einfach darstellen. Das sollte der Person des Erfinders Würde verleihen. Doch das Publikum in Mannheim versteht es nicht und lästert weiter: Der Wagen sehe wie ein kindliches Gekrakel aus, und auch die Proportionen stimmten nicht. Die Gestalt neben dem primitiv dargestellten Fahrzeug sei geradezu riesenhaft.

Alles ein Ausdruck des unerträglichen Kunstbolschewismus ... Entartet! Entartete Kunst ... So etwas gehöre beseitigt. Noch Wochen nach der Denkmaleinweihung halten die Diskussionen an.

Das Festbankett im Rittersaal des barocken Mannheimer Schlosses mit Männerchor, Streichorchester und Arien aus Wagneropern wie *Tannhäuser* und *Lohengrin* findet hingegen mehr Gefallen.

Die von den Nationalsozialisten groß inszenierte Denkmaleinweihung für Carl Benz in Mannheim, Ostern 1933.

Noch voll des Dankes für dieses Gedenkwochenende für ihren verstorbenen Mann wird Bertha Benz wenige Monate darauf zusammen mit sechzig anderen Ladenburger Bürgern einen Wahlaufruf für Adolf Hitler in der *Neckar-Bergstraßen-Post* unterschreiben. Mit besten Absichten. Arglos an das Gute glaubend. Das Böse ausblendend. Auch ein jüdischer Arzt, der später seine Praxis abgeben muss, meldet sich für den Aufruf:

Nach einer schweren Zeit der Not, des Klassenkamp-
fes und des Bruderstreites ist es der Regierung Adolf
Hitler gelungen, den Frieden des Volkes im Inneren
herzustellen. Heute weiß jeder Deutsche, dass gegen-
seitiges Bekämpfen uns nicht vorwärtsbringen kann,
sondern gemeinsames Zusammenarbeiten unter der
Führung Adolf Hitlers und im Vertrauen auf Gottes
Segen. Es gilt aber jetzt am 12. November nach außen
hin durch den Volksentscheid und nach innen durch
die Reichstagswahl zu zeigen, dass das deutsche Volk
gewillt ist, mit Adolf Hitler das Werk des politischen,
kulturellen und wirtschaftlichen Aufbaus mit ver-
einten Kräften zu beginnen und zu fördern. Innerhalb
weniger Monate ist es dem Nationalsozialismus gelungen, alte Gegensätzlichkeiten innerhalb unseres
deutschen Volkes zu überbrücken und einen bedeuten-
den Schritt vorwärtszugehen in dem friedlichen wirtschaftlichen Aufbau unserer Nation. Der 12. November 1933 ist der Schicksalstag des deutschen Volkes. Er
muss das Volk in einer noch nie dagewesenen **Einheit**
sehen. Diese Einheit ist das Fundament des Aufbaus
im Inneren und nach außen hin. Deswegen, Deutsche
Volksgenossen und deutsche Volksgenossinnen, erscheint **Alle** an der Wahlurne und gebt eure Stimme
dem Volks- und Friedenskanzler Adolf Hitler. Keiner
fehle; tue jeder seine Pflicht! Seid keine Saboteure des
deutschen Aufbaus! Denkt, dass am 12. November das
Schicksal eurer Kinder und Kindeskinder entschieden
wird. Seid einig!
Gebt eure Stimme Adolf Hitler und dem Nationalsozialismus. Kämpft für den Frieden der Ehre und der
Gleichberechtigung.
Ladenburg am 10. November 1933

Unterzeichnet vom Bürgermeister, von etlichen Gemeinderäten, zwei Stadtpfarrern, einigen Fabrikanten und Landwirten, Bankiers und Ärzten, Lehrern und Rektoren. Auch der Name der Schriftstellerin und Benz-Freundin Elisabeth Trippmacher steht unter dem Wahlaufruf. Nicht dabei sind Eugen und Richard Benz.

So etwas wie Unterstützung durch einen Wahlaufruf brauchten die Nazis dabei gar nicht mehr. Die letzten freien Wahlen im März 1933, bei denen die NSDAP 43 Prozent der Stimmen erhielt, waren schon keine freien mehr, Parteigegner bereits durch die braunen Schlägertrupps, die SA, eingeschüchtert. Danach wurde der Terror gegen Andersdenkende brutaler. Ende Juni lösten sich die letzten Parteien von selbst auf, nachdem ihre wichtigsten Vertreter entweder in »Schutzhaft« genommen worden waren oder in weiser Voraussicht des Kommenden das Land verlassen hatten. Wenige Wochen danach erließen die Nazis ein Gesetz, das die Neubildung von Parteien verbot. Dass es bei den Wahlen am 12. November 1933 für das auf tausend Jahre geplante Reich 92,2 Prozent Jastimmen gibt, ist also kein Wunder. Der Terror einer Diktatur zeigt Wirkung.

Bertha Benz zieht sich mehr und mehr aus der Öffentlichkeit zurück. So gut wie nie trifft man sie auf den Ladenburger Straßen. Nur ab und zu steht sie am Fenster und schaut in die Ferne. Wenn sie einkaufen möchte, lässt sie sich von ihrem Chauffeur nach Mannheim fahren. Den Rest erledigt das Personal. Ihrer Sonderrolle als Frau des berühmten Dr. Carl Benz ist sie sich durchaus bewusst. Will sie jemanden sprechen, wird die Anfrage auf feinem weißem Briefpapier über die Straße geschickt. Auch von ihren Verwandten erwartet sie, dass sie ihre Besuche schriftlich anmelden.

Großzügig und spendabel wird sie auch im Alter nicht.

Geschichten über ihre Knauserigkeit machen die Runde. Wenn Kinder aus ihrem Garten einen Apfel mopsen wollen, springt sie wie ein Wiesel aus ihrer Villa und verscheucht sie: »Macht, dass ihr heimkommt! Eure Mutter hat schon das Essen gekocht!« Greifen die Knirpse trotzdem über den Zaun, droht sie mit ihrem Krückstock Prügel an. Es dauert nicht lange, bis sich der Ladenburger Nachwuchs einen Spaß daraus macht und Großmutter Benz absichtlich provoziert, mit vorgetäuschten Versuchen, ihr das Obst stehlen zu wollen. Und sie lässt sich herausfordern, erscheint dann genauso flink und verärgert wie erwartet: »Ihr bösen Bongard, furchtbare Lausbuwe!«, kräht sie empört. Und wenn im wilden Fußballspiel aus Versehen ein Ball, aus einem alten Fahrradschlauch oder alten Zeitungen gebastelt, in den Benz-Park fällt, kommt Bertha wieder mit dem Stock bewaffnet und schimpft; gibt das Ballspielzeug aber nicht zurück.

Da müssen die Kinder auf Richard Benz warten, der als Junggeselle – inzwischen fast sechzig – auch in der Villa wohnt. Schaut Bertha nicht hin, wirft er das Spielzeug zurück auf die Straße oder verschenkt einen Apfel, weil er an den fröhlichen Jungen immer noch seine spezielle Freude hat. Auch Tochter Clara ist mit ihrem jüngsten Sohn Herbert wieder ins Elternhaus gezogen, nachdem sie 1922 Witwe geworden war und durch Inflation und Wirtschaftskrise ihr ganzes Geld verloren hat.

Am besten aber kennt Georg Hessenthaler Bertha Benz in diesen Jahren. Kaum fünfzehnjährig, hatte er vor vielen Jahren eine Schlosserlehre bei C. Benz Söhne angefangen, inzwischen ist er Berthas Chauffeur. Auch seine Frau arbeitet zeitweise in der Villa Benz. »Ja, sie hatte ein kampfesfreudiges, aggressives Wesen«, wird er später berichten. Aber wenn andere sagten, sie sei eine Furie, Kratzbürste oder böse Fee gewesen, dann sei das ungerecht: »Sie war einfach eine sehr konsequente Frau.« Und wie zum Beweis hat er sofort eine Anekdote parat: »An einem Sonntag wollte ein Zeppelinflieger einen Kranz auf das Grab von Carl Benz abwerfen. Bertha hatte sich aber in der Zeit verschätzt. Weil sie nicht zu spät kommen wollte, gab sie das Kommando, schnell zu fahren. Doch in einer bedrohlichen Kurve kam das Auto ins Rutschen, rollte plötzlich nur noch auf zwei Rädern und drohte umzukippen. Da fing die Freundin, die mitfuhr, fürchterlich zu meckern an.« Aber Bertha habe ihn in Schutz genommen: »Ich habe ihm gesagt, er soll schnell fahren, und da ist er schnell gefahren!« – »So war diese Frau, eine korrekte und gerade Linie.«

Auch die Enkel erinnern sich daran, dass Großmutter Benz immer alles gerecht aufteilte. Wenn sie Ostern die Eier versteckte und jedes Kind im Park suchen durfte, jedoch nicht jedes von ihnen gleich viel fand, sammelte sie am Ende alles wieder ein, um es danach zu gleichen Teilen unter allen zu verschenken.

Im Mai 1934 feiert Bertha Benz ihren fünfundachtzigsten Geburtstag. Glückwünsche aus ganz Deutschland und dem Ausland treffen ein. Prominente Gratulanten erscheinen in Ladenburg: Vertreter des Staates, der Automobilindustrie, von Autoverbänden und natürlich die Geschäftsleitung von Daimler-Benz. Auch Paul Daimler, der Sohn von Gottlieb Daimler, ist unter den Ehrengästen. Eine besondere Geste, wo zwischen Benz- und Daimler-Leuten doch ansonsten ein Konkurrenzverhältnis herrscht. Er schenkt ihr fünfundachtzig rote Rosen, ein riesengroßer Strauß, und Bertha ist gerührt, muss noch einmal an die sechs roten Rosen denken, die ihr Carl einst zu ihrem sechzigsten Geburtstag geschenkt hatte. Sie stellt das üppige Blumenbouquet in ihr Museumszimmer, auch Carl soll Freude daran haben.

In einer ruhigen Minute, von den anderen unbeachtet, spricht Paul Daimler Bertha an. Sie wisse doch auch, dass ihr Mann und sein Vater sich zu ihren Lebzeiten getroffen haben. Vermutlich schon 1896 bei der gerichtlichen Auseinandersetzung zur Nutzung der Glührohrzündung, ganz sicher aber 1897 bei der Automobilausstellung in Berlin.

»Ja«, antwortet Bertha, »begegnet schon, aber kein weiteres Wort als eine karge Begrüßung haben sie miteinander gesprochen.« Und die Geschichte, die beiden Autopioniere seien sich nie begegnet, höre sich für viele faszinierender an als die Tatsachen. Vielleicht solle man es dabei belassen.

Ganz Ladenburg trägt an Berthas Geburtstag Flaggenschmuck. Nach einer Kranzniederlegung und Schweigeminute am Grab von Carl Benz startet wieder einmal ein Festzug mit geschmückten historischen Wagen. An der Spitze marschiert musizierend die Werkskapelle von Daimler-Benz, das Einzige, was sich Bertha gewünscht hat. Die Hitlerjugend trägt dahinter die Fahnen. Wieder erhält sie, noch immer die Königin, einen neuen Wagen. Und der Präsident des Schnauferl-Clubs, Senator Willy Vogel, überreicht der Jubilarin eine nach eigener Zeichnung angefertigte Brosche aus Gold und Edelsteinen. Enkelin Anneliese Benz, kurz Aly genannt, die noch immer von einer Künstlerkarriere träumt, wird ein paar Lieder singen und damit zumindest das Herz ihrer Großmutter erwärmen.

Adolf Hitler schickt ihr ein handsigniertes Foto. Bertha bedankt sich auf handgeschöpftem Büttenpapier:

Hochgeschätzter Herr Reichskanzler!
Im Innersten tief bewegt, möchte ich Ihnen ganz besonders herzlich für das Bild mit Ihrer mir so wertvollen Unterschrift danken. Keine größere Freude hätte

Geburtstagskaffee im Garten der Benz-Villa. Sitzend (v. l. n. r.): Elisabeth Trippmacher, Bertha Benz und Paul Daimler; dahinter stehend: Eugen Benz, Wilhelm Kissel (4. v. l.) und neben ihm Richard Benz.

mir an meinem 85. Geburtstag zuteilwerden können, als dies durch Ihre liebenswürdige Aufmerksamkeit geschah. Dieses Bildnis unseres geliebten Führers und Retters Deutschlands wird in meinem Hause einen festen Ehrenplatz erhalten.

Nehmen Sie, hochgeehrter Herr Reichskanzler, den tief gefühltesten Dank einer alten Frau entgegen, die in Ihrem selbstlosen Wirken schon so viele Wünsche unseres deutschen Volkes erfüllt sieht und die ihren Lebensabend mit der Befriedigung beschließen kann, dass Deutschlands Wohl endlich in sicheren Händen liegt.

Gottes Segen möge Sie auch fernerhin begleiten!
Heil unserem Deutschen Vaterland!
In aufrichtiger Verehrung
Frau Bertha Benz
Ladenburg, Mai 1934.

Noch im selben Sommer bricht Bertha Benz zu einer langen Reise auf, was ungewöhnlich für sie ist. Bislang fuhr sie nicht viel weiter als nach Pforzheim oder München. »Ich will reisen, will die Welt sehen, wo sie schön ist«, sagt sie zu ihrer jüngeren Freundin Elisabeth Trippmacher und bittet sie, mitzukommen, chauffiert von Georg Hessenthaler. Bertha möchte das aufblühende Deutschland sehen, und insgeheim zieht es sie noch einmal zu Baron Theodor von Liebieg. Der einzige Mann neben Carl, mit dem sie einst eine flirtfröhliche Liebelei verband. Zunächst fährt sie an die Mosel, um sich in Gondorf den Familiensitz der Liebiegs anzuschauen, eine ehemalige Burganlage, die im 19. Jahrhundert im neugotischen Stil zu einer Wohnburg umgebaut wurde. Bertha genießt den prächtigen Park und den Blick auf die bezaubernde Mosellandschaft. Theodor von Liebieg selbst ist verhindert, aus geschäftlichen Gründen musste er bedauerlicherweise bei seiner Textilfabrik in Reichenberg bleiben, wo er sie aber in wenigen Tagen freudig erwartet.

Verträumt sitzt Bertha auf einer alten, ein wenig bemoosten Bank und erinnert sich, wie Theodor von Liebieg damals, vor über vierzig Jahren, wie ein Wirbelwind mit »Hoppla!« auf den Werkhof in Mannheim gelaufen kam. Natürlich, sie liebte Carl, daran konnte es keinen Zweifel geben. Aber dieser junge Kerl – stürmisch und leidenschaftlich – gefiel ihr über die Maßen. Verbotene Begehrlichkeiten erwachten. Heimlich. Allein einen winzigen Augenblick mit ihm auf Tuchfühlung zu sein belebte sie damals auf erfrischende

Weise. Plötzlich bellt ein Hund und holt Bertha zurück ins Hier und Jetzt. Ein fröstelnder Schauder läuft ihr über den Rücken. Fast ist ihr, als würde sie trotz sommerlicher Temperaturen eine wärmende Strickjacke brauchen. Jäh rasen auf einmal Fragen durch ihren Kopf: Wie lange schon wurde ich nicht mehr von fremder Wärme berührt? Wie lange schon hat mich niemand mehr gestreichelt und in den Arm genommen? Ihr Blick wird sehnsüchtig. Keiner hätte für möglich gehalten, dass die unnahbare, meist abweisende Bertha eine so empfindsame, ja sogar leidenschaftliche Seele hat.

Carl wusste das. Er teilte fast sechzig Jahre lang das Bett mit ihr. Nur die letzten Jahre hatten sie sich manchmal für getrennte Schlafzimmer entschieden, was aber ihrer tief gegründeten Liebe, die nur für andere im Alltag nicht mehr sichtbar war, keinen Abbruch tat. Bertha hat Mühe, das frisch erwachte Sehnen einzuordnen, schließlich ist sie eine alte Frau und kein Mädchen mehr. In diesem Moment nimmt Elisabeth Trippmacher neben ihr Platz. Unvermittelt fragt Bertha ihre Freundin, die nie verheiratet war und in ein paar Wochen ihren sechsundfünfzigsten Geburtstag feiern wird: »Wie ist es so ganz ohne Liebe? Ganz allein?«

»Ich bin nicht allein«, antwortet Fräulein Trippmacher gefühlvoll, »und ich fühle mich auch nicht allein. Neben den vielen Menschen, die mich beschäftigen, sind die Bücher meine Weggefährten, immer für mich da. Oft geistreich, manchmal fordernd.« Das Körperliche, ergänzt sie, sei ihr seit ihrer Erkrankung in Kindheitstagen eher verdächtig und fremd. Und dann nutzt Fräulein Trippmacher die Gelegenheit und fragt Bertha, was sie schon immer wissen wollte: Ob sie denn mit ihrem Mann, mit der Ehe, glücklich gewesen sei?

»Glücklich?« Bertha überlegt. Ja, es gehöre für sie zu den

erfreulichen Ereignissen in ihrem Leben, dass sie Carl als Mann ihres Lebens begegnet sei. Mit ihm zusammen sei es gelungen, ein großes Werk zu schaffen und nicht nur »leider wieder nur ein Mädchen« zu sein. Sie wisse keinen anderen Mann zu benennen, mit dem das möglich gewesen wäre. Außerdem habe Carl ihr zwei Söhne und vor allem drei Töchter geschenkt, zu denen sie sich immer ein wenig mehr hingezogen fühlte. Das Leben mit ihm habe ihr Stärke abverlangt, die Kinder und die Familie durch alle Nöte zu tragen. Das habe sie selbstbewusst gemacht, am Ende zufrieden. Aber Glück als Hochgefühl? Als unbeschwertes Vergnügen und strahlende Unbekümmertheit, so, wie es ihre Enkel vom Leben zu erwarten scheinen – selten. Dennoch würde sie ihre Ehe als geglückt beschreiben, weil sie, wie solle sie es sagen, gut funktioniert habe, gut abgelaufen sei.

Dazu komme die Macht der Jahre, die im Glücksfall ergebe, dass man sich nur kurz anzusehen brauche und wisse, was wichtig sei, dass man wie Zahnräder ineinandergreife. Viel schöner aber als die Macht der Jahre sei natürlich die Kraft der Phantasie. In diesem Sinne sei sie ihrem Mann manchmal untreu geworden, dann habe sie ihn anders gesehen, als er tatsächlich war. »Meine Phantasie hat mich über das Reale hinausgetragen. Ich träumte, und diese Träume waren manchmal länger als die Nacht und Carl plötzlich ein anderer.« Wenn sie ihr langes Leben jetzt so an sich vorbeiziehen lasse, könne sie sagen, dass dies für ihre Ehe sehr hilfreich war.

Das könne sie gut verstehen, antwortet Elisabeth Trippmacher, und sie glaube, auch ihre Vorstellungen von der Liebe und von der Ehe seien unendlich viel schöner, als es die Realität jemals sein könne. Insofern fiele es ihr nicht schwer, enthaltsam zu sein, unberührt zu bleiben. – Es ist das vertraulichste Gespräch, das Bertha und ihre Freundin je geführt haben. Danach reisen sie ab. Erst nach Bayern, dann nach Prag und Böhmen, wo sie Baron Theodor von Liebieg treffen, mit dem sie die Sächsische Schweiz bereisen, die Bertha überraschenderweise mehr fasziniert als der Mann. Als sie ihn sieht, muss sie akzeptieren, wie alt sie geworden ist.

Während er mit seinen sechzig Jahren nach wie vor fest und eindrucksvoll vor ihr steht, wirkt sie kümmerlich, ja wie ein Hutzelweib. So zumindest empfindet es Bertha. Die dreiundzwanzig Jahre Altersunterschied waren zwar immer gleich, aber mit Mitte vierzig fallen sie offenbar anders ins Gewicht als jetzt, mit Mitte achtzig. Während er damals gerade erwachsen wurde, war sie noch immer eine blühende Frau, nicht mehr jugendlich zwar, aber auch noch nicht alt.

Jetzt ist sie alt. Kein Mann mehr würde über eine gewisse Herzlichkeit hinaus noch etwas für sie empfinden. Lauwarme Zuneigung. Bertha weiß, dass die Zeit der intensiven Gefühle in ihrem Leben wohl vorbei ist. Die Möglichkeiten werden begrenzter. Alles wird langsamer. Was sie nicht weiß: Theodor von Liebieg wird in fünf Jahren tot sein – sie in zehn Jahren noch leben und erst 1944 sterben.

Zurück in Ladenburg, zieht das Leben gemächlich vor sich hin. Berthas Enkelkinder heiraten. Urenkel werden geboren. 1935 beschließt das Unternehmen Daimler-Benz, dem es aufgrund der autofreundlichen Politik von Adolf Hitler gutgeht, eine auskömmliche Ehrenpension für Bertha Benz in Höhe von 800 Rentenmark, die sie von den staatlichen Zahlungen der Witwenrente unabhängig macht, alles unterschrieben von Wilhelm Kissel.

In Karlsruhe, der Geburtsstadt von Carl Benz, wird ein Denkmal für den Autoerfinder eingeweiht, eine Bronzebüste,

Bertha Benz und Baron Theodor von Liebieg, als sie ihn im Sommer 1934 noch einmal in Reichenberg besuchte.

1936 wurde das fünfzigjährige Jubiläum der Erfindung des Automobils gefeiert und der Erfinder mit einer Sonderbriefmarke geehrt.

die im Zweiten Weltkrieg wieder eingeschmolzen wird. Erst in den siebziger Jahren des 20. Jahrhunderts wird eine neue gespendet.

1938 brennen die Synagogen. Auch in Ladenburg sind schon die Benzinkanister bereitgestellt und die Löcher für eine Sprengung des Gotteshauses gebohrt. Da besinnt man sich im letzten Moment der dichten Bebauung und erkennt, dass auch die Nachbarhäuser Schaden nehmen könnten. Also werden Äxte und große Hämmer herbeigeschafft. Die Nazibüttel stürmen die Synagoge und das Wohnhaus des Kantors, hauen alles kurz und klein. Zack! Schaulustige Ladenburger versammeln sich; greifen und plündern, was sie noch gebrauchen können. Niemand hilft den jüdischen Mitbürgern. Die Scherben liegen meterhoch. Geschirr, zerschlagene Möbel, demolierte Fenster, das Klavier zerhackt. Zack! Nichts wird unzerstört zurückgelassen. Am Ende wird das Dach eingerissen. Niemand soll mehr hier wohnen oder gar beten können. Die Juden werden gezwungen, mit hocherhobenen Händen dem ganzen Spektakel zuzusehen.

Danach werden etliche Männer ins Konzentrationslager Dachau abtransportiert. Manche kommen wieder zurück, völlig verstört. Die meisten wollen jetzt nur noch raus aus dem Land. Wem es in den kommenden Jahren nicht gelingt, auszuwandern, der wird 1940 deportiert. Der Auftrag des Führers ist dann auch in Ladenburg erfüllt. Die Stadt ist »judenfrei«.

Die Bevölkerung wird mobilisiert. Luftschutzwochen. Sichtbare Kriegsvorbereitungen. Dennoch wird Adolf Hitler zu Beginn des Jahres 1939 von Blauäugigen für den Friedensnobelpreis vorgeschlagen. Die Propagandamaschine der Nazis weiß das zu nutzen. Ebenso wie die Tatsache, dass Hitler vom *Time Magazin* zum Mann des Jahres gewählt worden war.

In Berthas Leben gibt es einen letzten Höhepunkt. Sie feiert ihren neunzigsten Geburtstag. Feierliches Glockengeläut ertönt ihr zu Ehren in Ladenburg. Blumen über Blumen treffen in der Benz-Villa ein. Hunderte Glückwünsche. Darunter erneut ein persönliches Schreiben von Adolf Hitler. Die Villa ist mit Girlanden und Hakenkreuzfahnen geschmückt. Unzählige Gratulanten schütteln der greisen Dame, der solche Feierlichkeiten langsam zu viel werden, die Hand: Freunde und Verwandte. Vertreter aus Politik und Industrie. Die Spitzen der Automobilverbände. Vereinsmitglieder. Auch Honoratioren der Technischen Hochschule Karlsruhe und Darmstadt kommen nach Ladenburg. Dazu spielt den ganzen Tag die Werkskapelle von Daimler-Benz. Schülerchöre singen. Und die Bewohner der Stadt versammeln sich auf der Straße, um wieder einmal die Parade der historischen Kraftfahrzeuge bestaunen zu können – vom ersten Dreirad über den Blitzen-Benz bis hin zum modernsten Wagen. Einen, wie ihn auch Bertha von Vorstand Wilhelm Kissel zum Geburtstag geschenkt bekommt.

Ovationen über Ovationen. Die Lehrlinge von Mercedes-Benz überreichen der Autopionierin ein Miniaturmodell des ersten Motorwagens. Genau so ein dreirädriges Vehikel, mit dem Bertha einst als erste Frau der Welt die erste Fernfahrt unternahm. Ehrfurcht. Begeisterung.

»Da der Gesundheitszustand der Dame oft wechselt, können wir eine Geburtstagsfeier nach festem Programm nicht ins Auge fassen«, hatte die Geschäftsleitung noch wenige Wochen vor dem 3. Mai 1939 mitgeteilt. Doch Bertha genießt ihren Ehrentag, ist am Mittag, als die Feierlichkeiten beginnen, erstaunlich frisch. Vor allem, als auf einmal Adrien Wettach als Überraschungsgast erscheint, bekannter als Clown Grock. Hitler und das nationalsozialistische Deutschland verehren den Künstler. In den letzten Jahren hat er sie alle zum Lachen gebracht. Heute aber scheint etwas nicht zu stimmen mit ihm. Er ist nicht wie sonst geschminkt, mit der weißbemalten Mundpartie, dem langen roten Strichmund und den überzogenen, nahezu hakenschlagenden Augenbrauen. Auch sein Kostüm hat er zu Hause gelassen, trägt heute nicht den weiten, hängenden Mantel, zusammengehalten nur von einer überdimensionierten Sicherheitsnadel; und auch nicht die sackähnliche karierte Hose und die übergroßen Schuhe, mit denen er normalerweise wie eine Ente über die Bühne watschelt.

Allein seinen riesigen zerbeulten Koffer hat er mitgebracht. Daraus nimmt er jetzt seine winzig kleine Geige und musiziert virtuos für Bertha. Traurig, sehr traurig blickt er sie dabei aus seinen großen Augen an. Danach spricht er stockend einen Geburtstagsgruß. Er stottert fast, was im Vergleich zu den anderen Festrednern unpassend anmutet. Doch das Stocken und Stottern ist kein clownesker Spaß, auch wenn sein Auftritt durchaus an eine Parodie erinnert. Nervöses Hüsteln im Raum. Unruhe breitet sich aus. Keiner im Zimmer ist sicher, ob er lachen darf. »Hochverehrte Bertha Benz«, hebt Clown Grock noch einmal an, nachdem er seine herzlichen Glückwünsche überbracht hat. »Eine deutsche Mutter. Symbol deutscher Mütterlichkeit? Heldenhaft?«, hinterfragt er mehr, als dass er feststellt, und ergänzt mit spöttischer Miene sein berühmtes: »Nit mööglich, nit mööglich!« »Deutsche Leistung. Deutscher Fortschritt. Siegreich vor der ganzen Welt? – Nit mööglich! Bahnbrechend? Die Wehrkraft hängt vom Motor ab? – Nit mööglich! Ende gut. Alles gut? – Nit mööglich! Nit mööglich! Nit mööglich!«

Stecknadelstille im Raum. Mit einem kräftigen Applaus löst Fräulein Trippmacher die Spannung. Dann klatschen alle und brechen in Gelächter aus. Aber es ist kein fröhliches Lachen. Schiefe Töne hallen. Unangenehm. »Ein Clown erster Güte!«, scheppert einer mit gewichtiger Stimme und Kennerblick. Zustimmendes Nicken folgt. Adrien Wettach, heute nicht verkleidet als Clown Grock, schaut Bertha ernst an. Sehr ernst und sehr traurig. In diesem Augenblick erfasst Bertha seine Botschaft. Will er ihr zu verstehen geben, dass der Motorwagen bald schon wieder als Mittel für den Krieg herhalten muss und am Ende nichts, gar nichts gut sein wird? Sie hat keine Zeit, lange darüber nachzudenken. Aber als am Abend ein Fackelzug der Turn- und Sportvereine die alte Römerstadt erhellt und die Nazis aufmarschieren, entzieht sie sich. Sie sei müde, erklärt sie und verabschiedet sich. In Wirklichkeit ist sie des Feierns überdrüssig.

Als sie sich zur Ruhe legt, kreisen die Gedanken in ihrem Kopf. Sollte der, den sie als Friedenskanzler wählte, ein elender Kriegtreiber sein? Der, den sie als Retter Deutschlands erkannte – ein brutaler Zerstörer? Weiter als bis zu diesen Fragen kommt sie nicht. Ihre Gedanken sind wie gelähmt.

Lähmendes Entsetzen auch, als Adolf Hitler nur vier Monate später Polen den Krieg erklärt und das deutsche Volk wieder einmal jubelt. »Ab 5.45 Uhr wird zurückgeschossen«, schreibt die Zeitung zur Rechtfertigung. Erneut finden Siegesparaden statt, so ähnlich wie vor fünfundzwanzig Jahren, als der Große Krieg begann. Beängstigend. Ein Auffahren von Menschen und Material. Bertha findet es grauenhaft. Schon bald gibt es wieder Lebensmittelkarten und Kleidung und Schuhe nur auf Marken.

Bertha Benz ist verzweifelt. Vorstand Kissel schreibt 1940 an den Werkleiter in Mannheim, dass Mutter Benz glaube, dies würde nun ihr letzter Geburtstag sein. Er denke aber, wenn der Krieg erst einmal siegreich beendet sei und ein vieljähriger Albdruck vom Deutschen Volk genommen, würde auch sie wieder, trotz ihres hohen Alters, neuen Lebensmut fassen.

Doch der Krieg tobt unerbittlich weiter. Auch einige von Berthas Enkelsöhnen müssen an die Front. Sie bangt um deren Leben, betet für eine glückliche Heimkehr. 1942 fallen erste Bomben auf Deutschland. Ein Jahr später werden Großangriffe geflogen, auch auf Mannheim. Etliche Arbeiter von Benz verlieren ihr Dach über dem Kopf. Manche schreiben verzweifelt an Eugen Benz, der aber kaum helfen kann, denn zu den Ausgebombten kommen die Flüchtlinge. Bald herrscht Wohnungsnot. Auch in der Benz-Villa müssen Zimmer abgegeben werden. Aus den größeren Städten werden die Kinder aufs Land verschickt. Es beginnen die Flächenbombardements, bei denen ganze Ortsteile dem Erdboden gleichgemacht werden. Aber anstatt den Wahnsinn zu beenden, ruft der Propagandaminister zum totalen Krieg: Alle aufs Schlachtfeld! Alles für den Endsieg!

Am 1. April 1944 treffen die Bomben Berthas Heimatstadt Pforzheim, nahezu alles geht kaputt. Bitter müssen die Deutschen dafür zahlen, dass sie sich einem Verbrecher hingegeben haben – Millionen Tote, Ruinenlandschaften. Fast alle deutschen Städte liegen in Schutt und Asche.

Über diese Monate im Leben von Bertha Benz schreibt ihre Freundin Elisabeth Trippmacher später: »Wie oft, wenn sie in ihren hohen Jahren in bitteren Fliegernächten in den Keller sollte, bedauerte sie, dass der Motor erfunden wurde: ›An so was hat mein Mann nie gedacht, und wie können Menschen sich das antun? Gelt, wenn ich das Kriegsende nicht mehr erleben sollte, versprechen Sie mir, die Frauen, die Mütter aller Nationen anzurufen, gegen jeden weiteren Krieg.‹«

Freudlos und schwermütig sind die letzten Wochen im Leben von Bertha Benz. Es schmerzt sie zutiefst, dass die Erfindung ihres Mannes als Todesbote benutzt wird. Das hatte sie diesem Hitler nicht zugetraut. Auf einmal erinnert sich Bertha merkwürdigerweise an den gutriechenden Hoffotografen, der sich ebenfalls als hilfreich erwies und doch ein Blender war, sie bald aufs Übelste ausnutzte. Die größeren Zusammenhänge, das Zusammenfallen von gigantischem Fortschritt und extremer Zerstörung, versteht Bertha dabei nicht. Es übersteigt alles, was sie sich als menschenmöglich vorstellen kann. Auch diese Gier nach Welteroberung begreift sie nicht. Hilflos sucht sie nach einem Sinn im Angesicht der Grausamkeit, nach einer Begründung, die möglichst nichts mit dem Motor und der Mobilität zu tun hat, sie also nicht unmittelbar etwas angehen müsste.

Oft verharrt sie nun stundenlang am Fenster, als würde von draußen eine Antwort kommen. Leise weinend steht sie da. Vom Alter und vom Leben gebeugt. Einmal ruft sie einem Ladenburger Bürger zu, der verwundet aus dem Krieg zurückgekehrt ist und vor ihrem Fenster vorbeihumpelt: »Ich fühle mich verantwortlich für diesen Krieg!« Bitter, sehr bitter muss sie erkennen, dass, selbst nichts Böses zu tun, nicht davor schützt, doch das Falsche gemacht zu haben.

Am 4. Februar 1944 stirbt ihr Enkel Karl-Heinz mit neunundzwanzig Jahren an der Front, fällt für Volk, Vaterland und Führer, wie es in den Todesnachrichten stets heißt. Karl-Heinz ist der Sohn ihrer Tochter Clara, die ihren Mann, Heinrich Perron, im Ersten Weltkrieg verloren hat. Wieder stellt Bertha Fragen nach dem Sinn und findet keine einzige Antwort, die sie befriedigen könnte. Sie kann nur hoffen, dass die anderen aus ihrer Familie am Leben bleiben. Und sie ermahnt sich: Nicht aufgeben. Nicht verzagen – das gehörte doch von jeher zu ihren Stärken. Diese Haltung hat sie und ihren Mann und ihre Familie durch all die schweren Jahre getragen.

Aber eigentlich will sie jetzt lieber sterben. Will und kann es nicht. Es gelingt ihr nicht, loszulassen. Wozu aber weiterleben? Sie weiß es nicht genau. Vielleicht will sie noch erleben, dass dieser furchtbare Krieg endlich aufhört? Tag für Tag wartet sie darauf, den Rücken gebeugt und ausgezehrt, wartet auf die erlösenden Worte, dass der Krieg aus ist. Das würde ihr ermöglichen, vom Leben abzulassen und dem entgegenzusehen, was dann passiert. Das ist ihr letzter Kampf, erleben zu dürfen, dass am Ende nicht das Böse siegen würde, sondern sie *in Frieden* würde sterben können.

Bertha wartet vergeblich. Keiner kommt, den Frieden zu verkünden. Dieser letzte Lebenswunsch geht nicht in Erfüllung.

Am Ende ihres Lebens erhält sie dann aber doch noch eine gute Nachricht. Als sie am 3. Mai 1944 ihren fünfundneunzigsten Geburtstag in aller Stille feiert, nur mit der engsten Familie, wird ihr am Telefon mitgeteilt, dass ihr die Technische Hochschule Karlsruhe, an der ihr Mann in jungen

Jahren studierte, als erster Frau überhaupt die Würde einer Ehrensenatorin verleihen würde – für ihre Leistungen als Mitstreiterin ihres Mannes auf dem Gebiet des Maschinenbaus; für die Frau, die an der Entstehung des ersten Motorwagens mitgewirkt hat, ihn als erste Frau benutzte und so ihren Mann zu Weltruhm fuhr. Ihren Kampf, beweisen zu wollen, dass auch Frauen technischen Verstand haben können, hat sie damit gewonnen.

Plötzlich wird sie ganz leicht, losgelöst ... Auf einmal verschwindet der Albtraum der letzten Jahre von ihrer Seele, und sie beginnt zu schweben ... wie eine Feder ... wie in einem Traum. Und noch einmal spricht es in ihr: »Mein Traum ist länger als die Nacht. Er lebt immer noch und wird weiterleben.« Jetzt weiß sie es; solange es Kraftwagen gibt, würde der Name Benz unvergessen bleiben. Ein letztes Mal öffnet sie die Augen. Dann auch die Lippen. Sie will sprechen ... Darüber, wie schicksalsträchtig die Begegnung mit ihrem Carl doch war und dass sie die Zeit überdauern wird. Doch das zu sagen, schafft sie nicht mehr. »Alla dann«, sollen ihre letzten Worte gewesen sein.

Als die Ehrenurkunde der Technischen Hochschule in Ladenburg eintrifft, lebt Bertha Benz nicht mehr. Zwei Tage nach ihrem Geburtstag starb sie am 5. Mai 1944 an den Folgen einer Lungenentzündung in Ladenburg.

Noch zu Lebzeiten hatte Bertha Benz verfügt, dass ihr ein Arzt nach ihrem Tod die Pulsadern aufschneiden solle. Sie war von der Angst erfüllt, lebendig begraben zu werden. Den Tod konnte sie zwar nicht unter Kontrolle bringen, aber sie wollte sichergehen, dass er sein Werk richtig machte. Wenige Tage später wird sie im Familiengrab neben ihrem Mann beigesetzt.

Das Grabmahl von Carl und Bertha Benz auf dem Friedhof in Ladenburg;
auch Sohn Richard wird nach seinem Tod im Jahr 1955 hier beerdigt.

Ja, es stimmt, so manches hätte man den beiden auf den ersten Blick nicht zugetraut: Dass sie sich gemeinsam gegen den Rest der Welt verschwören würden – denn zuweilen kann es hilfreich sein, den anderen Sand in die Augen zu streuen. Wie bei der Legende von Berthas *heimlicher* Fernfahrt, von der Carl angeblich nichts wusste. Plötzlich wollten alle immer nur diese eine Geschichte hören und erzählten sie sogar weiter. Sie klang für lange Zeit um ein Vielfaches aufregender als die Wirklichkeit. Die Wahrheit verstaubte, wäre beinahe vergessen worden, denn Bertha und Carl nahmen die Geheimnisse ihres Lebens mit auf ihre letzte Fahrt.

Doch den Staub weggewischt, leuchtet diese Lebensgeschichte in neuer alter Faszination. Vor allem die Geschichte der Frau, die einst als Kind so tief getroffen vor den niedergeschriebenen Worten ihres Vaters stand, »Leider wieder nur ein Mädchen«. Jetzt liegt Bertha Benz gleichberechtigt neben ihrem Mann, dem sie ihr Leben widmete und den sie dank ihrer Kraft weltberühmt und damit unsterblich machte. Berthas Traum überdauerte so in der Tat die Nacht und ist heute auf der ganzen Welt sichtbar: Autos, Autos, Autos. Das also wäre geschafft. Zeit – für neue Träume.

Nachwort

Wie es zu diesem Buch kam

Am Anfang stand die Tatsache, dass die Lebensgeschichte von Bertha Benz und das Auf und Ab ihrer fast sechzigjährigen Ehe noch nie erzählt wurden. Das hatte Gründe, denn Bertha und Carl Benz haben kein Tagebuch geschrieben, wenige Briefe, kaum Persönliches hinterlassen. Um ihre Lebensgeschichte aufschreiben zu können, mussten deshalb viele Puzzleteile aus Archiven, Zeitungen, Büchern und Gesprächen zusammengetragen werden.

Die Recherche begann mit einer Reise an die Wirkungsstätten von Bertha und Carl Benz und in die Vergangenheit. Einiges fand sich, und doch schien es zunächst nicht zu reichen. »Das wird sicher ein dünnes Buch, da gibt es nicht viel«, sagte Jutta Benz zu Beginn, die Urenkelin von Bertha und Carl, als ich mich mit ihr über das Buchprojekt unterhielt. Irgendwie hat mich das dann doch mehr gereizt als abgehalten. Und den schönen Tag bei ihr, an dem wir Fotos schauten und ich zuhören durfte, werde ich nicht vergessen. Danke.

Ebenso habe ich sehr herzlich Gertrud und Dieter Elbe (ebenfalls ein Urenkel) zu danken. Beide waren jederzeit bereit, mir mit ihrem Wissen zu helfen. Gern habe ich mich mit ihnen in den Werkhallen von C. Benz Söhne in Ladenburg getroffen, wo sie jeden Tag auf beeindruckende Weise nach dem Rechten schauten. Leider ist Dieter Elbe am 14. Mai 2010 verstorben. Ich bin sehr froh, dass es das Erscheinen des Buches und eine meiner ersten Lesungen noch voller Dankbarkeit und mit großer Freude erleben konnte.

Und auch Winfried Seidel sei gedankt, der mich oft unterstützt und beraten hat.

Um die Lebensgeschichte von Bertha und Carl Benz lebendig werden zu lassen, brauchte es Vorstellungsvermögen, und es bot sich die Form der Romanbiographie an. Viele Fragen tauchten auf: Wieso wählte Carl Benz, eigentlich am 25. November 1844 geboren, den 26. November als Geburtstag? Weshalb wird hartnäckig die Legende überliefert, dass die Fernfahrt ohne das Wissen von Carl Benz stattgefunden habe, obwohl das höchst unrealistisch ist? Warum heißt es immer, Gottlieb Daimler und Carl Benz seien sich nie begegnet, obwohl es Hinweise darauf gibt? Was wollte Carl Benz zweimal in Wien? Wie muss man sich die Erfindung des ersten Autos tatsächlich vorstellen, und wie sah der Alltag von Bertha und Carl aus? Was erlebten sie? Woher nahmen sie die Kraft für die vielen Kämpfe? Und was bedeutet es, wenn überliefert ist, dass Carl Benz immer zum Bahnhof lief, um »die Zeit zu holen«?

Darauf mussten Antworten gefunden werden. Viele Themen aber, mit denen sich Bertha und Carl Benz auseinandersetzen mussten, sind zeitlos aktuell: der Aufbruch ins Unbekannte, Mensch und Technik, der Erfinder und die Widerstände, Kampf mit den Geldgebern und der Bürokratie, Mobilität und Beschleunigung des Lebens sowie nicht zuletzt auch das Entwachsen der Frauen aus festgelegten Rollen.

Für die Tatsache, dass daraus ein Buch wurde, ist zunächst dem Programmgeschäftsführer des Hoffmann und Campe Verlags Günter Berg zu danken, der mich ermunterte, trotz aller Schwierigkeiten weiterzumachen, und dann vor allem meiner Lektorin, Kathrin Liedtke, die mich behutsam und kompetent begleitete. Ein Dankeschön an Olaf Schulze aus Pforzheim, der als Historiker die Gabe hat, Geschichte lebendig werden zu lassen, und bereit war, mir immer mal wieder über die Schulter zu schauen. Ebenso Dank an Kirsten Klein, die viele, eigentlich unleserliche Briefe und alte Dokumente verständlich machte.

Natürlich habe ich so einige Zeit in Archiven verbracht. Bedanken möchte ich mich an dieser Stelle vor allem bei den Mitarbeitern der Daimler AG in Stuttgart: aus dem Archiv (Herr Heintzer, Herr Rabus, Frau Secunde), von Daimler Global Communications (Herr Dr. Ernst, Herr Hadazic) und von der Gottlieb Daimler- und Carl Benz-Stiftung (Herr Schmitt). Dank auch an Herrn Gülck aus dem Archiv in Ladenburg, den ich oft ansprechen konnte. Dank den Mitarbeitern im Archiv Mannheim (vor allem Dr. Gillen), denen des Technischen Museums in Wien und des Deutschen Museums in München. Dank auch an die hilfsbereiten Mitarbeiter der Stadt Pforzheim, der Stadt Wiesloch und den Mitgliedern des Schnauferl-Clubs. Ebenso danke ich dem Bertha Benz Memorial Club e.V., mit dessen Initiative es gelungen ist, den Weg der ersten Fernfahrt als »Deutsche Straße der Industriekultur« auszuweisen, sodass heute jeder Interessierte die waghalsige Tour der heißen Augusttage 1888 nachvollziehen kann.

Ein herzliches Dankeschön auch an die zahlreichen Zeitzeugen, denen ich viele Fragen stellen durfte: Elisabeth Trill-Lackert, Frau Palm, Frau Wagner, Herr Müller, Herr Schöperle, Herr Lackner und Frau Chowanetz-Dillman sowie Frau Laible. Auch Frau Buttig und ihren Schülern danke ich (insbesondere Caren Iversen), die, gerade als ich recherchierte, eine Projektarbeit zu Elisabeth Trippmacher erstellten, der Freundin von Bertha Benz in ihren späten Lebensjahren. Dank auch an Herrn Wiebelitz, Bibliothekar bei der Deutschen Bahn.

Nicht alle, denen ich in den vielen Monaten des Schreibens begegnet bin und die mich inspiriert haben, können namentlich genannt werden. Aber jedem, auch wenn der Name hier nicht erscheint, bin ich sehr dankbar. Am meisten aber danke ich von Herzen meiner Familie und insbesondere dir, lieber Timo! Ohne euer Verständnis und ohne eure Rücksicht wäre das Buch nie fertig geworden. Die Gespräche über das Differenzial oder die Achsschenkellenkung, aber auch über die Kraft der Träume haben unseren Alltag über eine lange Zeit bestimmt. Und am Ende noch einmal Dir, liebe Lilly, vielen Dank. Du wirst immer wissen, warum. Ich bin stolz auf dich!

Angela Elis, im Januar 2010

Zeittafel

25. November 1844 Uneheliche Geburt von Karl Friedrich Vaillant in Mühlberg, damals noch ein Vorort von Karlsruhe; später wird er seinen Namen mit ›C‹ statt ›K‹ schreiben und Geburtstag jeweils am 26. November feiern, trägt sich bei der Einschreibung am Polytechnikum in Karlsruhe und in den Meldeunterlagen in Mannheim und Darmstadt mit Geburtsdatum 26. November 1844 ein.

21. Juli 1846 Tod des Vaters Johann Georg Benz

3. Mai 1849 Geburt von Bertha Ringer in Pforzheim

1846–1850 Kindheit Carl Benz' in Pfaffenrot; dann mit Schulbeginn zurück nach Karlsruhe

1860 Abschluss des Lyzeums; nach bestandener Vorprüfung Eintritt ins Polytechnikum Karlsruhe; zwei Jahre mathematische Klassen

1862–1863 Studium der Maschinentheorie bei Professor Ferdinand Redtenbacher, der am 16. April 1863 stirbt; Carl Benz trägt seinen Sarg.

1863/64 Vorlesungen bei Professor Franz Grashof und Abschluss der Studien

August 1864–September 1866 Mit achthundert anderen Arbeitern als Schlosser für Werkzeugmaschinen, Lokomotiven, Wasserräder und Turbinen in der Maschinenbaugesellschaft Karlsruhe

Ende September 1866 Erste Wienreise

Herbst 1866 Anstellung bei der Firma »Johann Schweizer senior«

in Mannheim unter der Leitung von Karl Schenck; Herstellung von Wagen, Kränen, Zentrifugen

Mai 1867–Dezember 1868 Zeichner und Konstrukteur bei »Johann Schweizer senior«

Januar 1869–März 1871 Anstellung beim Eisenwerk Gebrüder Benckiser, Pforzheim, spezialisiert auf Brückenbau; Aufstieg zum Werkleiter

27. Juni 1869 Ausflug mit dem Verein »Eintracht« zum Kloster Maulbronn und Bekanntschaft mit Bertha Ringer

12. März 1870 Tod von Josefine Benz, der Mutter von Carl Benz

Ende März/Anfang April 1871 Zweite Wienreise

29. April 1871 Mit August Ritter Kauf eines Grundstücks mit Schuppen in Mannheim und Gründung der »Carl Benz und August Ritter Mechanischen Werkstätte«

20. Juli 1872 Hochzeit von Bertha Ringer und Carl Benz in Pforzheim; Bezug einer Wohnung in Mannheim

1. August 1872 Auszahlung Ritters, ermöglicht durch Berthas Mitgift sowie die vorzeitige Auszahlung ihres Erbes; Carl Benz alleiniger Grundstückseigentümer

bis März 1873 Gerichtliche Auseinandersetzung mit August Ritter

1. Mai 1873 Geburt des Sohnes Eugen

1. Mai 1873 Eröffnung der Weltausstellung in Wien; wenige Tage später Börsenkrach

21. Oktober 1874 Geburt des Sohnes Richard

25. Juli 1877 Bei der Firma von Carl Benz wird durch den Gerichtsvollzieher die Pfändung aller Maschinen, Drehbänke und Werkzeuge ausgeführt.

1. August 1877 Geburt der Tochter Clara

Ende 1879/1880 Der Zweitaktmotor läuft erfolgreich.

1881 »Mannheimer Gasmotorenfabrik« mit Emil Bühler

2. Februar 1882 Geburt der Tochter Thilde

1. März 1882 Umwandlung der Firma von Bühler und Benz in eine Aktiengesellschaft

14. Oktober 1882 Gründung der Aktiengesellschaft »Gasmotorenfabrik in Mannheim« mit neun Mannheimer Geschäftsleuten

Januar 1883 Austritt von Carl Benz aus der Kapitalgesellschaft und bittere Not; zusammen mit Max Caspar Rose und Friedrich Esslinger kommt es zu einer Neugründung.

1. Oktober 1883 »Benz & Cie«, Rheinische Gasmotorenfabrik in Mannheim

1885 Entwicklung eines Motorwagens mit Viertaktmotor, nachdem die Patentansprüche von Otto ausliefen

29. Januar 1886 Patent DPR Nr. 37 435 für einen Wagen mit Verbrennungsmotor – Geburt des ersten Automobils weltweit

3. Juli 1886 Erster Artikel über eine öffentliche Ausfahrt in Mannheim

seit 1. August 1888 Genehmigung von Motorwagenfahrten im Radius von zwanzig Kilometern über Mannheim hinaus, aber keine Fernfahrten

Anfang August 1888 Berthas Fernfahrt mit den Söhnen Eugen und Richard

15./16. September 1888 Carl Benz in München auf der Straße anlässlich der Maschinen-Ausstellung; er erhält die Goldmedaille.

6. Mai 1889 Eröffnung der Pariser Weltausstellung, wo Carl Benz seinen Motorwagen ausstellt; Gottlieb Daimler zeigt seinen Stahlradwagen.

16. März 1890 Geburt der Tochter Ellen

1. Mai 1890 Neue Firma mit Friedrich von Fischer und Julius Ganß (bis 1893 werden insgesamt ca. fünfundzwanzig Motorwagen verkauft.)

28. Februar 1893 Patent für die Achsschenkellenkung

30. November 1893 bis 31. Dezember 1894 Befristete Fahrgenehmigung auf Mannheims Straßen und erst Ende 1894 für ganz Baden

1895 Erste Fahrerlaubnis auf unbefristete Zeit, aber unter Vorbehalt des jederzeitigen Widerrufs

Sommer 1894 Dreiländerfahrt des Barons von Liebig

8. Juni 1899 Erweiterung des Unternehmens durch neue Kapitalgeber und neue Firmierung »Benz & Cie. Rheinische Gasmotoren AG«

24. Januar 1903 Carl Benz scheidet aus der Firma aus; Umzug nach Darmstadt.

1904 Carl Benz kehrt in den Aufsichtsrat von Benz & Cie. Rheinische Gasmotoren AG zurück.

25. März 1904 Umzug nach Ladenburg

21. Juni 1905 Kauf einer Villa in Ladenburg

9. Juni 1906 Gründung der Firma »C. Benz Söhne« in Ladenburg

1908–1923 Bau von C.-Benz-Söhne-Personenkraftwagen

1911 Neue Firmierung in Mannheim »Benz & Cie. Rheinische Automobil- und Motorenfabrik«

1. März 1912 Richard Benz löst Vater Carl als persönlich haftender Gesellschafter in Ladenburg ab.

27. Januar 1913 Kaiserpreis für den Benz-Flugmotor

25. Juli 1914 Nach einem Langstreckenflug aus Berlin landet Helmuth Hirth mit dem neu entwickelten Flugmotor in einem Albatros-Eindecker erfolgreich auf dem Werkgelände der Benz-Fabrik in Mannheim.

1914–1918 Herstellung von Kriegsmaterial und Überholung von Flugmotoren für den Ersten Weltkrieg

4. Dezember 1914 Carl Benz erhält anlässlich seines siebzigsten Geburtstags am 25. November 1914 die Ehrendoktorwürde der Technischen Hochschule Karlsruhe.

1923 Inflation und bittere Not

Sommer 1923 Letzte C.-Benz-Söhne-Wagen für Kunden

1. Mai 1924 Interessengemeinschaftsvertrag mit der Daimler-Motoren-Gesellschaft

8. Mai 1924 Beschluss eines Ehrensoldes für Carl Benz

28. Juni 1926 Fusion von Benz & Cie. mit der Daimler-Motoren-Gesellschaft zur Daimler-Benz AG; Entstehung der Automarke Mercedes-Benz

November 1926 Carl Benz wird erster Ehrenbürger der Stadt Ladenburg und erhält die Badische Staatsmedaille in Gold.

4. April 1929 Tod von Carl Benz

Ostern 1933 Enthüllung eines Denkmals für den Autoerfinder Carl Benz in Mannheim

14. April 1933 Bertha Benz wird als erste Frau zur Ehrenbürgerin der Stadt Ladenburg ernannt.

Sommer 1934 Bertha Benz unternimmt eine längere Reise und besucht Baron Theodor von Liebieg in Reichenberg (Böhmen)

1935 In Karlsruhe wird ein Denkmal für Carl Benz enthüllt; die Bronzebüste wird im Zweiten Weltkrieg wieder eingeschmolzen; erst in den siebziger Jahren wird ein neues Denkmal gespendet.

1936 Carl-Benz-Briefmarke zum fünfzigsten Jahrestag des Motorwagenpatents

3. Mai 1944 Ehrung Bertha Benz' durch die TU Karlsruhe

5. Mai 1944 Bertha Benz stirbt mit fünfundneunzig Jahren in Ladenburg.

Literatur

Auf die Nennung der zahlreichen Publikationen zur Geschichte und Technik des Automobils sowie Monographien zur Zeitgeschichte, die für die Recherchen zu diesem Buch wichtig waren, soll an dieser Stelle verzichtet werden. Es seien nur die Werke genannt, die für ein weiterführendes Lesen zur Lebensgeschichte von Bertha und Carl Benz hilfreich sein können:

Bertha Benz: *Die erste Fernfahrt der Welt mit einem Automobil im Jahre 1888*, Verkehrsverein Pforzheim e.V. 2008

Karl Benz: *Lebensfahrt eines deutschen Erfinders. Meine Erinnerungen, München/Berlin 2001* (mit Hilfe des Schwiegersohns Professor Dr. Volk in der Zeit zwischen 1923 und 1925 verfasst)

Karl Benz und sein Lebenswerk. *Dokumente und Berichte. Herausgegeben von der Daimler-Benz AG*, Stuttgart 1953

Benz & Cie. *Zum 150. Geburtstag von Karl Benz. Herausgegeben von der Mercedes-Benz AG*, Stuttgart 1994

Minda Bingham: *Berta Benz and the Motorwagen. The Story of the First Automobile Journey*, Santa Barbara 1989

Henry Ford: *Mein Leben und Werk*, Leipzig 1923

August Horch: *Ich baute Autos. Vom Schmiedelehrling zum Autoindustriellen*, Berlin 1937

Peter Kirchberg und Eberhard Wächtler: *Carl Benz. Gottlieb Daimler. Wilhelm Maybach. Biographien hervorragender Naturwissenschaftler, Techniker und Mediziner*, 1983

Arnold Langen: *Nicolaus August Otto. Der Schöpfer des Verbrennungsmotors*, Stuttgart 1949

Paul Siebertz: Karl Benz. *Ein Pionier der Verkehrsmotorisierung,* München/Berlin 1950

Werner Siebold: *Carl Benz. Der Erfinder des Kraftwagens,* Bühl-Baden 1939

Zu den Wirkungsstätten:

Christel Chowanetz-Dillmann: *Geschichte(n) aus Ladenburg und anderswo. Historie und Histörchen,* 2006

Geschichte der Stadt Mannheim. Herausgegeben im Auftrag der Stadt Mannheim von Ulrich Nieß und Michael Caroli, 2007

Karlsruhe. Die Stadtgeschichte. Herausgegeben von der Stadt Karlsruhe, Karlsruhe 1998

Ladenburg. Stadtrundgang in historischen Bildern. Herausgeber Heimatbund Ladenburg e.V.

Olaf Schulze: *Also dann um fünf am Leo,* 2005

Hans Georg Zier: *Geschichte der Stadt Pforzheim,* Stuttgart 1982

Bildnachweis

Daimler Benz AG 14, 17, 47 li., 60, 85, 149, 151, 156, 162, 188, 223, 227, 235, 242, 246, 247, 250, 251, 261, 265, 277, 279, 287, 291, 296, 304, 313, 316, 322, 327, 328

Stadtarchiv Stuttgart 50

Stadtarchiv Pforzheim 93

Stadtarchiv Karlsruhe (8/PBS III 1179) 120

Wilfried Seidel Automuseum Dr. Carl Benz 47 re., 116, 133, 206

Archiv »Historische Bilder von Ladenburg« 271

Stadtarchiv Ladenburg 336